普通高等教育"十一五"规划教材 （高职高专教育）

PUTONG GAODENG JIAOYU SHIYIWU GUIHUA JIAOCAI

ANZHUANG GONGCHENG ZAOJIA SHIXUN

安装工程造价实训

Installation Engineering Manufacturing Cost Training

主　编　袁　勇

副主编　李学强

编　写　刘　欣　贾生广

主　审　程文义

内 容 提 要

本书为普通高等教育“十一五”规划教材（高职高专教育）。全书分为实训案例和参考答案两部分，主要包括住宅楼给排水安装工程定额计价及清单计价案例、住宅楼采暖安装工程定额计价及清单计价案例、生产装置内工艺管段定额计价及清单计价案例、车间动力配电工程定额计价及清单计价案例、办公楼电气照明工程定额计价及清单计价案例、商场消防报警工程定额计价及清单计价案例、车间通风系统工程定额计价及清单计价案例。

本书依据最新《建设工程工程量清单计价规范》（GB 50500—2008）编写，通过对电气照明工程、动力配电工程、工业管道工程、消防报警工程、给排水工程、采暖工程、通风空调工程等不同安装专业实际案例的分析讲解，使读者对定额计价及清单计价有全面而详细的了解。

本书可作为高职高专院校工程造价、建筑设备安装等专业的教学辅导书，也可作为工程管理从业人员的培训教材，还可作为安装工程管理与技术人员的学习参考书。

图书在版编目（CIP）数据

安装工程造价实训/袁勇主编．—北京：中国电力出版社，2010.5（2019.8 重印）
普通高等教育“十一五”规划教材，高职高专教育
ISBN 978-7-5123-0097-2

Ⅰ.①安…　Ⅱ.①袁…　Ⅲ.①建筑造价管理—高等学校：技术学校—教材　Ⅳ.①TU723.3

中国版本图书馆 CIP 数据核字（2010）第 022945 号

普通高等教育“十一五”规划教材（高职高专教育）　安装工程造价实训

中国电力出版社出版、发行　　三河市航远印刷有限公司印刷　　各地新华书店经售
（北京市东城区北京站西街 19 号　100005　http://www.cepp.sgcc.com.cn）
2010 年 5 月第一版　　2019 年 8 月北京第七次印刷
880 毫米×1230 毫米　横 16 开本　21.25 印张　701 千字　定价 **49.00** 元

前　言

为贯彻落实教育部《关于进一步加强高等学校本科教学工作的若干意见》和《教育部关于以就业为导向深化高等职业教育改革的若干意见》的精神，加强教材建设，确保教材质量，中国电力教育协会组织制订了普通高等教育"十一五"教材规划。该规划强调适应不同层次、不同类型院校，满足学科发展和人才培养的需求，坚持专业基础课教材与教学急需的专业教材并重、新编与修订相结合。本书为新编教材。

本书是根据国家标准《建设工程工程量清单计价规范》（GB 50500—2008）编制的工程量清单计价的辅导书。

本书根据最新颁布执行的《建设工程工程量清单计价规范》（GB 50500—2008）的有关内容，参考《全国统一安装工程预算定额》、《山东省安装工程消耗量定额》、《山东省安装工程价目表》及相关资料，选用大量翔实的工程实例，系统地对安装工程（包括电气照明工程、工业管道工程、消防报警工程、给排水工程、采暖工程、通风工程等）定额计价及清单计价模式下工程造价的确定进行了详细介绍。

本书的最大特点是省略掉繁琐的理论，选择不同类型、不同专业的工程案例进行详细的解释，易学易懂。可以作为工程造价、安装工程等相关专业学生学习的辅助教材。

本书由山东城市建设职业学院袁勇主编，李学强副主编，具体编写分工如下：袁勇编写习题一～习题四，李学强编写习题六、习题七，刘欣编写习题五，贾生广绘图。程文义审阅了全书。

本书在编写过程中，参考了大量文献资料，在此对其作者深表感谢。

由于《建设工程工程量清单计价规范》（GB 50500—2008）颁布实施时间较短，不少问题还有待于进一步研究和探讨，加之编者水平有限，书中难免有欠缺和不妥之处，敬请广大读者和专家批评指正。

编者

2010 年 2 月

目　录

前言

第一部分　安装工程造价实训案例

【习题一】某住宅楼给排水安装工程定额计价及清单计价案例 …… 1
【习题二】某住宅楼采暖安装工程定额计价及清单计价案例 …… 38
【习题三】某生产装置内工艺管道定额计价及清单计价案例 …… 66
【习题四】某车间动力配电工程定额计价及清单计价案例 …… 98
【习题五】某办公楼电气照明工程定额计价及清单计价案例 …… 129
【习题六】某商场消防报警工程定额计价及清单计价案例 …… 152
【习题七】某车间通风系统工程定额计价及清单计价案例 …… 174

第二部分　安装工程造价实训参考答案

【习题一】某住宅楼给排水安装工程定额计价及清单计价案例参考答案 …… 202
【习题二】某住宅楼采暖安装工程定额计价及清单计价案例参考答案 …… 226
【习题三】某生产装置内工艺管道定额计价与清单计价案例参考答案 …… 250
【习题四】某车间动力配电工程定额计价与清单计价案例参考答案 …… 269
【习题五】某办公楼电气照明工程定额计价及清单计价案例参考答案 …… 289
【习题六】某商场消防报警工程定额计价及清单计价案例参考答案 …… 303
【习题七】某车间通风系统工程定额计价及清单计价案例参考答案 …… 316
参考文献 …… 332

第一部分　安装工程造价实训案例

【习题一】某住宅楼给排水安装工程定额计价及清单计价案例

一、设计说明

（1）如图1-1～图1-4所示给排水工程，图中标注标高以m计，其余均以mm计，墙厚均按240mm。

（2）给水管道均采用PP—R管，热熔连接，每一给水立管根部均设一个螺纹球阀门。排水管地下部分采用铸铁管，水泥接口；地上部分采用塑料螺旋消声排水管，螺母、密封圈连接。排水支管安装在楼地面以下0.4m。

（3）厕所内大便器分别为陶瓷高水箱冲洗蹲便器和低水箱坐便器；洗菜池为普通冷水龙头；洗脸盆及淋浴器为钢管组成；浴盆为陶瓷材料；拖布池为砖砌贴瓷砖，普通冷水龙头。上述器具安装均参照国标图集。

（4）铸铁排水管人工除轻锈后，刷沥青漆二遍。

（5）主要材料价格参照表1-1执行。

表1-1　主要材料（主材）价格

序　号	名　　称	规格型号	单　位	单价（元）	序　号	名　　称	规格型号	单　位	单价（元）
1	PP-R管	*DN*32	m	8.00	12	螺纹阀	*DN*25	个	40.00
2	PP-R管	*DN*25	m	6.00	13	洗菜盆	陶瓷	套	100.00
3	PP-R管	*DN*20	m	4.00	14	水龙头	*DN*15	个	15.00
4	PP-R管	*DN*15	m	2.00	15	洗脸盆	陶瓷	套	250.00
5	铸铁管	*DN*150	m	50.00	16	浴盆	陶瓷	套	1500.00
6	铸铁管	*DN*100	m	40.00	17	淋浴器	成品	套	100.00
7	铸铁管	*DN*75	m	30.00	18	蹲便器	陶瓷	套	150.00
8	铸铁管	*DN*50	m	20.00	19	坐便器	陶瓷	套	300.00
9	塑料螺旋消声管	*DN*100	m	25.00	20	水表	*DN*15	个	50.00
10	塑料螺旋消声管	*DN*75	m	15.00	21	铸铁地漏	*DN*50	个	20.00
11	塑料螺旋消声管	*DN*50	m	10.00	22	塑料地漏	*DN*50	个	10.00

二、定额计价模式确定工程造价

1. 工程量计算（见表 1 - 2）

表 1 - 2　　　　工程量计算书

项目名称：某住宅楼给排水工程　　　　第　页　共　页

序号	项目名称	单位	计算公式	数量

2. 工程直接费计算（见表 1 - 3）

表 1 - 3 **安装工程预（结）算书**

工程名称：某住宅楼给排水工程　　　　年　月　日

序号	定额编号	项目名称	单位	数量	单价			合计		
					基价	人工费	主材费	合价	人工费	主材费

续表

序号	定额编号	项目名称	单位	数量	单价			合计		
					基价	人工费	主材费	合价	人工费	主材费

3. 计算安装工程费用（造价）（见表 1-4）

表 1-4 **定额计价的计算程序**

项目名称：某住宅楼给排水工程 ____类工程

序 号	费 用 项 目 名 称	计 算 方 法	金 额

三、清单计价模式确定工程造价

（一）工程量清单（见表1-5）

根据《计价规范》（GB 50500—2008）的要求内容及格式填写。本例只列分部分项工程量清单，根据施工图说、工程量计算规则及参考表1-2计算。

表1-5　　**分部分项工程量清单表**

工程名称：某住宅楼给排水工程　　标段：　　第　页　共　页

序　号	项目编码	项目名称	项 目 特 征 描 述	计量单位	工程量

（二）工程量清单计价

1. 工程量清单综合单价分析表（见表 1-6）

表 1-6（1） **工程量清单综合单价分析表**

工程名称：某住宅楼给排水工程　　　　标段：　　　　第 1 页　共　页

<table>
<tr><td colspan="2">项目编码</td><td colspan="2"></td><td colspan="2">项目名称</td><td colspan="5"></td><td colspan="2">计量单位</td><td></td></tr>
<tr><td colspan="14">清单综合单价组成明细</td></tr>
<tr><td rowspan="2">定额编号</td><td rowspan="2">定额名称</td><td rowspan="2">定额单位</td><td rowspan="2">数量</td><td colspan="5">单价</td><td colspan="5">合价</td></tr>
<tr><td>人工费</td><td>材料费</td><td>机械费</td><td>管理费</td><td>利润</td><td>人工费</td><td>材料费</td><td>机械费</td><td>管理费</td><td>利润</td></tr>
<tr><td></td><td></td><td></td><td></td><td></td><td></td><td></td><td></td><td></td><td></td><td></td><td></td><td></td><td></td></tr>
<tr><td></td><td></td><td></td><td></td><td></td><td></td><td></td><td></td><td></td><td></td><td></td><td></td><td></td><td></td></tr>
<tr><td></td><td></td><td></td><td></td><td></td><td></td><td></td><td></td><td></td><td></td><td></td><td></td><td></td><td></td></tr>
<tr><td></td><td></td><td></td><td></td><td></td><td></td><td></td><td></td><td></td><td></td><td></td><td></td><td></td><td></td></tr>
<tr><td colspan="2">人工单价</td><td colspan="7">小计</td><td></td><td></td><td></td><td></td><td></td></tr>
<tr><td colspan="2">______元/工日</td><td colspan="7">未计价材料费</td><td colspan="5"></td></tr>
<tr><td colspan="9">清单项目综合单价</td><td colspan="5"></td></tr>
<tr><td rowspan="4" colspan="2">材料费明细</td><td colspan="5">主要材料名称、规格、型号</td><td>单位</td><td>数量</td><td>单价（元）</td><td>合价（元）</td><td colspan="2">暂估单价（元）</td><td>暂估合价（元）</td></tr>
<tr><td colspan="5"></td><td></td><td></td><td></td><td></td><td colspan="2"></td><td></td></tr>
<tr><td colspan="7">其他材料费</td><td></td><td></td><td colspan="2"></td><td></td></tr>
<tr><td colspan="7">材料费小计</td><td></td><td></td><td colspan="2"></td><td></td></tr>
</table>

注　管理费按人工费______%，利润按人工费______计。

表 1-6（2）

工程量清单综合单价分析表

工程名称：某住宅楼给排水工程　　标段：　　第 2 页　共　页

项目编码		项目名称		计量单位	

清单综合单价组成明细

定额编号	定额名称	定额单位	数量	单价					合价				
				人工费	材料费	机械费	管理费	利润	人工费	材料费	机械费	管理费	利润
人工单价	小计												
______元/工日	未计价材料费												
清单项目综合单价													

材料费明细	主要材料名称、规格、型号	单位	数量	单价（元）	合价（元）	暂估单价（元）	暂估合价（元）
	其他材料费						
	材料费小计						

注　管理费按人工费______%，利润按人工费______计。

表 1-6（3）

工程量清单综合单价分析表

工程名称：某住宅楼给排水工程　　标段：　　第 3 页　共 22 页

<table>
<tr><td colspan="2">项目编码</td><td colspan="2"></td><td colspan="2">项目名称</td><td colspan="4"></td><td colspan="2">计量单位</td><td colspan="2"></td></tr>
<tr><td colspan="14">清单综合单价组成明细</td></tr>
<tr><td rowspan="2">定额编号</td><td rowspan="2">定额名称</td><td rowspan="2">定额单位</td><td rowspan="2">数量</td><td colspan="5">单价</td><td colspan="5">合价</td></tr>
<tr><td>人工费</td><td>材料费</td><td>机械费</td><td>管理费</td><td>利润</td><td>人工费</td><td>材料费</td><td>机械费</td><td>管理费</td><td>利润</td></tr>
<tr><td></td><td></td><td></td><td></td><td></td><td></td><td></td><td></td><td></td><td></td><td></td><td></td><td></td><td></td></tr>
<tr><td></td><td></td><td></td><td></td><td></td><td></td><td></td><td></td><td></td><td></td><td></td><td></td><td></td><td></td></tr>
<tr><td></td><td></td><td></td><td></td><td></td><td></td><td></td><td></td><td></td><td></td><td></td><td></td><td></td><td></td></tr>
<tr><td></td><td></td><td></td><td></td><td></td><td></td><td></td><td></td><td></td><td></td><td></td><td></td><td></td><td></td></tr>
<tr><td colspan="2">人工单价</td><td colspan="7">小计</td><td></td><td></td><td></td><td></td><td></td></tr>
<tr><td colspan="2">______元/工日</td><td colspan="7">未计价材料费</td><td colspan="5"></td></tr>
<tr><td colspan="9">清单项目综合单价</td><td colspan="5"></td></tr>
<tr><td rowspan="4">材料费明细</td><td colspan="4">主要材料名称、规格、型号</td><td>单位</td><td colspan="3">数量</td><td>单价（元）</td><td>合价（元）</td><td>暂估单价（元）</td><td colspan="2">暂估合价（元）</td></tr>
<tr><td colspan="4"></td><td></td><td colspan="3"></td><td></td><td></td><td></td><td colspan="2"></td></tr>
<tr><td colspan="8">其他材料费</td><td></td><td></td><td></td><td colspan="2"></td></tr>
<tr><td colspan="8">材料费小计</td><td></td><td></td><td></td><td colspan="2"></td></tr>
</table>

注　管理费按人工费______%，利润按人工费______计。

表 1-6（4）

工程量清单综合单价分析表

工程名称：某住宅楼给排水工程　　标段：　　第 4 页　共 22 页

<table>
<tr><td colspan="2">项 目 编 码</td><td colspan="2"></td><td colspan="2">项目名称</td><td colspan="5"></td><td colspan="2">计量单位</td><td></td></tr>
<tr><td colspan="14">清单综合单价组成明细</td></tr>
<tr><td rowspan="2">定额编号</td><td rowspan="2">定额名称</td><td rowspan="2">定额单位</td><td rowspan="2">数量</td><td colspan="5">单 价</td><td colspan="5">合 价</td></tr>
<tr><td>人工费</td><td>材料费</td><td>机械费</td><td>管理费</td><td>利润</td><td>人工费</td><td>材料费</td><td>机械费</td><td>管理费</td><td>利润</td></tr>
<tr><td></td><td></td><td></td><td></td><td></td><td></td><td></td><td></td><td></td><td></td><td></td><td></td><td></td><td></td></tr>
<tr><td></td><td></td><td></td><td></td><td></td><td></td><td></td><td></td><td></td><td></td><td></td><td></td><td></td><td></td></tr>
<tr><td></td><td></td><td></td><td></td><td></td><td></td><td></td><td></td><td></td><td></td><td></td><td></td><td></td><td></td></tr>
<tr><td></td><td></td><td></td><td></td><td></td><td></td><td></td><td></td><td></td><td></td><td></td><td></td><td></td><td></td></tr>
<tr><td colspan="2">人工单价</td><td colspan="7">小 计</td><td></td><td></td><td></td><td></td><td></td></tr>
<tr><td colspan="2">______元/工日</td><td colspan="7">未计价材料费</td><td colspan="5"></td></tr>
<tr><td colspan="9">清单项目综合单价</td><td colspan="5"></td></tr>
<tr><td rowspan="4">材料费明细</td><td colspan="5">主要材料名称、规格、型号</td><td>单位</td><td colspan="2">数量</td><td>单价（元）</td><td>合价（元）</td><td colspan="2">暂估单价（元）</td><td>暂估合价（元）</td></tr>
<tr><td colspan="5"></td><td></td><td colspan="2"></td><td></td><td></td><td colspan="2"></td><td></td></tr>
<tr><td colspan="8">其他材料费</td><td></td><td></td><td colspan="2"></td><td></td></tr>
<tr><td colspan="8">材料费小计</td><td></td><td></td><td colspan="2"></td><td></td></tr>
</table>

注　管理费按人工费______%，利润按人工费______计。

表 1-6（5） 工程量清单综合单价分析表

工程名称：某住宅楼给排水工程　　标段：　　第 5 页　共 22 页

<table>
<tr><td colspan="2">项　目　编　码</td><td colspan="2"></td><td colspan="2">项目名称</td><td colspan="4"></td><td colspan="2">计量单位</td><td colspan="2"></td></tr>
<tr><td colspan="14">清单综合单价组成明细</td></tr>
<tr><td rowspan="2">定额编号</td><td rowspan="2">定额名称</td><td rowspan="2">定额单位</td><td rowspan="2">数量</td><td colspan="5">单　　价</td><td colspan="5">合　　价</td></tr>
<tr><td>人工费</td><td>材料费</td><td>机械费</td><td>管理费</td><td>利润</td><td>人工费</td><td>材料费</td><td>机械费</td><td>管理费</td><td>利润</td></tr>
<tr><td></td><td></td><td></td><td></td><td></td><td></td><td></td><td></td><td></td><td></td><td></td><td></td><td></td><td></td></tr>
<tr><td></td><td></td><td></td><td></td><td></td><td></td><td></td><td></td><td></td><td></td><td></td><td></td><td></td><td></td></tr>
<tr><td colspan="2">人工单价</td><td colspan="7">小　计</td><td></td><td></td><td></td><td></td><td></td></tr>
<tr><td colspan="2">_____元/工日</td><td colspan="7">未计价材料费</td><td colspan="5"></td></tr>
<tr><td colspan="9">清单项目综合单价</td><td colspan="5"></td></tr>
<tr><td rowspan="4">材料费明细</td><td colspan="3">主要材料名称、规格、型号</td><td>单位</td><td colspan="4">数量</td><td>单价（元）</td><td>合价（元）</td><td>暂估单价（元）</td><td colspan="2">暂估合价（元）</td></tr>
<tr><td colspan="3"></td><td></td><td colspan="4"></td><td></td><td></td><td></td><td colspan="2"></td></tr>
<tr><td colspan="8">其他材料费</td><td></td><td></td><td></td><td colspan="2"></td></tr>
<tr><td colspan="8">材料费小计</td><td></td><td></td><td></td><td colspan="2"></td></tr>
</table>

注　管理费按人工费_____%，利润按人工费_____计。

表 1-6（6）　　　　**工程量清单综合单价分析表**

工程名称：某住宅楼给排水工程　　　　标段：　　　　第 6 页　共 22 页

<table>
<tr><td colspan="2">项　目　编　码</td><td colspan="2"></td><td>项目名称</td><td colspan="5"></td><td colspan="2">计量单位</td><td colspan="2"></td></tr>
<tr><td colspan="14">清单综合单价组成明细</td></tr>
<tr><td rowspan="2">定额编号</td><td rowspan="2">定额名称</td><td rowspan="2">定额单位</td><td rowspan="2">数量</td><td colspan="5">单　价</td><td colspan="5">合　价</td></tr>
<tr><td>人工费</td><td>材料费</td><td>机械费</td><td>管理费</td><td>利润</td><td>人工费</td><td>材料费</td><td>机械费</td><td>管理费</td><td>利润</td></tr>
<tr><td></td><td></td><td></td><td></td><td></td><td></td><td></td><td></td><td></td><td></td><td></td><td></td><td></td><td></td></tr>
<tr><td></td><td></td><td></td><td></td><td></td><td></td><td></td><td></td><td></td><td></td><td></td><td></td><td></td><td></td></tr>
<tr><td colspan="2">人工单价</td><td colspan="7">小　计</td><td></td><td></td><td></td><td></td><td></td></tr>
<tr><td colspan="2">______元/工日</td><td colspan="7">未计价材料费</td><td colspan="5"></td></tr>
<tr><td colspan="9">清单项目综合单价</td><td colspan="5"></td></tr>
<tr><td rowspan="4">材料费明细</td><td colspan="4">主要材料名称、规格、型号</td><td>单位</td><td colspan="3">数量</td><td>单价（元）</td><td>合价（元）</td><td colspan="2">暂估单价（元）</td><td>暂估合价（元）</td></tr>
<tr><td colspan="4"></td><td></td><td colspan="3"></td><td></td><td></td><td colspan="2"></td><td></td></tr>
<tr><td colspan="8">其他材料费</td><td></td><td></td><td colspan="2"></td><td></td></tr>
<tr><td colspan="8">材料费小计</td><td></td><td></td><td colspan="2"></td><td></td></tr>
</table>

注　管理费按人工费______%，利润按人工费______计。

表 1-6（7） **工程量清单综合单价分析表**

工程名称：某住宅楼给排水工程　　标段：　　第 7 页　共 22 页

项目编码			项目名称					计量单位				
清单综合单价组成明细												
定额编号	定额名称	定额单位	数量	单价					合价			
				人工费	材料费	机械费	管理费	利润	人工费	材料费	机械费	管理费	利润
人工单价	小计											
____元/工日	未计价材料费											
清单项目综合单价												
材料费明细	主要材料名称、规格、型号			单位		数量		单价（元）	合价（元）	暂估单价（元）	暂估合价（元）	
	其他材料费											
	材料费小计											

注　管理费按人工费____%，利润按人工费____计。

表 1-6（8）

工程量清单综合单价分析表

工程名称：某住宅楼给排水工程　　标段：　　第 8 页　共 22 页

<table>
<tr><td colspan="2">项　目　编　码</td><td colspan="2"></td><td colspan="3">项目名称</td><td colspan="4"></td><td colspan="2">计量单位</td><td></td></tr>
<tr><td colspan="14">清单综合单价组成明细</td></tr>
<tr><td rowspan="2">定额编号</td><td rowspan="2">定额名称</td><td rowspan="2">定额单位</td><td rowspan="2">数量</td><td colspan="5">单　　价</td><td colspan="5">合　　价</td></tr>
<tr><td>人工费</td><td>材料费</td><td>机械费</td><td>管理费</td><td>利润</td><td>人工费</td><td>材料费</td><td>机械费</td><td>管理费</td><td>利润</td></tr>
<tr><td></td><td></td><td></td><td></td><td></td><td></td><td></td><td></td><td></td><td></td><td></td><td></td><td></td><td></td></tr>
<tr><td></td><td></td><td></td><td></td><td></td><td></td><td></td><td></td><td></td><td></td><td></td><td></td><td></td><td></td></tr>
<tr><td colspan="2">人工单价</td><td colspan="7">小　　计</td><td></td><td></td><td></td><td></td><td></td></tr>
<tr><td colspan="2">______元/工日</td><td colspan="7">未计价材料费</td><td colspan="5"></td></tr>
<tr><td colspan="9">清单项目综合单价</td><td colspan="5"></td></tr>
<tr><td rowspan="4">材料费明细</td><td colspan="4">主要材料名称、规格、型号</td><td>单位</td><td colspan="3">数量</td><td>单价（元）</td><td>合价（元）</td><td colspan="2">暂估单价（元）</td><td>暂估合价（元）</td></tr>
<tr><td colspan="4"></td><td></td><td colspan="3"></td><td></td><td></td><td colspan="2"></td><td></td></tr>
<tr><td colspan="8">其他材料费</td><td></td><td></td><td colspan="2"></td><td></td></tr>
<tr><td colspan="8">材料费小计</td><td></td><td></td><td colspan="2"></td><td></td></tr>
</table>

注　管理费按人工费______%，利润按人工费______计。

表 1-6（9） **工程量清单综合单价分析表**

工程名称：某住宅楼给排水工程　　标段：　　第 9 页　共 22 页

项目编码		项目名称		计量单位	

清单综合单价组成明细

定额编号	定额名称	定额单位	数量	单价					合价				
				人工费	材料费	机械费	管理费	利润	人工费	材料费	机械费	管理费	利润
人工单价	小计												
______元/工日	未计价材料费												
清单项目综合单价													

材料费明细	主要材料名称、规格、型号	单位	数量	单价（元）	合价（元）	暂估单价（元）	暂估合价（元）
	其他材料费						
	材料费小计						

注　管理费按人工费______%，利润按人工费______计。

表 1-6（10）　　**工程量清单综合单价分析表**

工程名称：某住宅楼给排水工程　　标段：　　第 10 页　共 22 页

项目编码		项目名称								计量单位		
清单综合单价组成明细												
定额编号	定额名称	定额单位	数量	单价					合价			
				人工费	材料费	机械费	管理费	利润	人工费	材料费	机械费	管理费	利润
人工单价		小计											
______元/工日		未计价材料费											
清单项目综合单价													
材料费明细	主要材料名称、规格、型号				单位	数量			单价（元）	合价（元）	暂估单价（元）	暂估合价（元）	
	其他材料费												
	材料费小计												

注　管理费按人工费______%，利润按人工费______计。

表 1-6（11） **工程量清单综合单价分析表**

工程名称：某住宅楼给排水工程 标段： 第 11 页 共 22 页

<table>
<tr><td colspan="2">项　目　编　码</td><td colspan="2"></td><td colspan="3">项目名称</td><td colspan="3"></td><td colspan="2">计量单位</td><td colspan="2"></td></tr>
<tr><td colspan="14">清单综合单价组成明细</td></tr>
<tr><td rowspan="2">定额编号</td><td rowspan="2">定额名称</td><td rowspan="2">定额
单位</td><td rowspan="2">数量</td><td colspan="5">单　　价</td><td colspan="5">合　　价</td></tr>
<tr><td>人工费</td><td>材料费</td><td>机械费</td><td>管理费</td><td>利润</td><td>人工费</td><td>材料费</td><td colspan="2">机械费</td><td>管理费</td><td>利润</td></tr>
<tr><td></td><td></td><td></td><td></td><td></td><td></td><td></td><td></td><td></td><td></td><td></td><td colspan="2"></td><td></td><td></td></tr>
<tr><td></td><td></td><td></td><td></td><td></td><td></td><td></td><td></td><td></td><td></td><td></td><td colspan="2"></td><td></td><td></td></tr>
<tr><td colspan="2">人工单价</td><td colspan="7">小　　计</td><td></td><td></td><td colspan="2"></td><td></td><td></td></tr>
<tr><td colspan="2">______元/工日</td><td colspan="7">未计价材料费</td><td colspan="6"></td></tr>
<tr><td colspan="9">清单项目综合单价</td><td colspan="6"></td></tr>
<tr><td rowspan="4">材料费明细</td><td colspan="4">主要材料名称、规格、型号</td><td>单位</td><td colspan="3">数量</td><td>单价（元）</td><td>合价（元）</td><td colspan="2">暂估单价（元）</td><td colspan="2">暂估合价（元）</td></tr>
<tr><td colspan="4"></td><td></td><td colspan="3"></td><td></td><td></td><td colspan="2"></td><td colspan="2"></td></tr>
<tr><td colspan="8">其他材料费</td><td></td><td></td><td colspan="2"></td><td colspan="2"></td></tr>
<tr><td colspan="8">材料费小计</td><td></td><td></td><td colspan="2"></td><td colspan="2"></td></tr>
</table>

注 管理费按人工费______%，利润按人工费______计。

表 1-6（12）

工程量清单综合单价分析表

工程名称：某住宅楼给排水工程　　标段：　　第 12 页　共 22 页

<table>
<tr><td colspan="2">项　目　编　码</td><td colspan="2"></td><td colspan="2">项目名称</td><td colspan="5"></td><td colspan="2">计量单位</td><td></td></tr>
<tr><td colspan="14">清单综合单价组成明细</td></tr>
<tr><td rowspan="2">定额编号</td><td rowspan="2">定额名称</td><td rowspan="2">定额单位</td><td rowspan="2">数量</td><td colspan="5">单　　价</td><td colspan="5">合　　价</td></tr>
<tr><td>人工费</td><td>材料费</td><td>机械费</td><td>管理费</td><td>利润</td><td>人工费</td><td>材料费</td><td>机械费</td><td>管理费</td><td>利润</td></tr>
<tr><td></td><td></td><td></td><td></td><td></td><td></td><td></td><td></td><td></td><td></td><td></td><td></td><td></td><td></td></tr>
<tr><td></td><td></td><td></td><td></td><td></td><td></td><td></td><td></td><td></td><td></td><td></td><td></td><td></td><td></td></tr>
<tr><td colspan="2">人工单价</td><td colspan="7">小　　计</td><td></td><td></td><td></td><td></td><td></td></tr>
<tr><td colspan="2">______元/工日</td><td colspan="7">未计价材料费</td><td colspan="5"></td></tr>
<tr><td colspan="9">清单项目综合单价</td><td colspan="5"></td></tr>
<tr><td rowspan="4">材料费明细</td><td colspan="5">主要材料名称、规格、型号</td><td>单位</td><td colspan="2">数量</td><td>单价（元）</td><td>合价（元）</td><td colspan="2">暂估单价（元）</td><td>暂估合价（元）</td></tr>
<tr><td colspan="5"></td><td></td><td colspan="2"></td><td></td><td></td><td colspan="2"></td><td></td></tr>
<tr><td colspan="8">其他材料费</td><td></td><td></td><td colspan="2"></td><td></td></tr>
<tr><td colspan="8">材料费小计</td><td></td><td></td><td colspan="2"></td><td></td></tr>
</table>

注　管理费按人工费______%，利润按人工费______计。

表 1-6（13） **工程量清单综合单价分析表**

工程名称：某住宅楼给排水工程　　标段：　　第 13 页　共 22 页

<table>
<tr><td colspan="2">项　目　编　码</td><td colspan="2"></td><td colspan="2">项目名称</td><td colspan="5"></td><td colspan="2">计量单位</td><td></td></tr>
<tr><td colspan="14">清单综合单价组成明细</td></tr>
<tr><td rowspan="2">定额编号</td><td rowspan="2">定额名称</td><td rowspan="2">定额单位</td><td rowspan="2">数量</td><td colspan="5">单　价</td><td colspan="5">合　价</td></tr>
<tr><td>人工费</td><td>材料费</td><td>机械费</td><td>管理费</td><td>利润</td><td>人工费</td><td>材料费</td><td>机械费</td><td>管理费</td><td>利润</td></tr>
<tr><td></td><td></td><td></td><td></td><td></td><td></td><td></td><td></td><td></td><td></td><td></td><td></td><td></td><td></td></tr>
<tr><td></td><td></td><td></td><td></td><td></td><td></td><td></td><td></td><td></td><td></td><td></td><td></td><td></td><td></td></tr>
<tr><td colspan="2">人工单价</td><td colspan="7">小　计</td><td></td><td></td><td></td><td></td><td></td></tr>
<tr><td colspan="2">______元/工日</td><td colspan="7">未计价材料费</td><td colspan="5"></td></tr>
<tr><td colspan="9">清单项目综合单价</td><td colspan="5"></td></tr>
<tr><td rowspan="4">材料费明细</td><td colspan="4">主要材料名称、规格、型号</td><td>单位</td><td colspan="3">数量</td><td>单价（元）</td><td>合价（元）</td><td>暂估单价（元）</td><td colspan="2">暂估合价（元）</td></tr>
<tr><td colspan="4"></td><td></td><td colspan="3"></td><td></td><td></td><td></td><td colspan="2"></td></tr>
<tr><td colspan="8">其他材料费</td><td></td><td></td><td></td><td colspan="2"></td></tr>
<tr><td colspan="8">材料费小计</td><td></td><td></td><td></td><td colspan="2"></td></tr>
</table>

注　管理费按人工费______%，利润按人工费______计。

表 1-6（14） **工程量清单综合单价分析表**

工程名称：某住宅楼给排水工程 标段： 第 14 页 共 22 页

项 目 编 码			项目名称								计量单位		
清单综合单价组成明细													
定额编号	定额名称	定额单位	数量	单 价					合 价				
				人工费	材料费	机械费	管理费	利润	人工费	材料费	机械费	管理费	利润
人工单价		小 计											
______元/工日		未计价材料费											
清单项目综合单价													

材料费明细	主要材料名称、规格、型号	单位	数量	单价（元）	合价（元）	暂估单价（元）	暂估合价（元）
	其他材料费						
	材料费小计						

注 管理费按人工费______%，利润按人工费______计。

表 1-6（15） **工程量清单综合单价分析表**

工程名称：某住宅楼给排水工程　　　　标段：　　　　第 15 页　共 22 页

项　目　编　码				项目名称								计量单位	
清单综合单价组成明细													
定额编号	定额名称	定额单位	数量	单　　价					合　　价				
				人工费	材料费	机械费	管理费	利润	人工费	材料费	机械费	管理费	利润
人工单价		小　计											
______元/工日		未计价材料费											
清单项目综合单价													
材料费明细	主要材料名称、规格、型号				单位	数量			单价（元）	合价（元）	暂估单价（元）	暂估合价（元）	
	其他材料费												
	材料费小计												

注　管理费按人工费______%，利润按人工费______计。

表 1-6（16） **工程量清单综合单价分析表**

工程名称：某住宅楼给排水工程 标段： 第 16 页 共 22 页

项 目 编 码				项目名称							计量单位		
清单综合单价组成明细													
定额编号	定额名称	定额单位	数量	单价					合价				
				人工费	材料费	机械费	管理费	利润	人工费	材料费	机械费	管理费	利润
人工单价		小 计											
______元/工日		未计价材料费											
清单项目综合单价													
材料费明细	主要材料名称、规格、型号					单位	数量		单价（元）	合价（元）	暂估单价（元）	暂估合价（元）	
	其他材料费												
	材料费小计												

注 管理费按人工费______%，利润按人工费______计。

表 1-6（17）

工程量清单综合单价分析表

工程名称：某住宅楼给排水工程　　　标段：　　　第 17 页　共 22 页

项目编码				项目名称							计量单位		
清单综合单价组成明细													
定额编号	定额名称	定额单位	数量	单价					合价				
				人工费	材料费	机械费	管理费	利润	人工费	材料费	机械费	管理费	利润
人工单价		小计											
____元/工日		未计价材料费											
清单项目综合单价													
材料费明细	主要材料名称、规格、型号				单位	数量			单价（元）	合价（元）	暂估单价（元）	暂估合价（元）	
	其他材料费												
	材料费小计												

注：管理费按人工费____%，利润按人工费____计。

表 1-6（18）　工程量清单综合单价分析表

工程名称：某住宅楼给排水工程　　标段：　　第 18 页　共 22 页

项目编码				项目名称							计量单位		
清单综合单价组成明细													
定额编号	定额名称	定额单位	数量	单价					合价				
				人工费	材料费	机械费	管理费	利润	人工费	材料费	机械费	管理费	利润
人工单价		小计											
______元/工日		未计价材料费											
清单项目综合单价													
材料费明细	主要材料名称、规格、型号				单位	数量			单价（元）	合价（元）	暂估单价（元）	暂估合价（元）	
	其他材料费												
	材料费小计												

注　管理费按人工费______%，利润按人工费______计。

表 1-6（19）

工程量清单综合单价分析表

工程名称：某住宅楼给排水工程　　　　标段：　　　　第 19 页　共 22 页

项目编码				项目名称							计量单位		
清单综合单价组成明细													
定额编号	定额名称	定额单位	数量	单价					合价				
				人工费	材料费	机械费	管理费	利润	人工费	材料费	机械费	管理费	利润
人工单价		小计											
______元/工日		未计价材料费											
清单项目综合单价													
材料费明细	主要材料名称、规格、型号				单位	数量			单价（元）	合价（元）	暂估单价（元）	暂估合价（元）	
	其他材料费												
	材料费小计												

注　管理费按人工费______%，利润按人工费______计。

表 1-6（20）　**工程量清单综合单价分析表**

工程名称：某住宅楼给排水工程　　标段：　　第 20 页　共 22 页

<table>
<tr><td colspan="2">项　目　编　码</td><td colspan="2"></td><td colspan="2">项目名称</td><td colspan="6"></td><td colspan="2">计量单位</td><td colspan="2"></td></tr>
<tr><td colspan="16">清单综合单价组成明细</td></tr>
<tr><td rowspan="2">定额编号</td><td rowspan="2">定额名称</td><td rowspan="2">定额单位</td><td rowspan="2">数量</td><td colspan="6">单　价</td><td colspan="6">合　价</td></tr>
<tr><td>人工费</td><td>材料费</td><td colspan="2">机械费</td><td>管理费</td><td>利润</td><td>人工费</td><td>材料费</td><td colspan="2">机械费</td><td>管理费</td><td>利润</td></tr>
<tr><td></td><td></td><td></td><td></td><td></td><td></td><td colspan="2"></td><td></td><td></td><td></td><td></td><td colspan="2"></td><td></td><td></td></tr>
<tr><td></td><td></td><td></td><td></td><td></td><td></td><td colspan="2"></td><td></td><td></td><td></td><td></td><td colspan="2"></td><td></td><td></td></tr>
<tr><td colspan="2">人工单价</td><td colspan="8">小　计</td><td></td><td></td><td colspan="2"></td><td></td><td></td></tr>
<tr><td colspan="2">______元/工日</td><td colspan="8">未计价材料费</td><td colspan="6"></td></tr>
<tr><td colspan="10">清单项目综合单价</td><td colspan="6"></td></tr>
<tr><td rowspan="5">材料费明细</td><td colspan="5">主要材料名称、规格、型号</td><td>单位</td><td colspan="3">数量</td><td>单价（元）</td><td>合价（元）</td><td colspan="2">暂估单价（元）</td><td colspan="2">暂估合价（元）</td></tr>
<tr><td colspan="5"></td><td></td><td colspan="3"></td><td></td><td></td><td colspan="2"></td><td colspan="2"></td></tr>
<tr><td colspan="9">其他材料费</td><td></td><td></td><td colspan="2"></td><td colspan="2"></td></tr>
<tr><td colspan="9">材料费小计</td><td></td><td></td><td colspan="2"></td><td colspan="2"></td></tr>
</table>

注　管理费按人工费______%，利润按人工费______计。

表 1-6（21） **工程量清单综合单价分析表**

工程名称：某住宅楼给排水工程　　　　标段：　　　　第 21 页　共 22 页

项目编码				项目名称								计量单位	
清单综合单价组成明细													
定额编号	定额名称	定额单位	数量	单价					合价				
				人工费	材料费	机械费	管理费	利润	人工费	材料费	机械费	管理费	利润
人工单价		小计											
____元/工日		未计价材料费											
清单项目综合单价													

材料费明细	主要材料名称、规格、型号	单位	数量	单价（元）	合价（元）	暂估单价（元）	暂估合价（元）
	其他材料费						
	材料费小计						

注　管理费按人工费____%，利润按人工费____计。

表 1-6（22）　　**工程量清单综合单价分析表**

工程名称：某住宅楼给排水工程　　标段：　　第 22 页　共 22 页

<table>
<tr><td colspan="2">项　目　编　码</td><td colspan="2"></td><td colspan="2">项目名称</td><td colspan="5"></td><td>计量单位</td><td colspan="2"></td></tr>
<tr><td colspan="14">清单综合单价组成明细</td></tr>
<tr><td rowspan="2">定额编号</td><td rowspan="2">定额名称</td><td rowspan="2">定额单位</td><td rowspan="2">数量</td><td colspan="5">单　　价</td><td colspan="5">合　　价</td></tr>
<tr><td>人工费</td><td>材料费</td><td>机械费</td><td>管理费</td><td>利润</td><td>人工费</td><td>材料费</td><td>机械费</td><td>管理费</td><td>利润</td></tr>
<tr><td></td><td></td><td></td><td></td><td></td><td></td><td></td><td></td><td></td><td></td><td></td><td></td><td></td><td></td></tr>
<tr><td></td><td></td><td></td><td></td><td></td><td></td><td></td><td></td><td></td><td></td><td></td><td></td><td></td><td></td></tr>
<tr><td colspan="2">人工单价</td><td colspan="7">小　　计</td><td></td><td></td><td></td><td></td><td></td></tr>
<tr><td colspan="2">______元/工日</td><td colspan="7">未计价材料费</td><td colspan="5"></td></tr>
<tr><td colspan="9">清单项目综合单价</td><td colspan="5"></td></tr>
<tr><td rowspan="4">材料费明细</td><td colspan="5">主要材料名称、规格、型号</td><td>单位</td><td colspan="2">数量</td><td>单价（元）</td><td>合价（元）</td><td>暂估单价（元）</td><td colspan="2">暂估合价（元）</td></tr>
<tr><td colspan="5"></td><td></td><td colspan="2"></td><td></td><td></td><td></td><td colspan="2"></td></tr>
<tr><td colspan="8">其他材料费</td><td></td><td></td><td></td><td colspan="2"></td></tr>
<tr><td colspan="8">材料费小计</td><td></td><td></td><td></td><td colspan="2"></td></tr>
</table>

注　管理费按人工费______%，利润按人工费______计。

2. 分部分项工程量清单计价表（见表 1-7）

表 1-7

分部分项工程量清单计价表

工程名称：某住宅楼给排水工程　　　　标段：　　　　第　页共　页

序号	项目编码	项目名称	项目特征描述	计量单位	工程量	金　额（元）			
						综合单价	合　价	其中：人工费	其中：暂估价
合　计									

3. 措施项目清单与计价表（见表1-8）

表1-8　　措施项目清单与计价表

工程名称：某住宅楼给排水工程　　标段：　　第　页　共　页

序　号	项　目　名　称	计 算 基 础	费　率（%）	金　额（元）
1	安全文明施工费			
2	夜间施工费			
3	二次搬运费			
4	冬雨季施工			
5	大型机械设备进出场及安拆费			
6	施工排水			
7	施工降水			
8	地上及地下设施、建筑物的临时保护设施			
9	已完工程及设备保护			
10	脚手架搭拆费			
合　计				

注　计算基础为人工费。

4. 规费、税金项目清单与计价表（见表1-9）

表1-9 **规费、税金项目清单与计价表**

工程名称：某住宅楼给排水工程 标段： 第 页 共 页

序号	项目名称	计算基础	费率(%)	金额(元)
1	规费			
1.1	工程排污费			
1.2	社会保障费			
(1)	养老保险费			
(2)	失业保险费			
(3)	医疗保险费			
1.3	住房公积金			
1.4	危险作业意外伤害保险			
1.5	工程定额测定费			
2	税金			
合计				

注 1. 规费的计算基础为：分部分项工程费＋措施项目费＋其他项目费。其他项目费本例不计。
2. 税金的计算基础为：分部分项工程费＋措施项目费＋其他项目费＋规费。其他项目费本例不计。

5. 单位工程招标控制价/投标报价汇总表（见表1-10）

表1-10　　单位工程招标控制价/投标报价汇总表

工程名称：某住宅楼给排水工程　　标段：　　第　页共　页

序号	汇总内容	金额（元）	其中：暂估价（元）	序号	汇总内容	金额（元）	其中：暂估价（元）
1	分部分项工程			1.21			
1.1				1.22			
1.2				2	措施项目		
1.3				2.1			
1.4				2.2			
1.5				2.3			
1.6				2.4			
1.7				2.5			
1.8				2.6			
1.9				2.7			
1.10				2.8			
1.11				2.9			
1.12				2.10			
1.13				3	其他项目		
1.14				3.1	暂列金额		
1.15				3.2	专业工程暂估价		
1.16				3.3	计日工		
1.17				3.4	总承包服务费		
1.18				4	规费		
1.19				5	税金		
1.20				招标控制价合计＝1＋2＋3＋4＋5			

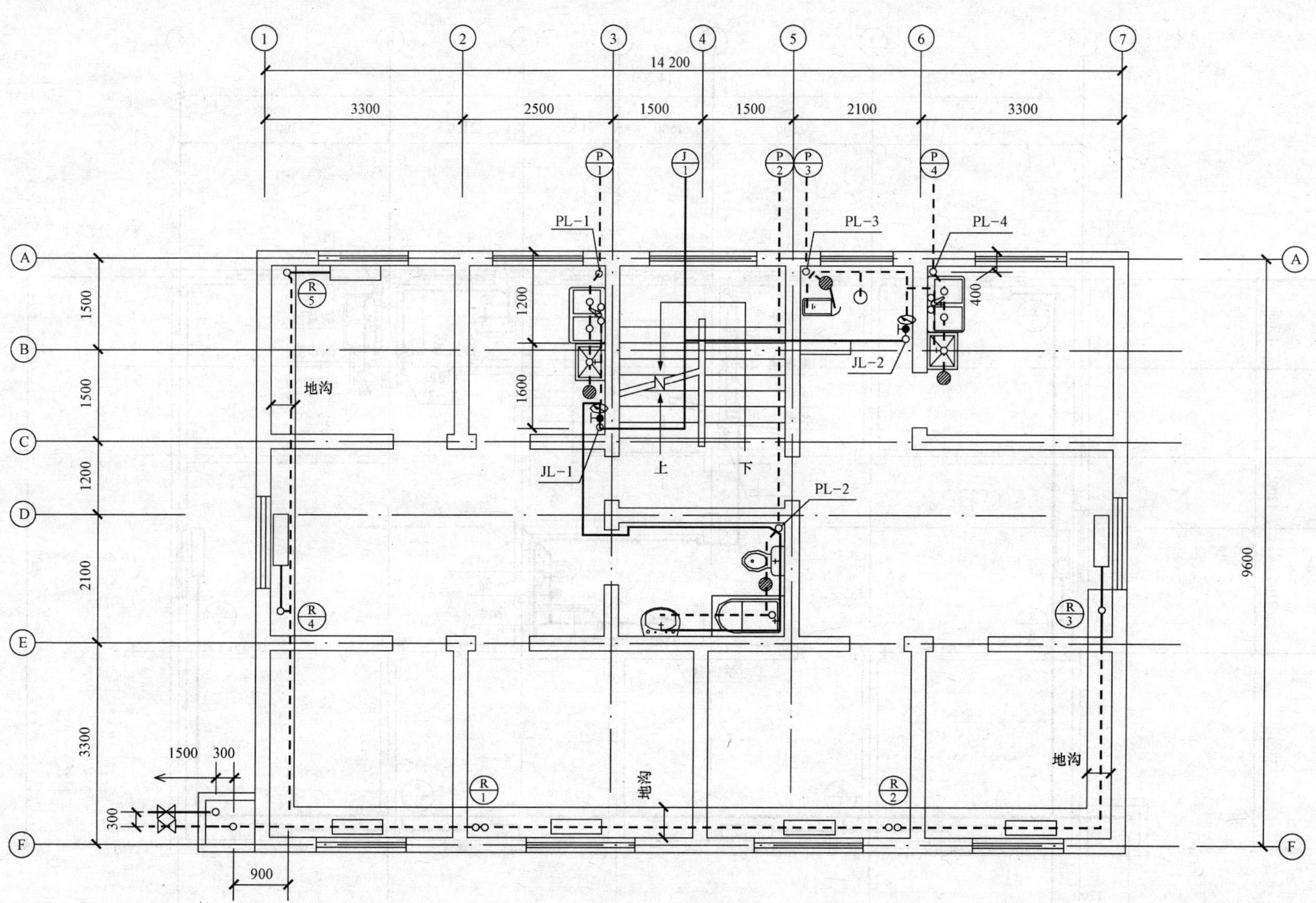

图 1-1 某住宅楼给排水及采暖工程一层平面图

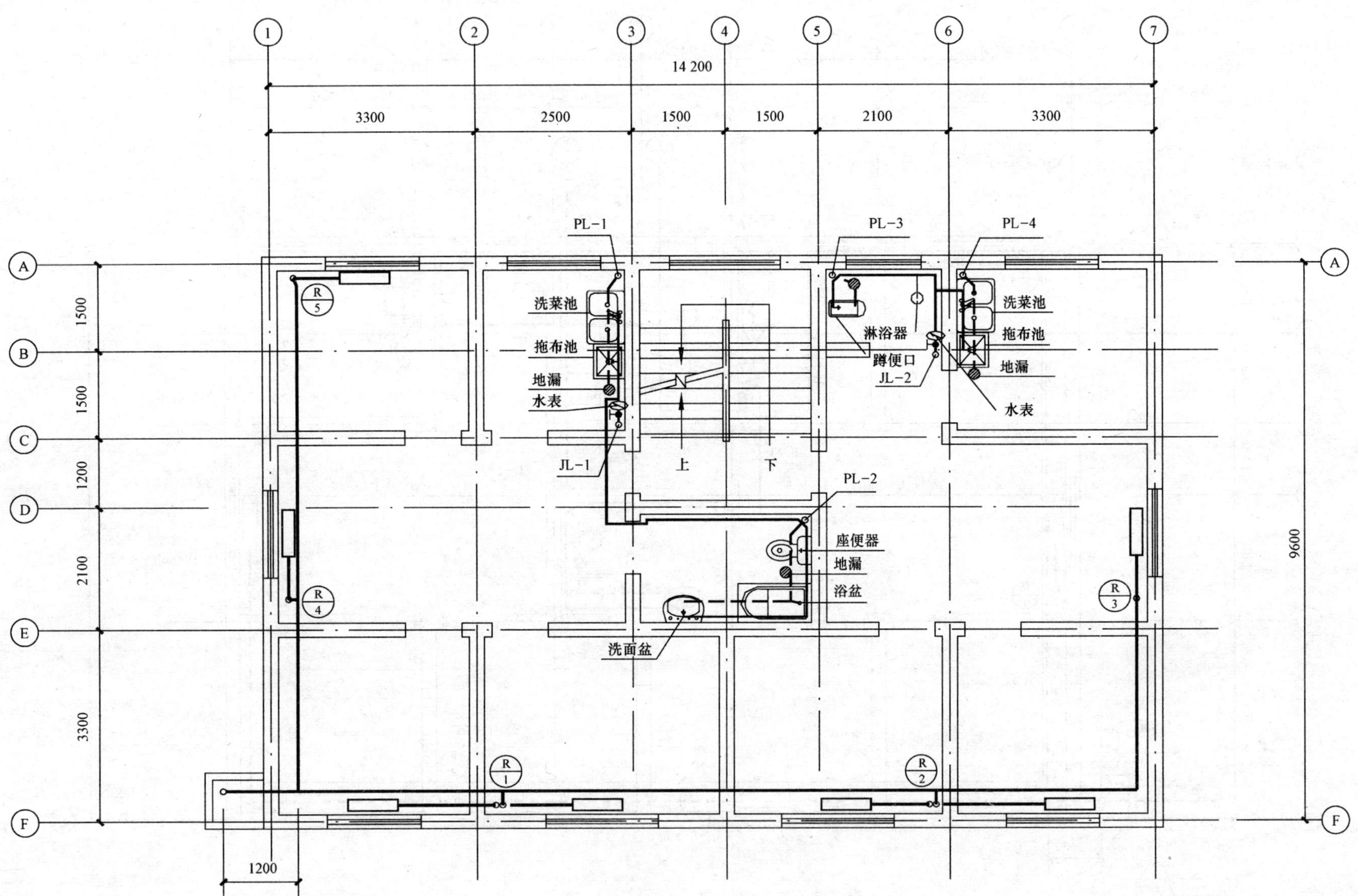

图 1-2　某住宅楼给排水及采暖工程四层平面图

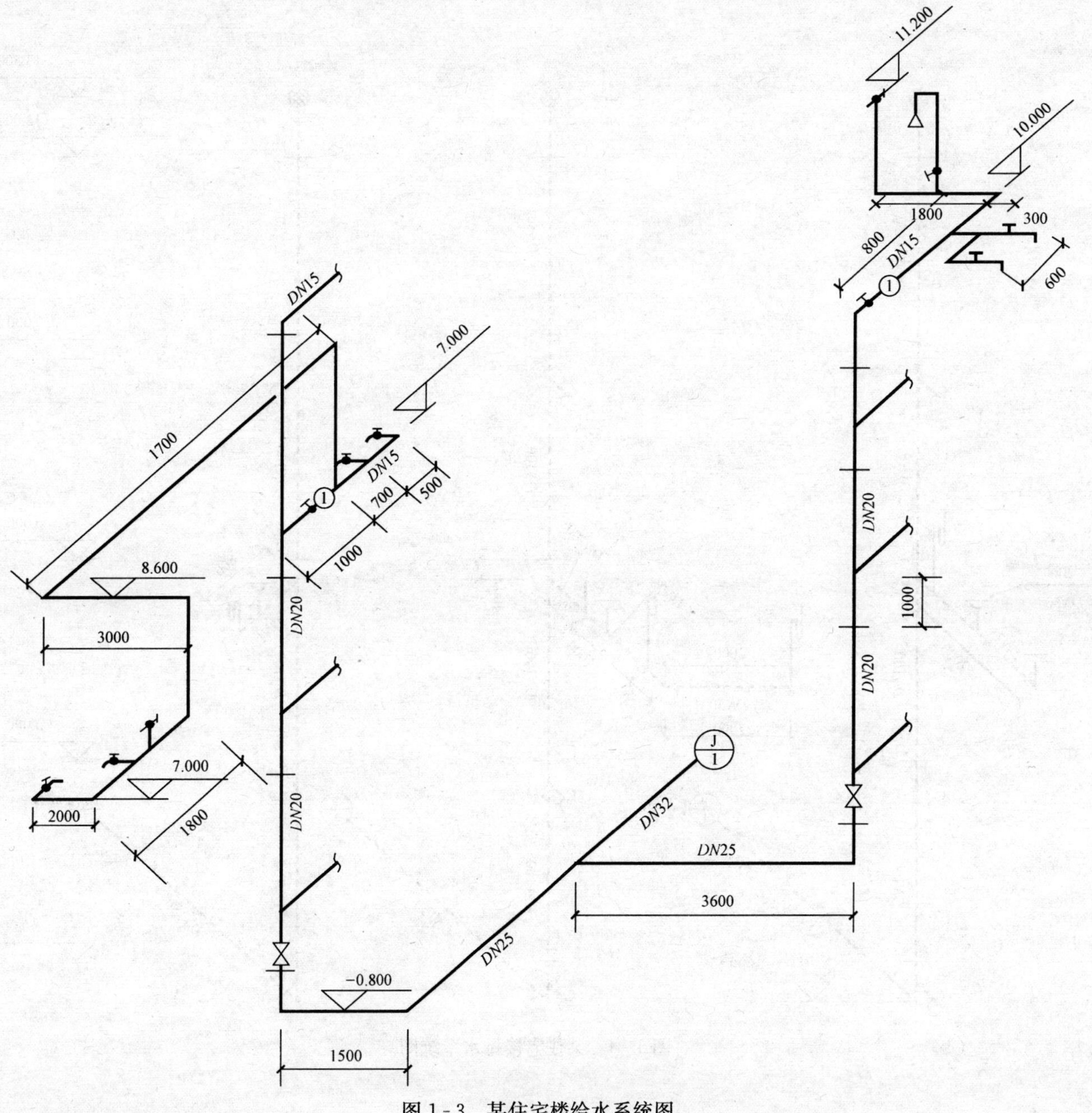

图 1-3　某住宅楼给水系统图

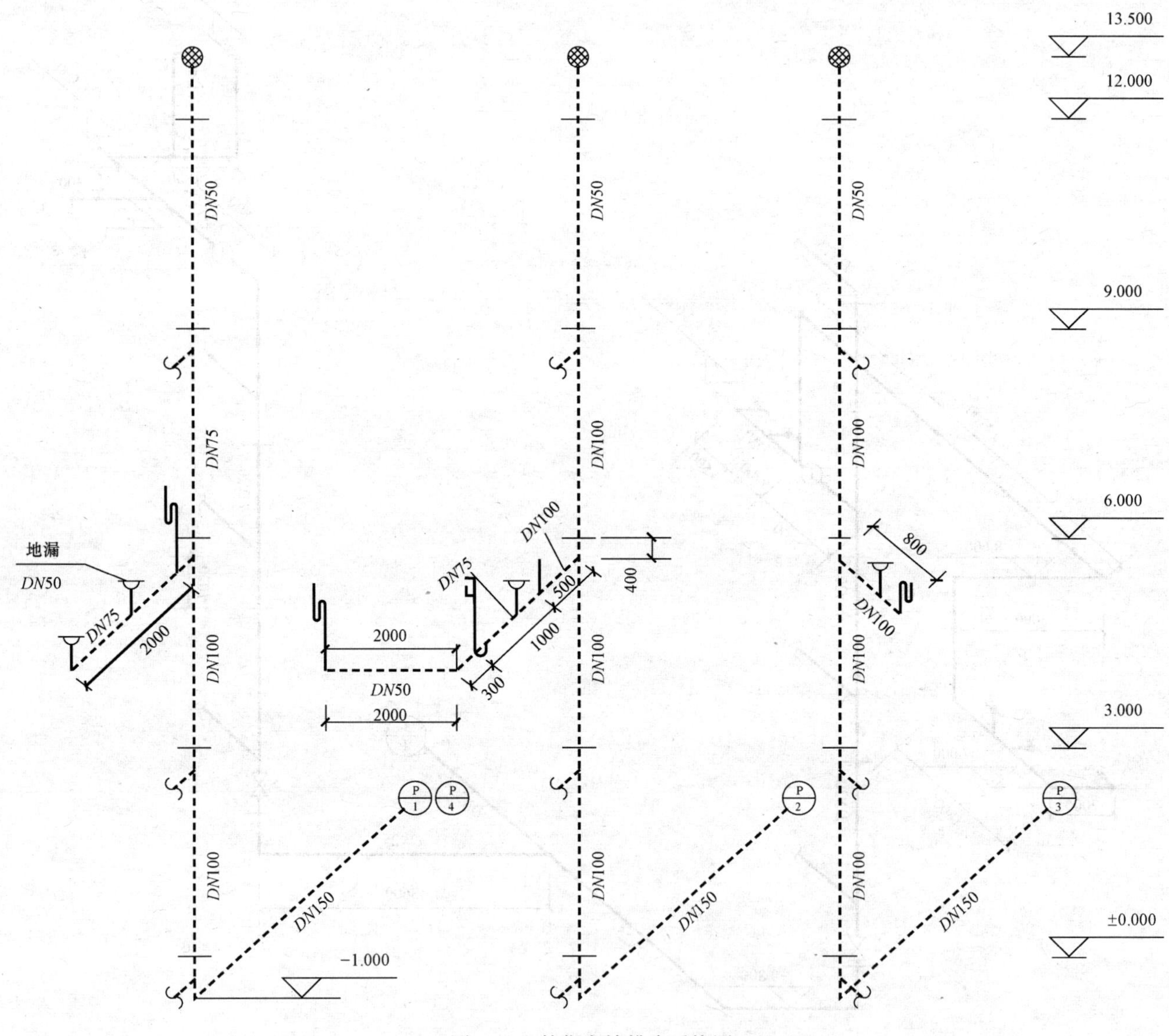

图 1-4 某住宅楼排水系统图

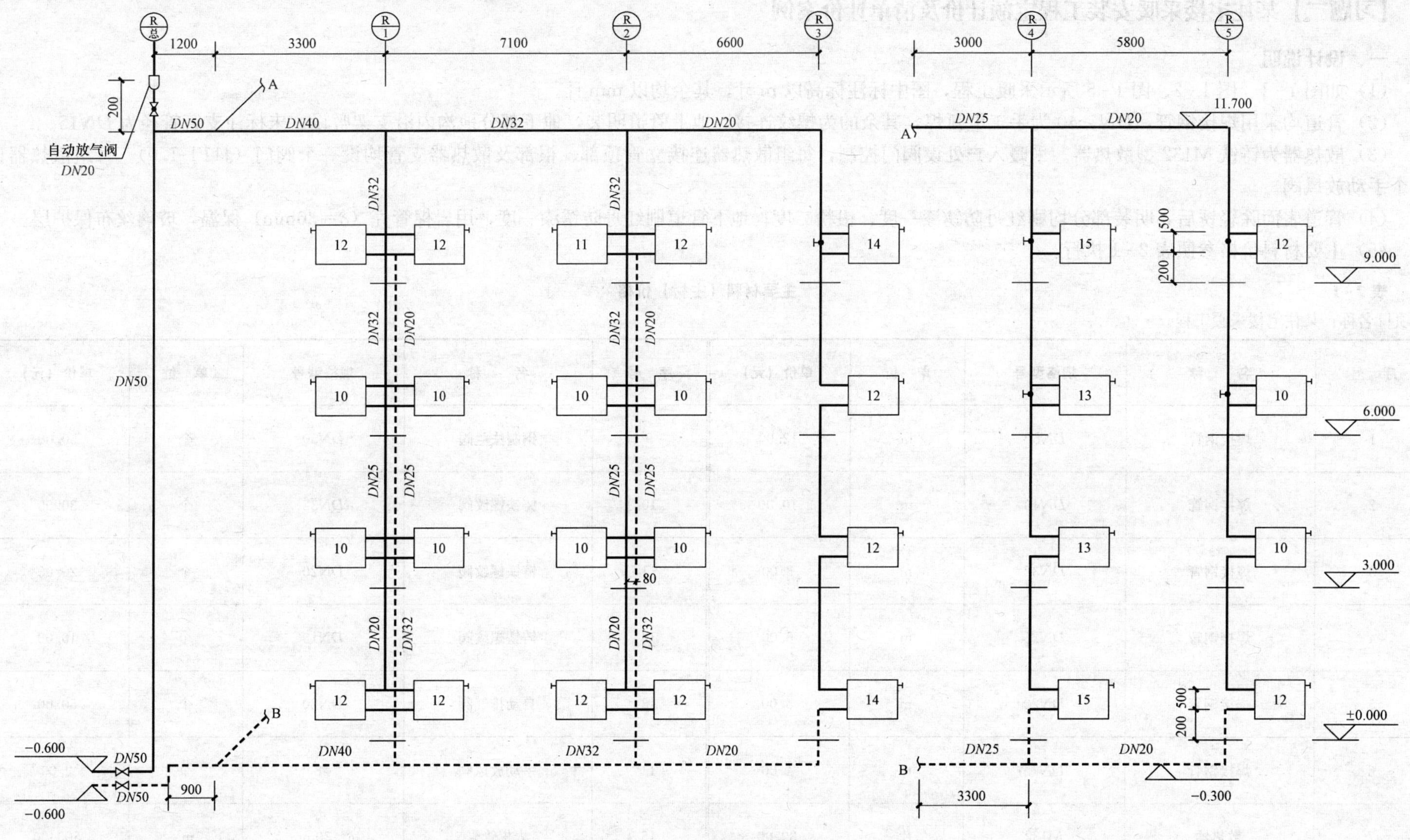

图 1-5 某住宅楼采暖工程系统图

【习题二】某住宅楼采暖安装工程定额计价及清单计价案例

一、设计说明

(1) 如图1-1、图1-2、图1-5所示采暖工程，图中标注标高以m计，其余均以mm计。

(2) 管道均采用焊接钢管，*DN*≥40为手工电弧焊，其余的为螺纹连接。地上管道明装，地下部分地沟内沿支架敷设。未标注支管管径为*DN*15。

(3) 散热器为铸铁M132型散热器。采暖入户处设阀门控制，每组散热器连接立管顶部、根部及散热器支管均设一个阀门(J11T-1.0)。每组散热器设一个手动放风阀。

(4) 管道表面除轻锈后，明装部分均刷红丹防锈漆一度、银粉二度；地下管道刷红丹防锈漆一度，用岩棉管壳(δ=30mm)保温，玻璃丝布保护层。

(5) 主要材料价格参照表2-1执行。

表2-1 **主要材料(主材)价格**

项目名称：某住宅楼采暖工程

序号	名称	规格型号	单位	单价(元)	序号	名称	规格型号	单位	单价(元)
1	焊接钢管	*DN*50	m	12.00	9	钢制法兰阀	*DN*50	个	50.00
2	焊接钢管	*DN*40	m	10.00	10	铸铁螺纹阀	*DN*32	个	30.00
3	焊接钢管	*DN*32	m	8.00	11	铸铁螺纹阀	*DN*20	个	20.00
4	焊接钢管	*DN*25	m	6.00	12	铸铁螺纹阀	*DN*15	个	10.00
5	焊接钢管	*DN*20	m	5.00	13	自动排气阀	*DN*20	个	50.00
6	焊接钢管	*DN*15	m	4.00	14	手动放风阀	ϕ8	个	2.00
7	散热器	M132	片	30.00	15	岩棉管壳	δ=30mm	m^3	500.00
8	钢制法兰	*DN*50	副	25	16	玻璃丝布		m^2	14.00

二、定额计价模式确定工程造价

1. 工程量计算（见表2-2）

表2-2 **工 程 量 计 算 书**

项目名称：某住宅楼采暖工程

序号	项目名称	单位	计算公式	数量

2. 计算直接工程费（见表 2-3）

表 2-3 **安装工程预（结）算书**

工程名称：某住宅楼采暖工程 年 月 日

序号	定额编号	项目名称	单位	数量	单价			合计		
					基价	人工费	主材费	合价	人工费	主材费

3. 计算安装工程费用（造价）（见表 2-4）

表 2-4 **定额计价的计算程序**

项目名称：某住宅楼采暖工程 ____类工程

序号	费用项目名称	计算方法	金额

三、清单计价模式确定工程造价

（一）工程量清单（见表 2-5）

按照《计价规范》(GB 50500—2008) 的要求内容及格式填写。本例只列分部分项工程量清单，根据施工图说、工程量计算规则及参考表 2-2 计算。

表 2-5 **分部分项工程量清单表**

工程名称：某住宅楼采暖工程 标段： 第 页 共 页

序　号	项目编码	项目名称	项 目 特 征 描 述	计量单位	工程量

（二）工程量清单计价

1. 工程量清单综合单价分析表（见表 2-6）

表 2-6（1） **工程量清单综合单价分析表**

工程名称：某住宅楼采暖工程 标段： 第 1 页 共 页

<table>
<tr><td colspan="2">项 目 编 码</td><td colspan="2"></td><td colspan="2">项目名称</td><td colspan="5"></td><td colspan="2">计量单位</td><td></td></tr>
<tr><td colspan="14">清单综合单价组成明细</td></tr>
<tr><td rowspan="2">定额编号</td><td rowspan="2">定额名称</td><td rowspan="2">定额单位</td><td rowspan="2">数量</td><td colspan="5">单 价</td><td colspan="5">合 价</td></tr>
<tr><td>人工费</td><td>材料费</td><td>机械费</td><td>管理费</td><td>利润</td><td>人工费</td><td>材料费</td><td>机械费</td><td>管理费</td><td>利润</td></tr>
<tr><td></td><td></td><td></td><td></td><td></td><td></td><td></td><td></td><td></td><td></td><td></td><td></td><td></td><td></td></tr>
<tr><td></td><td></td><td></td><td></td><td></td><td></td><td></td><td></td><td></td><td></td><td></td><td></td><td></td><td></td></tr>
<tr><td></td><td></td><td></td><td></td><td></td><td></td><td></td><td></td><td></td><td></td><td></td><td></td><td></td><td></td></tr>
<tr><td></td><td></td><td></td><td></td><td></td><td></td><td></td><td></td><td></td><td></td><td></td><td></td><td></td><td></td></tr>
<tr><td></td><td></td><td></td><td></td><td></td><td></td><td></td><td></td><td></td><td></td><td></td><td></td><td></td><td></td></tr>
<tr><td colspan="2">人工单价</td><td colspan="8">小 计</td><td></td><td></td><td></td><td></td></tr>
<tr><td colspan="2">______元/工日</td><td colspan="8">未计价材料费</td><td colspan="4"></td></tr>
<tr><td colspan="10">清单项目综合单价</td><td colspan="4"></td></tr>
<tr><td rowspan="4">材料费明细</td><td colspan="5">主要材料名称、规格、型号</td><td>单位</td><td colspan="2">数量</td><td>单价（元）</td><td>合价（元）</td><td>暂估单价（元）</td><td colspan="2">暂估合价（元）</td></tr>
<tr><td colspan="5"></td><td></td><td colspan="2"></td><td></td><td></td><td></td><td colspan="2"></td></tr>
<tr><td colspan="8">其他材料费</td><td></td><td></td><td></td><td colspan="2"></td></tr>
<tr><td colspan="8">材料费小计</td><td></td><td></td><td></td><td colspan="2"></td></tr>
</table>

注 管理费按人工费______%，利润按人工费______计。

表 2-6（2）　　**工程量清单综合单价分析表**

工程名称：某住宅楼采暖工程　　标段：　　第 2 页　共　页

项　目　编　码				项目名称						计量单位			
清单综合单价组成明细													
定额编号	定额名称	定额单位	数量	单　　价					合　　价				
				人工费	材料费	机械费	管理费	利润	人工费	材料费	机械费	管理费	利润
人工单价		小　　计											
______元/工日		未计价材料费											
清单项目综合单价													
材料费明细	主要材料名称、规格、型号				单位	数量			单价（元）	合价（元）	暂估单价（元）	暂估合价（元）	
	其他材料费												
	材料费小计												

注　管理费按人工费______%，利润按人工费______计。

表 2-6（3） **工程量清单综合单价分析表**

工程名称：某住宅楼采暖工程 标段： 第 3 页 共 页

项 目 编 码		项目名称		计量单位	

清单综合单价组成明细													
定额编号	定额名称	定额单位	数量	单价					合价				
				人工费	材料费	机械费	管理费	利润	人工费	材料费	机械费	管理费	利润
人工单价		小 计											
______元/工日		未计价材料费											
清单项目综合单价													

材料费明细	主要材料名称、规格、型号	单位	数量	单价（元）	合价（元）	暂估单价（元）	暂估合价（元）
	其他材料费						
	材料费小计						

注 管理费按人工费______%，利润按人工费______计。

表 2-6（4）　　**工程量清单综合单价分析表**

工程名称：某住宅楼采暖工程　　标段：　　第 4 页　共　页

项目编码				项目名称							计量单位	
清单综合单价组成明细												
定额编号	定额名称	定额单位	数量	单价					合价			
				人工费	材料费	机械费	管理费	利润	人工费	材料费	机械费	管理费	利润
人工单价		小计										
______元/工日		未计价材料费										
清单项目综合单价												
材料费明细	主要材料名称、规格、型号				单位	数量			单价（元）	合价（元）	暂估单价（元）	暂估合价（元）
	其他材料费											
	材料费小计											

注　管理费按人工费______%，利润按人工费______计。

表 2-6（5）

工程量清单综合单价分析表

工程名称：某住宅楼采暖工程　　　　标段：　　　　第 5 页　共　页

<table>
<tr><td colspan="2">项　目　编　码</td><td colspan="2"></td><td colspan="2">项目名称</td><td colspan="5"></td><td colspan="2">计量单位</td><td></td></tr>
<tr><td colspan="14">清单综合单价组成明细</td></tr>
<tr><td rowspan="2">定额编号</td><td rowspan="2">定额名称</td><td rowspan="2">定额单位</td><td rowspan="2">数量</td><td colspan="5">单　价</td><td colspan="5">合　价</td></tr>
<tr><td>人工费</td><td>材料费</td><td>机械费</td><td>管理费</td><td>利润</td><td>人工费</td><td>材料费</td><td>机械费</td><td>管理费</td><td>利润</td></tr>
<tr><td></td><td></td><td></td><td></td><td></td><td></td><td></td><td></td><td></td><td></td><td></td><td></td><td></td><td></td></tr>
<tr><td></td><td></td><td></td><td></td><td></td><td></td><td></td><td></td><td></td><td></td><td></td><td></td><td></td><td></td></tr>
<tr><td></td><td></td><td></td><td></td><td></td><td></td><td></td><td></td><td></td><td></td><td></td><td></td><td></td><td></td></tr>
<tr><td></td><td></td><td></td><td></td><td></td><td></td><td></td><td></td><td></td><td></td><td></td><td></td><td></td><td></td></tr>
<tr><td></td><td></td><td></td><td></td><td></td><td></td><td></td><td></td><td></td><td></td><td></td><td></td><td></td><td></td></tr>
<tr><td colspan="2">人工单价</td><td colspan="7">小　计</td><td></td><td></td><td></td><td></td><td></td></tr>
<tr><td colspan="2">____元/工日</td><td colspan="7">未计价材料费</td><td colspan="5"></td></tr>
<tr><td colspan="9">清单项目综合单价</td><td colspan="5"></td></tr>
<tr><td rowspan="4">材料费明细</td><td colspan="5">主要材料名称、规格、型号</td><td>单位</td><td colspan="2">数量</td><td>单价（元）</td><td>合价（元）</td><td>暂估单价（元）</td><td colspan="2">暂估合价（元）</td></tr>
<tr><td colspan="5"></td><td></td><td colspan="2"></td><td></td><td></td><td></td><td colspan="2"></td></tr>
<tr><td colspan="8">其他材料费</td><td></td><td></td><td></td><td colspan="2"></td></tr>
<tr><td colspan="8">材料费小计</td><td></td><td></td><td></td><td colspan="2"></td></tr>
</table>

注　管理费按人工费____%，利润按人工费____计。

表 2-6（6） **工程量清单综合单价分析表**

工程名称：某住宅楼采暖工程 标段： 第 6 页 共 页

<table>
<tr><td colspan="2">项 目 编 码</td><td colspan="2"></td><td colspan="2">项目名称</td><td colspan="5"></td><td>计量单位</td><td colspan="2"></td></tr>
<tr><td colspan="14">清单综合单价组成明细</td></tr>
<tr><td rowspan="2">定额编号</td><td rowspan="2">定额名称</td><td rowspan="2">定额单位</td><td rowspan="2">数量</td><td colspan="5">单 价</td><td colspan="5">合 价</td></tr>
<tr><td>人工费</td><td>材料费</td><td>机械费</td><td>管理费</td><td>利润</td><td>人工费</td><td>材料费</td><td>机械费</td><td>管理费</td><td>利润</td></tr>
<tr><td></td><td></td><td></td><td></td><td></td><td></td><td></td><td></td><td></td><td></td><td></td><td></td><td></td><td></td></tr>
<tr><td></td><td></td><td></td><td></td><td></td><td></td><td></td><td></td><td></td><td></td><td></td><td></td><td></td><td></td></tr>
<tr><td></td><td></td><td></td><td></td><td></td><td></td><td></td><td></td><td></td><td></td><td></td><td></td><td></td><td></td></tr>
<tr><td></td><td></td><td></td><td></td><td></td><td></td><td></td><td></td><td></td><td></td><td></td><td></td><td></td><td></td></tr>
<tr><td></td><td></td><td></td><td></td><td></td><td></td><td></td><td></td><td></td><td></td><td></td><td></td><td></td><td></td></tr>
<tr><td colspan="2">人工单价</td><td colspan="7">小 计</td><td></td><td></td><td></td><td></td><td></td></tr>
<tr><td colspan="2">______元/工日</td><td colspan="7">未计价材料费</td><td colspan="5"></td></tr>
<tr><td colspan="9">清单项目综合单价</td><td colspan="5"></td></tr>
<tr><td rowspan="4">材料费明细</td><td colspan="5">主要材料名称、规格、型号</td><td>单位</td><td colspan="2">数量</td><td>单价（元）</td><td>合价（元）</td><td>暂估单价（元）</td><td colspan="2">暂估合价（元）</td></tr>
<tr><td colspan="5"></td><td></td><td colspan="2"></td><td></td><td></td><td></td><td colspan="2"></td></tr>
<tr><td colspan="8">其他材料费</td><td></td><td></td><td></td><td colspan="2"></td></tr>
<tr><td colspan="8">材料费小计</td><td></td><td></td><td></td><td colspan="2"></td></tr>
</table>

注 管理费按人工费______%，利润按人工费______计。

表 2-6（7）

工程量清单综合单价分析表

工程名称：某住宅楼采暖工程　　　　标段：　　　　第 7 页　共　页

项　目　编　码		项目名称								计量单位			
清单综合单价组成明细													
定额编号	定额名称	定额单位	数量	单　价					合　价				
				人工费	材料费	机械费	管理费	利润	人工费	材料费	机械费	管理费	利润
人工单价		小　计											
______元/工日		未计价材料费											
清单项目综合单价													
材料费明细	主要材料名称、规格、型号				单位		数量		单价（元）	合价（元）	暂估单价（元）		暂估合价（元）
	其他材料费												
	材料费小计												

注　管理费按人工费______%，利润按人工费______计。

表 2 - 6（8）

工程量清单综合单价分析表

工程名称：某住宅楼采暖工程　　　　标段：　　　　第 8 页　共　页

项目编码				项目名称							计量单位		
清单综合单价组成明细													
定额编号	定额名称	定额单位	数量	单价					合价				
				人工费	材料费	机械费	管理费	利润	人工费	材料费	机械费	管理费	利润
人工单价		小计											
______元/工日		未计价材料费											
清单项目综合单价													
材料费明细	主要材料名称、规格、型号				单位	数量			单价（元）	合价（元）	暂估单价（元）	暂估合价（元）	
	其他材料费												
	材料费小计												

注　管理费按人工费______%，利润按人工费______计。

表 2-6（9）

工程量清单综合单价分析表

工程名称：某住宅楼采暖工程　　　　标段：　　　　第 9 页　共　页

<table>
<tr><td colspan="2">项　目　编　码</td><td colspan="2"></td><td colspan="2">项目名称</td><td colspan="4"></td><td colspan="2">计量单位</td><td colspan="2"></td></tr>
<tr><td colspan="14">清单综合单价组成明细</td></tr>
<tr><td rowspan="2">定额编号</td><td rowspan="2">定额名称</td><td rowspan="2">定额
单位</td><td rowspan="2">数量</td><td colspan="5">单　　价</td><td colspan="5">合　　价</td></tr>
<tr><td>人工费</td><td>材料费</td><td>机械费</td><td>管理费</td><td>利润</td><td>人工费</td><td>材料费</td><td>机械费</td><td>管理费</td><td>利润</td></tr>
<tr><td></td><td></td><td></td><td></td><td></td><td></td><td></td><td></td><td></td><td></td><td></td><td></td><td></td><td></td></tr>
<tr><td></td><td></td><td></td><td></td><td></td><td></td><td></td><td></td><td></td><td></td><td></td><td></td><td></td><td></td></tr>
<tr><td></td><td></td><td></td><td></td><td></td><td></td><td></td><td></td><td></td><td></td><td></td><td></td><td></td><td></td></tr>
<tr><td></td><td></td><td></td><td></td><td></td><td></td><td></td><td></td><td></td><td></td><td></td><td></td><td></td><td></td></tr>
<tr><td></td><td></td><td></td><td></td><td></td><td></td><td></td><td></td><td></td><td></td><td></td><td></td><td></td><td></td></tr>
<tr><td colspan="2">人工单价</td><td colspan="7">小　计</td><td></td><td></td><td></td><td></td><td></td></tr>
<tr><td colspan="2">______元/工日</td><td colspan="7">未计价材料费</td><td colspan="5"></td></tr>
<tr><td colspan="9">清单项目综合单价</td><td colspan="5"></td></tr>
<tr><td rowspan="4">材料费明细</td><td colspan="4">主要材料名称、规格、型号</td><td>单位</td><td colspan="3">数量</td><td>单价（元）</td><td>合价（元）</td><td colspan="2">暂估单价（元）</td><td>暂估合价（元）</td></tr>
<tr><td colspan="4"></td><td></td><td colspan="3"></td><td></td><td></td><td colspan="2"></td><td></td></tr>
<tr><td colspan="8">其他材料费</td><td></td><td></td><td colspan="2"></td><td></td></tr>
<tr><td colspan="8">材料费小计</td><td></td><td></td><td colspan="2"></td><td></td></tr>
</table>

注　管理费按人工费______%，利润按人工费______计。

表 2-6（10）　　**工程量清单综合单价分析表**

工程名称：某住宅楼采暖工程　　标段：　　第 10 页　共　页

项目编码				项目名称								计量单位	
清单综合单价组成明细													
定额编号	定额名称	定额单位	数量	单价					合价				
				人工费	材料费	机械费	管理费	利润	人工费	材料费	机械费	管理费	利润
人工单价		小计											
______元/工日		未计价材料费											
清单项目综合单价													
材料费明细	主要材料名称、规格、型号					单位	数量		单价（元）	合价（元）	暂估单价（元）	暂估合价（元）	
	其他材料费												
	材料费小计												

注　管理费按人工费______%，利润按人工费______计。

表 2-6（11）　　　　**工程量清单综合单价分析表**

工程名称：某住宅楼采暖工程　　　　标段：　　　　第 11 页　共　页

项　目　编　码				项目名称							计量单位		
清单综合单价组成明细													
定额编号	定额名称	定额单位	数量	单　价					合　价				
				人工费	材料费	机械费	管理费	利润	人工费	材料费	机械费	管理费	利润
人工单价		小　计											
____元/工日		未计价材料费											
清单项目综合单价													
材料费明细	主要材料名称、规格、型号					单位	数量		单价（元）	合价（元）	暂估单价（元）	暂估合价（元）	
	其他材料费												
	材料费小计												

注　管理费按人工费____%，利润按人工费____计。

表 2-6（12）

工程量清单综合单价分析表

工程名称：某住宅楼采暖工程　　标段：　　第 12 页 共 页

<table>
<tr><td colspan="2">项 目 编 码</td><td colspan="2"></td><td colspan="2">项目名称</td><td colspan="4"></td><td colspan="2">计量单位</td><td colspan="2"></td></tr>
<tr><td colspan="14">清单综合单价组成明细</td></tr>
<tr><td rowspan="2">定额编号</td><td rowspan="2">定额名称</td><td rowspan="2">定额单位</td><td rowspan="2">数量</td><td colspan="5">单 价</td><td colspan="5">合 价</td></tr>
<tr><td>人工费</td><td>材料费</td><td>机械费</td><td>管理费</td><td>利润</td><td>人工费</td><td>材料费</td><td>机械费</td><td>管理费</td><td>利润</td></tr>
<tr><td></td><td></td><td></td><td></td><td></td><td></td><td></td><td></td><td></td><td></td><td></td><td></td><td></td><td></td></tr>
<tr><td></td><td></td><td></td><td></td><td></td><td></td><td></td><td></td><td></td><td></td><td></td><td></td><td></td><td></td></tr>
<tr><td colspan="2">人工单价</td><td colspan="7">小 计</td><td></td><td></td><td></td><td></td><td></td></tr>
<tr><td colspan="2">______元/工日</td><td colspan="7">未计价材料费</td><td colspan="5"></td></tr>
<tr><td colspan="9">清单项目综合单价</td><td colspan="5"></td></tr>
<tr><td rowspan="4">材料费明细</td><td colspan="4">主要材料名称、规格、型号</td><td>单位</td><td colspan="3">数量</td><td>单价（元）</td><td>合价（元）</td><td>暂估单价（元）</td><td colspan="2">暂估合价（元）</td></tr>
<tr><td colspan="4"></td><td></td><td colspan="3"></td><td></td><td></td><td></td><td colspan="2"></td></tr>
<tr><td colspan="8">其他材料费</td><td></td><td></td><td></td><td colspan="2"></td></tr>
<tr><td colspan="8">材料费小计</td><td></td><td></td><td></td><td colspan="2"></td></tr>
</table>

注　管理费按人工费______%，利润按人工费______计。

表 2-6（13）

工程量清单综合单价分析表

工程名称：某住宅楼采暖工程　　标段：　　第 13 页　共　页

项目编码		项目名称									计量单位		
清单综合单价组成明细													
定额编号	定额名称	定额单位	数量	单价					合价				
				人工费	材料费	机械费	管理费	利润	人工费	材料费	机械费	管理费	利润
人工单价		小计											
____元/工日		未计价材料费											
清单项目综合单价													
材料费明细	主要材料名称、规格、型号			单位	数量				单价（元）	合价（元）	暂估单价（元）	暂估合价（元）	
	其他材料费												
	材料费小计												

注　管理费按人工费____%，利润按人工费____计。

表2-6（14）　**工程量清单综合单价分析表**

工程名称：某住宅楼采暖工程　　标段：　　第14页　共　页

<table>
<tr><td>项 目 编 码</td><td></td><td colspan="2">项目名称</td><td colspan="7"></td><td colspan="2">计量单位</td><td colspan="2"></td></tr>
<tr><td colspan="15">清单综合单价组成明细</td></tr>
<tr><td rowspan="2">定额编号</td><td rowspan="2">定额名称</td><td rowspan="2">定额单位</td><td rowspan="2">数量</td><td colspan="5">单　价</td><td colspan="6">合　价</td></tr>
<tr><td>人工费</td><td>材料费</td><td>机械费</td><td>管理费</td><td>利润</td><td>人工费</td><td>材料费</td><td colspan="2">机械费</td><td>管理费</td><td>利润</td></tr>
<tr><td></td><td></td><td></td><td></td><td></td><td></td><td></td><td></td><td></td><td></td><td></td><td colspan="2"></td><td></td><td></td></tr>
<tr><td></td><td></td><td></td><td></td><td></td><td></td><td></td><td></td><td></td><td></td><td></td><td colspan="2"></td><td></td><td></td></tr>
<tr><td colspan="2">人工单价</td><td colspan="7">小　计</td><td></td><td></td><td colspan="2"></td><td></td><td></td></tr>
<tr><td colspan="2">______元/工日</td><td colspan="7">未计价材料费</td><td colspan="6"></td></tr>
<tr><td colspan="9">清单项目综合单价</td><td colspan="6"></td></tr>
<tr><td rowspan="4">材料费明细</td><td colspan="4">主要材料名称、规格、型号</td><td>单位</td><td colspan="3">数量</td><td>单价（元）</td><td>合价（元）</td><td colspan="2">暂估单价（元）</td><td colspan="2">暂估合价（元）</td></tr>
<tr><td colspan="4"></td><td></td><td colspan="3"></td><td></td><td></td><td colspan="2"></td><td colspan="2"></td></tr>
<tr><td colspan="8">其他材料费</td><td></td><td></td><td colspan="2"></td><td colspan="2"></td></tr>
<tr><td colspan="8">材料费小计</td><td></td><td></td><td colspan="2"></td><td colspan="2"></td></tr>
</table>

注　管理费按人工费______%，利润按人工费______计。

表 2-6（15）

工程量清单综合单价分析表

工程名称：某住宅楼采暖工程　　标段：　　第 15 页　共　页

项目编码				项目名称							计量单位		
清单综合单价组成明细													
定额编号	定额名称	定额单位	数量	单价					合价				
				人工费	材料费	机械费	管理费	利润	人工费	材料费	机械费	管理费	利润
人工单价		小计											
____元/工日		未计价材料费											
清单项目综合单价													
材料费明细	主要材料名称、规格、型号				单位	数量			单价（元）	合价（元）	暂估单价（元）	暂估合价（元）	
	其他材料费												
	材料费小计												

注　管理费按人工费____%，利润按人工费____计。

表 2-6（16）

工程量清单综合单价分析表

工程名称：某住宅楼采暖工程　　　　标段：　　　　第 16 页 共 页

<table>
<tr><td colspan="2">项 目 编 码</td><td colspan="2"></td><td colspan="2">项目名称</td><td colspan="5"></td><td>计量单位</td><td colspan="2"></td></tr>
<tr><td colspan="14">清单综合单价组成明细</td></tr>
<tr><td rowspan="2">定额编号</td><td rowspan="2">定额名称</td><td rowspan="2">定额单位</td><td rowspan="2">数量</td><td colspan="5">单 价</td><td colspan="5">合 价</td></tr>
<tr><td>人工费</td><td>材料费</td><td>机械费</td><td>管理费</td><td>利润</td><td>人工费</td><td>材料费</td><td>机械费</td><td>管理费</td><td>利润</td></tr>
<tr><td></td><td></td><td></td><td></td><td></td><td></td><td></td><td></td><td></td><td></td><td></td><td></td><td></td><td></td></tr>
<tr><td></td><td></td><td></td><td></td><td></td><td></td><td></td><td></td><td></td><td></td><td></td><td></td><td></td><td></td></tr>
<tr><td colspan="2">人工单价</td><td colspan="7">小 计</td><td></td><td></td><td></td><td></td><td></td></tr>
<tr><td colspan="2">______元/工日</td><td colspan="7">未计价材料费</td><td colspan="5"></td></tr>
<tr><td colspan="9">清单项目综合单价</td><td colspan="5"></td></tr>
<tr><td rowspan="4">材料费明细</td><td colspan="5">主要材料名称、规格、型号</td><td>单位</td><td colspan="2">数量</td><td>单价（元）</td><td>合价（元）</td><td>暂估单价（元）</td><td colspan="2">暂估合价（元）</td></tr>
<tr><td colspan="5"></td><td></td><td colspan="2"></td><td></td><td></td><td></td><td colspan="2"></td></tr>
<tr><td colspan="8">其他材料费</td><td></td><td></td><td></td><td colspan="2"></td></tr>
<tr><td colspan="8">材料费小计</td><td></td><td></td><td></td><td colspan="2"></td></tr>
</table>

注 管理费按人工费______%，利润按人工费______计。

表 2-6（17） **工程量清单综合单价分析表**

工程名称：某住宅楼采暖工程　　标段：　　第 17 页　共　页

<table>
<tr><td colspan="2">项 目 编 码</td><td colspan="2"></td><td colspan="2">项目名称</td><td colspan="5"></td><td colspan="2">计量单位</td><td></td></tr>
<tr><td colspan="14">清单综合单价组成明细</td></tr>
<tr><td rowspan="2">定额编号</td><td rowspan="2">定额名称</td><td rowspan="2">定额单位</td><td rowspan="2">数量</td><td colspan="5">单　价</td><td colspan="5">合　价</td></tr>
<tr><td>人工费</td><td>材料费</td><td>机械费</td><td>管理费</td><td>利润</td><td>人工费</td><td>材料费</td><td>机械费</td><td>管理费</td><td>利润</td></tr>
<tr><td></td><td></td><td></td><td></td><td></td><td></td><td></td><td></td><td></td><td></td><td></td><td></td><td></td><td></td></tr>
<tr><td></td><td></td><td></td><td></td><td></td><td></td><td></td><td></td><td></td><td></td><td></td><td></td><td></td><td></td></tr>
<tr><td colspan="2">人工单价</td><td colspan="7">小　计</td><td></td><td></td><td></td><td></td><td></td></tr>
<tr><td colspan="2">______元/工日</td><td colspan="7">未计价材料费</td><td colspan="5"></td></tr>
<tr><td colspan="9">清单项目综合单价</td><td colspan="5"></td></tr>
<tr><td rowspan="4">材料费明细</td><td colspan="4">主要材料名称、规格、型号</td><td>单位</td><td colspan="3">数量</td><td>单价（元）</td><td>合价（元）</td><td colspan="2">暂估单价（元）</td><td>暂估合价（元）</td></tr>
<tr><td colspan="4"></td><td></td><td colspan="3"></td><td></td><td></td><td colspan="2"></td><td></td></tr>
<tr><td colspan="8">其他材料费</td><td></td><td></td><td colspan="2"></td><td></td></tr>
<tr><td colspan="8">材料费小计</td><td></td><td></td><td colspan="2"></td><td></td></tr>
</table>

注　管理费按人工费______%，利润按人工费______计。

表 2-6（18） **工程量清单综合单价分析表**

工程名称：某住宅楼采暖工程 标段： 第 18 页 共 页

<table>
<tr><td colspan="2">项 目 编 码</td><td colspan="2"></td><td colspan="2">项目名称</td><td colspan="5"></td><td colspan="2">计量单位</td><td colspan="2"></td></tr>
<tr><td colspan="15">清单综合单价组成明细</td></tr>
<tr><td rowspan="2">定额编号</td><td rowspan="2">定额名称</td><td rowspan="2">定额单位</td><td rowspan="2">数量</td><td colspan="5">单 价</td><td colspan="6">合 价</td></tr>
<tr><td>人工费</td><td>材料费</td><td>机械费</td><td>管理费</td><td>利润</td><td>人工费</td><td>材料费</td><td colspan="2">机械费</td><td>管理费</td><td>利润</td></tr>
<tr><td></td><td></td><td></td><td></td><td></td><td></td><td></td><td></td><td></td><td></td><td></td><td colspan="2"></td><td></td><td></td></tr>
<tr><td></td><td></td><td></td><td></td><td></td><td></td><td></td><td></td><td></td><td></td><td></td><td colspan="2"></td><td></td><td></td></tr>
<tr><td colspan="2">人工单价</td><td colspan="7">小 计</td><td></td><td></td><td colspan="2"></td><td></td><td></td></tr>
<tr><td colspan="2">______元/工日</td><td colspan="7">未计价材料费</td><td colspan="6"></td></tr>
<tr><td colspan="9">清单项目综合单价</td><td colspan="6"></td></tr>
<tr><td rowspan="5">材料费明细</td><td colspan="5">主要材料名称、规格、型号</td><td>单位</td><td colspan="2">数量</td><td>单价（元）</td><td>合价（元）</td><td colspan="2">暂估单价（元）</td><td colspan="2">暂估合价（元）</td></tr>
<tr><td colspan="5"></td><td></td><td colspan="2"></td><td></td><td></td><td colspan="2"></td><td colspan="2"></td></tr>
<tr><td colspan="8">其他材料费</td><td></td><td></td><td colspan="2"></td><td colspan="2"></td></tr>
<tr><td colspan="8">材料费小计</td><td></td><td></td><td colspan="2"></td><td colspan="2"></td></tr>
</table>

注 管理费按人工费______%，利润按人工费______计。

表 2-6（19）

工程量清单综合单价分析表

工程名称：某住宅楼采暖工程　　　　标段：　　　　第 19 页　共　页

<table>
<tr><td>项 目 编 码</td><td colspan="3"></td><td colspan="4">项目名称</td><td colspan="2"></td><td colspan="2">计量单位</td><td colspan="2"></td></tr>
<tr><td colspan="14">清单综合单价组成明细</td></tr>
<tr><td rowspan="2">定额编号</td><td rowspan="2">定额名称</td><td rowspan="2">定额单位</td><td rowspan="2">数量</td><td colspan="5">单　价</td><td colspan="5">合　价</td></tr>
<tr><td>人工费</td><td>材料费</td><td>机械费</td><td>管理费</td><td>利润</td><td>人工费</td><td>材料费</td><td>机械费</td><td>管理费</td><td>利润</td></tr>
<tr><td></td><td></td><td></td><td></td><td></td><td></td><td></td><td></td><td></td><td></td><td></td><td></td><td></td><td></td></tr>
<tr><td></td><td></td><td></td><td></td><td></td><td></td><td></td><td></td><td></td><td></td><td></td><td></td><td></td><td></td></tr>
<tr><td colspan="2">人工单价</td><td colspan="7">小　计</td><td></td><td></td><td></td><td></td><td></td></tr>
<tr><td colspan="2">____元/工日</td><td colspan="7">未计价材料费</td><td colspan="5"></td></tr>
<tr><td colspan="9">清单项目综合单价</td><td colspan="5"></td></tr>
<tr><td rowspan="4">材料费明细</td><td colspan="4">主要材料名称、规格、型号</td><td>单位</td><td colspan="3">数量</td><td>单价（元）</td><td>合价（元）</td><td colspan="2">暂估单价（元）</td><td>暂估合价（元）</td></tr>
<tr><td colspan="4"></td><td></td><td colspan="3"></td><td></td><td></td><td colspan="2"></td><td></td></tr>
<tr><td colspan="8">其他材料费</td><td></td><td></td><td colspan="2"></td><td></td></tr>
<tr><td colspan="8">材料费小计</td><td></td><td></td><td colspan="2"></td><td></td></tr>
</table>

注　管理费按人工费____%，利润按人工费____计。

2. 分部分项工程量清单计价表（见表2-7）

表2-7　　**分部分项工程量清单计价表**

工程名称：某住宅楼采暖工程　　标段：　　第　页　共　页

序号	项目编码	项目名称	项目特征描述	计量单位	工程量	金　额（元）			
						综合单价	合　价	其中：人工费	其中：暂估价
合　计									

3. 措施项目清单与计价表（见表2-8）

表2-8 **措施项目清单与计价表**

工程名称：某住宅楼采暖工程 标段： 第 页 共 页

序号	项目名称	计算基础	费率（%）	金额（元）
1	安全文明施工费			
2	夜间施工费			
3	二次搬运费			
4	冬雨季施工			
5	大型机械设备进出场及安拆费			
6	施工排水			
7	施工降水			
8	地上、地下设施、建筑物的临时保护设施			
9	已完工程及设备保护			
10	脚手架搭拆费			
合计				

注 计算基础为人工费。

4. 规费、税金项目清单与计价表（见表2-9）

表2-9　**规费、税金项目清单与计价表**

工程名称：住宅楼采暖工程　　标段：　　第　页共　页

序　号	项　目　名　称	计 算 基 础	费　率（%）	金　额（元）
1	规费			
1.1	工程排污费			
1.2	社会保障费			
(1)	养老保险费			
(2)	失业保险费			
(3)	医疗保险费			
1.3	住房公积金			
1.4	危险作业意外伤害保险			
1.5	工程定额测定费			
2	税金			
合　计				

注　1. 规费的计算基础为：分部分项工程费＋措施项目费＋其他项目费。其他项目费本例不计。
2. 税金的计算基础为：分部分项工程费＋措施项目费＋其他项目费＋规费。其他项目费本例不计。

5. 单位工程招标控制价/投标报价汇总表（见表2-10）

表2-10 单位工程招标控制价/投标报价汇总表

工程名称：住宅楼采暖工程 标段： 第 页 共 页

序号	汇 总 内 容	金额（元）	其中：暂估价（元）	序号	汇 总 内 容	金额（元）	其中：暂估价（元）
1	分部分项工程			1.20			
1.1				2	措施项目		
1.2				2.1			
1.3				2.2			
1.4				2.3			
1.5				2.4			
1.6				2.5			
1.7				2.6			
1.8				2.7			
1.9				2.8			
1.10				2.9			
1.11				2.10			
1.12				3	其他项目		
1.13				3.1	暂列金额		
1.14				3.2	专业工程暂估价		
1.15				3.3	计日工		
1.16				3.4	总承包服务费		
1.17				4	规费		
1.18				5	税金		
1.19				招标控制价合计=1+2+3+4+5			

【习题三】某生产装置内工艺管道定额计价及清单计价案例

一、设计说明

(1) 如图 3-1～图 3-3 所示某生产装置工艺管道。图中尺寸标高以 m 计，其余均以 mm 计；工作介质压力 2.0MPa。

(2) 管道材质均为 20#无缝钢管，弯头采用压制弯头，三通为现场挖眼，异径管现场摔制，法兰采用对焊法兰。

(3) 管道表面均刷防锈漆一度、银粉二度，人工除锈按轻锈处理。

(4) 所有焊缝采用电弧焊，不做无损探伤。

(5) 安装完毕，进行水压试验。

(6) 未计价主要材料（主材）价格按表 3-1 执行。

表 3-1　　主要材料（主材）价格表

项目名称：某生产装置内工艺管道工程

序号	名称	单位	单价	序号	名称	单位	单价
1	无缝管 ϕ133×4.5	元/m	60.00	8	法兰阀门 *DN*100	元/个	250.00
2	无缝管 ϕ108×4	元/m	50.00	9	法兰阀门 *DN*50	元/个	100.00
3	无缝管 ϕ57×3.5	元/m	20.00	10	安全阀 *DN*100	元/个	400.00
4	法兰 *DN*125	元/片	40.00	11	弯头 *DN*125	元/个	100.00
5	法兰 *DN*100	元/片	30.00	12	弯头 *DN*100	元/个	80.00
6	法兰 *DN*50	元/片	15.00	13	弯头 *DN*50	元/个	50.00
7	法兰阀门 *DN*125	元/个	260.00				

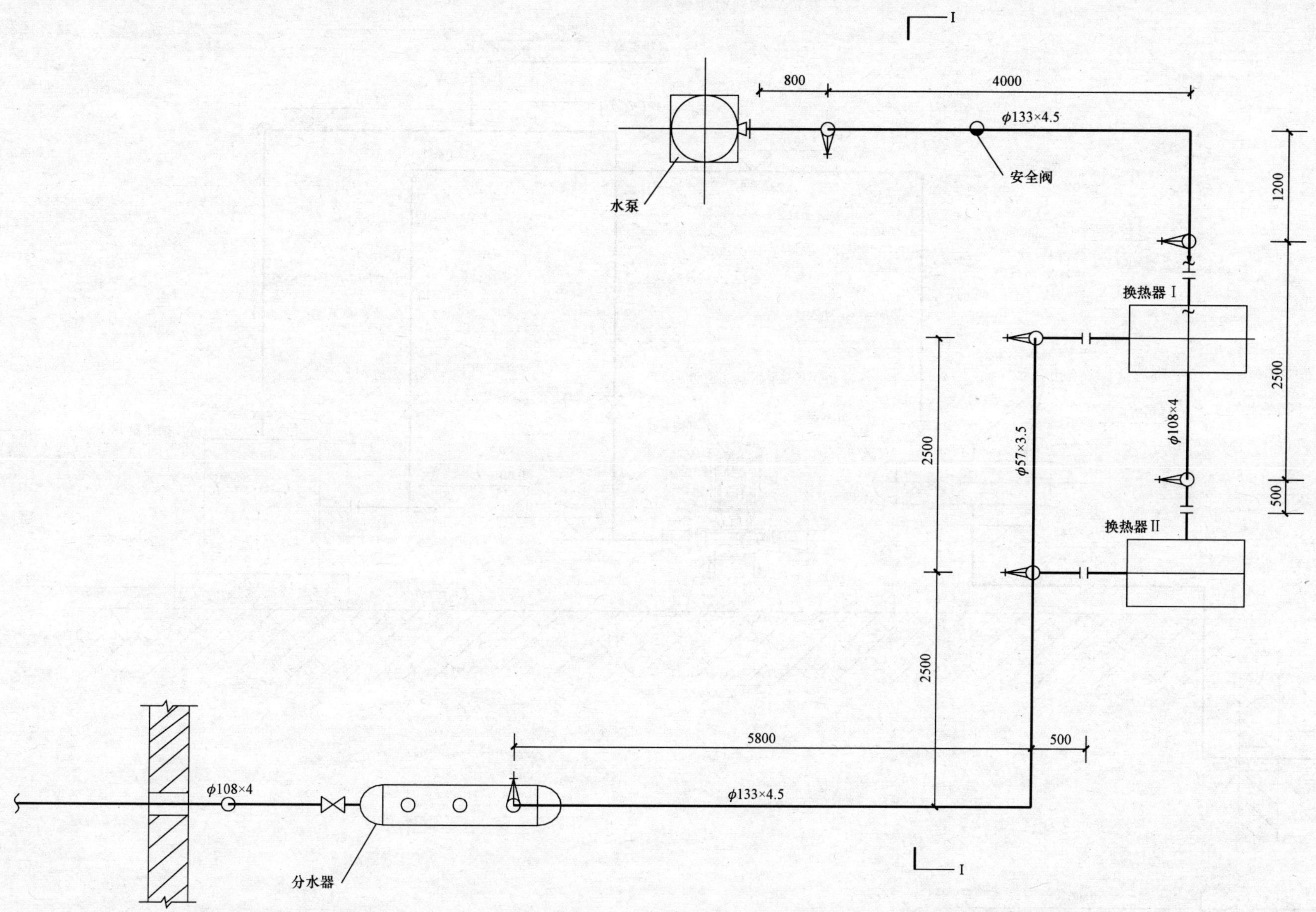

图 3-1 某生产装置工艺管道平面图

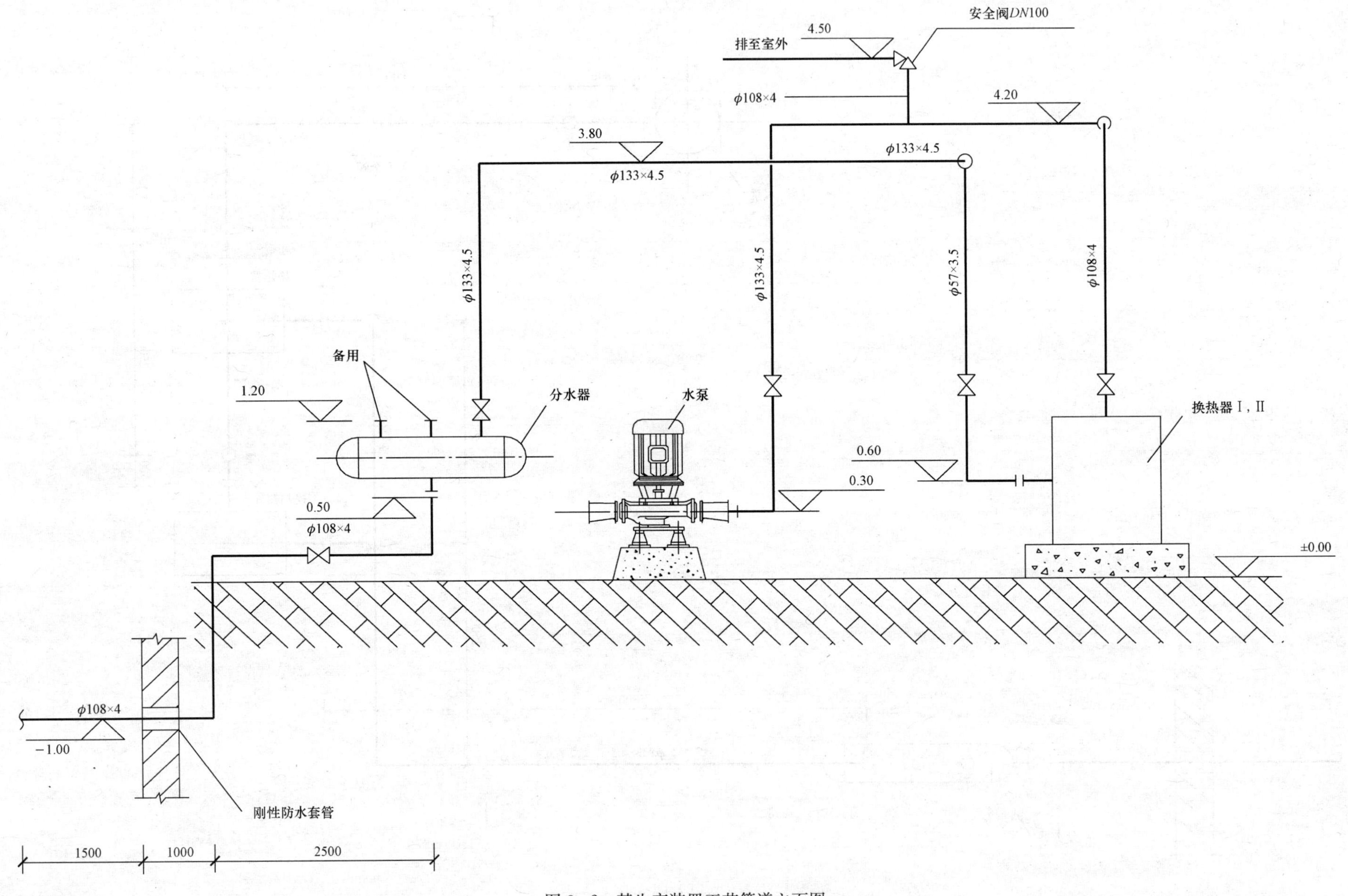

图 3-2 某生产装置工艺管道立面图

续表

序号	定额编号	项目名称	单位	数量	单价			合计		
					基价	人工费	主材费	合价	人工费	主材费

3. 计算安装工程费用（造价）（见表 4 - 4）

表 4 - 4 **定额计价的计算程序**

项目名称：某车间动力配电工程

____类工程

序　号	费用项目名称	计算方法	金　额

三、清单计价模式确定工程造价

（一）工程量清单（见表4-5）

按照《计价规范》（GB 50500—2008）的要求内容及格式填写。本例只列分部分项工程量清单，根据施工图说、工程量计算规则及参考表4-2计算。

表4-5 **分部分项工程量清单表**

工程名称：某车间动力配电工程　　　　第　页　共　页

序　号	项目编码	项目名称	项 目 特 征 描 述	计量单位	工程量

（二）工程量清单计价

1. 工程量清单综合单价分析表（见表 4-6）

表 4-6（1）　　工程量清单综合单价分析表

工程名称：某车间动力配电工程　　标段：　　第 1 页　共　页

<table>
<tr><td colspan="2">项　目　编　码</td><td colspan="2"></td><td colspan="2">项目名称</td><td colspan="5"></td><td>计量单位</td><td colspan="2"></td></tr>
<tr><td colspan="14">清单综合单价组成明细</td></tr>
<tr><td rowspan="2">定额编号</td><td rowspan="2">定额名称</td><td rowspan="2">定额单位</td><td rowspan="2">数量</td><td colspan="5">单　　价</td><td colspan="5">合　　价</td></tr>
<tr><td>人工费</td><td>材料费</td><td>机械费</td><td>管理费</td><td>利润</td><td>人工费</td><td>材料费</td><td>机械费</td><td>管理费</td><td>利润</td></tr>
<tr><td></td><td></td><td></td><td></td><td></td><td></td><td></td><td></td><td></td><td></td><td></td><td></td><td></td><td></td></tr>
<tr><td></td><td></td><td></td><td></td><td></td><td></td><td></td><td></td><td></td><td></td><td></td><td></td><td></td><td></td></tr>
<tr><td></td><td></td><td></td><td></td><td></td><td></td><td></td><td></td><td></td><td></td><td></td><td></td><td></td><td></td></tr>
<tr><td></td><td></td><td></td><td></td><td></td><td></td><td></td><td></td><td></td><td></td><td></td><td></td><td></td><td></td></tr>
<tr><td colspan="2">人工单价</td><td colspan="7">小　　计</td><td></td><td></td><td></td><td></td><td></td></tr>
<tr><td colspan="2">______元/工日</td><td colspan="7">未计价材料费</td><td colspan="5"></td></tr>
<tr><td colspan="9">清单项目综合单价</td><td colspan="5"></td></tr>
<tr><td rowspan="4">材料费明细</td><td colspan="5">主要材料名称、规格、型号</td><td>单位</td><td colspan="2">数量</td><td>单价（元）</td><td>合价（元）</td><td>暂估单价（元）</td><td colspan="2">暂估合价（元）</td></tr>
<tr><td colspan="5"></td><td></td><td colspan="2"></td><td></td><td></td><td></td><td colspan="2"></td></tr>
<tr><td colspan="8">其他材料费</td><td></td><td></td><td></td><td colspan="2"></td></tr>
<tr><td colspan="8">材料费小计</td><td></td><td></td><td></td><td colspan="2"></td></tr>
</table>

注　管理费按人工费______%，利润按人工费______计。

表 4-6（2）

工程量清单综合单价分析表

工程名称：某车间动力配电工程　　标段：　　第 2 页　共　页

项　目　编　码			项目名称					计量单位					
清单综合单价组成明细													
定额编号	定额名称	定额单位	数量	单　价					合　价				
				人工费	材料费	机械费	管理费	利润	人工费	材料费	机械费	管理费	利润
人工单价	小　计												
______元/工日	未计价材料费												
清单项目综合单价													
材料费明细	主要材料名称、规格、型号				单位		数量		单价（元）	合价（元）	暂估单价（元）	暂估合价（元）	
	其他材料费												
	材料费小计												

注　管理费按人工费______%，利润按人工费______计。

表 4-6（3）　　**工程量清单综合单价分析表**

工程名称：某车间动力配电工程　　标段：　　第 3 页　共　页

项目编码				项目名称								计量单位	
清单综合单价组成明细													
定额编号	定额名称	定额单位	数量	单价					合价				
				人工费	材料费	机械费	管理费	利润	人工费	材料费	机械费	管理费	利润
人工单价		小计											
______元/工日		未计价材料费											
清单项目综合单价													
材料费明细	主要材料名称、规格、型号					单位	数量		单价（元）	合价（元）	暂估单价（元）	暂估合价（元）	
	其他材料费												
	材料费小计												

注　管理费按人工费______%，利润按人工费______计。

表 4-6（4） **工程量清单综合单价分析表**

工程名称：某车间动力配电工程　　标段：　　第 4 页　共　页

项目编码		项目名称									计量单位		
清单综合单价组成明细													
定额编号	定额名称	定额单位	数量	单价					合价				
				人工费	材料费	机械费	管理费	利润	人工费	材料费	机械费	管理费	利润
人工单价	小计												
____元/工日	未计价材料费												
清单项目综合单价													
材料费明细	主要材料名称、规格、型号				单位	数量			单价（元）	合价（元）	暂估单价（元）	暂估合价（元）	
	其他材料费												
	材料费小计												

注　管理费按人工费____%，利润按人工费____计。

表 4-6（5）　　**工程量清单综合单价分析表**

工程名称：某车间动力配电工程　　标段：　　第 5 页　共　页

项　目　编　码		项目名称		计量单位	

清单综合单价组成明细

定额编号	定额名称	定额单位	数量	单　价					合　价				
				人工费	材料费	机械费	管理费	利润	人工费	材料费	机械费	管理费	利润
人工单价		小　计											
____元/工日		未计价材料费											
清单项目综合单价													

材料费明细	主要材料名称、规格、型号	单位	数量	单价（元）	合价（元）	暂估单价（元）	暂估合价（元）
	其他材料费						
	材料费小计						

注　管理费按人工费____%，利润按人工费____计。

表 4-6（6） **工程量清单综合单价分析表**

工程名称：某车间动力配电工程　　标段：　　第 6 页　共　页

项目编码		项目名称		计量单位	

清单综合单价组成明细

定额编号	定额名称	定额单位	数量	单价					合价				
				人工费	材料费	机械费	管理费	利润	人工费	材料费	机械费	管理费	利润
人工单价		小计											
____元/工日		未计价材料费											
清单项目综合单价													

材料费明细	主要材料名称、规格、型号	单位	数量	单价（元）	合价（元）	暂估单价（元）	暂估合价（元）
	其他材料费						
	材料费小计						

注　管理费按人工费____%，利润按人工费____计。

表 4-6（7） **工程量清单综合单价分析表**

工程名称：某车间动力配电工程 标段： 第 7 页 共 页

<table>
<tr><td colspan="2">项 目 编 码</td><td colspan="2"></td><td colspan="2">项目名称</td><td colspan="5"></td><td>计量单位</td><td colspan="2"></td></tr>
<tr><td colspan="14">清单综合单价组成明细</td></tr>
<tr><td rowspan="2">定额编号</td><td rowspan="2">定额名称</td><td rowspan="2">定额单位</td><td rowspan="2">数量</td><td colspan="5">单 价</td><td colspan="5">合 价</td></tr>
<tr><td>人工费</td><td>材料费</td><td>机械费</td><td>管理费</td><td>利润</td><td>人工费</td><td>材料费</td><td>机械费</td><td>管理费</td><td>利润</td></tr>
<tr><td></td><td></td><td></td><td></td><td></td><td></td><td></td><td></td><td></td><td></td><td></td><td></td><td></td><td></td></tr>
<tr><td></td><td></td><td></td><td></td><td></td><td></td><td></td><td></td><td></td><td></td><td></td><td></td><td></td><td></td></tr>
<tr><td colspan="2">人工单价</td><td colspan="7">小 计</td><td></td><td></td><td></td><td></td><td></td></tr>
<tr><td colspan="2">______元/工日</td><td colspan="7">未计价材料费</td><td colspan="5"></td></tr>
<tr><td colspan="9">清单项目综合单价</td><td colspan="5"></td></tr>
<tr><td rowspan="4">材料费明细</td><td colspan="5">主要材料名称、规格、型号</td><td>单位</td><td colspan="2">数量</td><td>单价（元）</td><td>合价（元）</td><td>暂估单价（元）</td><td colspan="2">暂估合价（元）</td></tr>
<tr><td colspan="5"></td><td></td><td colspan="2"></td><td></td><td></td><td></td><td colspan="2"></td></tr>
<tr><td colspan="8">其他材料费</td><td></td><td></td><td></td><td colspan="2"></td></tr>
<tr><td colspan="8">材料费小计</td><td></td><td></td><td></td><td colspan="2"></td></tr>
</table>

注 管理费按人工费______%，利润按人工费______计。

表 4-6（8） **工程量清单综合单价分析表**

工程名称：某车间动力配电工程 标段： 第 8 页 共 页

项目编码		项目名称						计量单位				
清单综合单价组成明细												
定额编号	定额名称	定额单位	数量	单价					合价			
				人工费	材料费	机械费	管理费	利润	人工费	材料费	机械费	管理费	利润
人工单价		小计											
____元/工日		未计价材料费											
清单项目综合单价													
材料费明细	主要材料名称、规格、型号				单位	数量			单价（元）	合价（元）	暂估单价（元）	暂估合价（元）	
	其他材料费												
	材料费小计												

注 管理费按人工费____%，利润按人工费____计。

表 4-6（9） **工程量清单综合单价分析表**

工程名称：某车间动力配电工程 标段： 第 9 页 共 页

<table>
<tr><td>项 目 编 码</td><td colspan="2"></td><td colspan="2">项目名称</td><td colspan="4"></td><td colspan="2">计量单位</td><td colspan="2"></td></tr>
<tr><td colspan="14">清单综合单价组成明细</td></tr>
<tr><td rowspan="2">定额编号</td><td rowspan="2">定额名称</td><td rowspan="2">定额单位</td><td rowspan="2">数量</td><td colspan="5">单 价</td><td colspan="5">合 价</td></tr>
<tr><td>人工费</td><td>材料费</td><td>机械费</td><td>管理费</td><td>利润</td><td>人工费</td><td>材料费</td><td>机械费</td><td>管理费</td><td>利润</td></tr>
<tr><td></td><td></td><td></td><td></td><td></td><td></td><td></td><td></td><td></td><td></td><td></td><td></td><td></td><td></td></tr>
<tr><td></td><td></td><td></td><td></td><td></td><td></td><td></td><td></td><td></td><td></td><td></td><td></td><td></td><td></td></tr>
<tr><td colspan="2">人工单价</td><td colspan="7">小 计</td><td></td><td></td><td></td><td></td><td></td></tr>
<tr><td colspan="2">______元/工日</td><td colspan="7">未计价材料费</td><td colspan="5"></td></tr>
<tr><td colspan="9">清单项目综合单价</td><td colspan="5"></td></tr>
<tr><td rowspan="4">材料费明细</td><td colspan="4">主要材料名称、规格、型号</td><td>单位</td><td colspan="3">数量</td><td>单价（元）</td><td>合价（元）</td><td>暂估单价（元）</td><td colspan="2">暂估合价（元）</td></tr>
<tr><td colspan="4"></td><td></td><td colspan="3"></td><td></td><td></td><td></td><td colspan="2"></td></tr>
<tr><td colspan="8">其他材料费</td><td></td><td></td><td></td><td colspan="2"></td></tr>
<tr><td colspan="8">材料费小计</td><td></td><td></td><td></td><td colspan="2"></td></tr>
</table>

注 管理费按人工费______%，利润按人工费______计。

表 4-6（10）

工程量清单综合单价分析表

工程名称：某车间动力配电工程　　　　标段：　　　　第 10 页　共　页

<table>
<tr><td colspan="2">项　目　编　码</td><td colspan="2"></td><td colspan="2">项目名称</td><td colspan="5"></td><td colspan="2">计量单位</td><td></td></tr>
<tr><td colspan="14">清单综合单价组成明细</td></tr>
<tr><td rowspan="2">定额编号</td><td rowspan="2">定额名称</td><td rowspan="2">定额单位</td><td rowspan="2">数量</td><td colspan="5">单　　价</td><td colspan="5">合　　价</td></tr>
<tr><td>人工费</td><td>材料费</td><td>机械费</td><td>管理费</td><td>利润</td><td>人工费</td><td>材料费</td><td>机械费</td><td>管理费</td><td>利润</td></tr>
<tr><td></td><td></td><td></td><td></td><td></td><td></td><td></td><td></td><td></td><td></td><td></td><td></td><td></td><td></td></tr>
<tr><td></td><td></td><td></td><td></td><td></td><td></td><td></td><td></td><td></td><td></td><td></td><td></td><td></td><td></td></tr>
<tr><td colspan="2">人工单价</td><td colspan="7">小　计</td><td></td><td></td><td></td><td></td><td></td></tr>
<tr><td colspan="2">______元/工日</td><td colspan="7">未计价材料费</td><td colspan="5"></td></tr>
<tr><td colspan="9">清单项目综合单价</td><td colspan="5"></td></tr>
<tr><td rowspan="4">材料费明细</td><td colspan="4">主要材料名称、规格、型号</td><td>单位</td><td colspan="3">数量</td><td>单价（元）</td><td>合价（元）</td><td colspan="2">暂估单价（元）</td><td>暂估合价（元）</td></tr>
<tr><td colspan="4"></td><td></td><td colspan="3"></td><td></td><td></td><td colspan="2"></td><td></td></tr>
<tr><td colspan="8">其他材料费</td><td></td><td></td><td colspan="2"></td><td></td></tr>
<tr><td colspan="8">材料费小计</td><td></td><td></td><td colspan="2"></td><td></td></tr>
</table>

注　管理费按人工费______%，利润按人工费______计。

表 4 - 6（11）

工程量清单综合单价分析表

工程名称：某车间动力配电工程　　　　标段：　　　　第 11 页　共　页

<table>
<tr><td colspan="2">项　目　编　码</td><td colspan="2"></td><td colspan="2">项目名称</td><td colspan="5"></td><td>计量单位</td><td colspan="2"></td></tr>
<tr><td colspan="14">清单综合单价组成明细</td></tr>
<tr><td rowspan="2">定额编号</td><td rowspan="2">定额名称</td><td rowspan="2">定额单位</td><td rowspan="2">数量</td><td colspan="5">单　　价</td><td colspan="5">合　　价</td></tr>
<tr><td>人工费</td><td>材料费</td><td>机械费</td><td>管理费</td><td>利润</td><td>人工费</td><td>材料费</td><td>机械费</td><td>管理费</td><td>利润</td></tr>
<tr><td></td><td></td><td></td><td></td><td></td><td></td><td></td><td></td><td></td><td></td><td></td><td></td><td></td><td></td></tr>
<tr><td></td><td></td><td></td><td></td><td></td><td></td><td></td><td></td><td></td><td></td><td></td><td></td><td></td><td></td></tr>
<tr><td colspan="2">人工单价</td><td colspan="7">小　计</td><td></td><td></td><td></td><td></td><td></td></tr>
<tr><td colspan="2">______元/工日</td><td colspan="7">未计价材料费</td><td colspan="5"></td></tr>
<tr><td colspan="9">清单项目综合单价</td><td colspan="5"></td></tr>
<tr><td rowspan="4">材料费明细</td><td colspan="5">主要材料名称、规格、型号</td><td>单位</td><td colspan="2">数量</td><td>单价（元）</td><td>合价（元）</td><td>暂估单价（元）</td><td colspan="2">暂估合价（元）</td></tr>
<tr><td colspan="5"></td><td></td><td colspan="2"></td><td></td><td></td><td></td><td colspan="2"></td></tr>
<tr><td colspan="8">其他材料费</td><td></td><td></td><td></td><td colspan="2"></td></tr>
<tr><td colspan="8">材料费小计</td><td></td><td></td><td></td><td colspan="2"></td></tr>
</table>

注　管理费按人工费______%，利润按人工费______计。

表 4-6（12） **工程量清单综合单价分析表**

工程名称：某车间动力配电工程　　标段：　　第 12 页　共　页

<table>
<tr><td colspan="2">项　目　编　码</td><td colspan="2"></td><td colspan="2">项目名称</td><td colspan="5"></td><td colspan="2">计量单位</td><td colspan="2"></td></tr>
<tr><td colspan="15">清单综合单价组成明细</td></tr>
<tr><td rowspan="2">定额编号</td><td rowspan="2">定额名称</td><td rowspan="2">定额单位</td><td rowspan="2">数量</td><td colspan="5">单　　价</td><td colspan="6">合　　价</td></tr>
<tr><td>人工费</td><td>材料费</td><td>机械费</td><td>管理费</td><td>利润</td><td>人工费</td><td>材料费</td><td colspan="2">机械费</td><td>管理费</td><td>利润</td></tr>
<tr><td></td><td></td><td></td><td></td><td></td><td></td><td></td><td></td><td></td><td></td><td></td><td colspan="2"></td><td></td><td></td></tr>
<tr><td></td><td></td><td></td><td></td><td></td><td></td><td></td><td></td><td></td><td></td><td></td><td colspan="2"></td><td></td><td></td></tr>
<tr><td colspan="2">人工单价</td><td colspan="7">小　　计</td><td></td><td></td><td colspan="2"></td><td></td><td></td></tr>
<tr><td colspan="2">____元/工日</td><td colspan="7">未计价材料费</td><td colspan="6"></td></tr>
<tr><td colspan="9">清单项目综合单价</td><td colspan="6"></td></tr>
<tr><td rowspan="4">材料费明细</td><td colspan="5">主要材料名称、规格、型号</td><td>单位</td><td colspan="2">数量</td><td>单价（元）</td><td>合价（元）</td><td colspan="2">暂估单价（元）</td><td colspan="2">暂估合价（元）</td></tr>
<tr><td colspan="5"></td><td></td><td colspan="2"></td><td></td><td></td><td colspan="2"></td><td colspan="2"></td></tr>
<tr><td colspan="8">其他材料费</td><td></td><td></td><td colspan="2"></td><td colspan="2"></td></tr>
<tr><td colspan="8">材料费小计</td><td></td><td></td><td colspan="2"></td><td colspan="2"></td></tr>
</table>

注　管理费按人工费____%，利润按人工费____计。

表 4-6（13）　　工程量清单综合单价分析表

工程名称：某车间动力配电工程　　标段：　　第 13 页　共　页

<table>
<tr><td colspan="2">项　目　编　码</td><td colspan="2"></td><td colspan="3">项目名称</td><td colspan="4"></td><td>计量单位</td><td colspan="2"></td></tr>
<tr><td colspan="14">清单综合单价组成明细</td></tr>
<tr><td rowspan="2">定额编号</td><td rowspan="2">定额名称</td><td rowspan="2">定额单位</td><td rowspan="2">数量</td><td colspan="5">单　　价</td><td colspan="5">合　　价</td></tr>
<tr><td>人工费</td><td>材料费</td><td>机械费</td><td>管理费</td><td>利润</td><td>人工费</td><td>材料费</td><td>机械费</td><td>管理费</td><td>利润</td></tr>
<tr><td></td><td></td><td></td><td></td><td></td><td></td><td></td><td></td><td></td><td></td><td></td><td></td><td></td><td></td></tr>
<tr><td></td><td></td><td></td><td></td><td></td><td></td><td></td><td></td><td></td><td></td><td></td><td></td><td></td><td></td></tr>
<tr><td colspan="2">人工单价</td><td colspan="7">小　计</td><td></td><td></td><td></td><td></td><td></td></tr>
<tr><td colspan="2">______元/工日</td><td colspan="7">未计价材料费</td><td colspan="5"></td></tr>
<tr><td colspan="9">清单项目综合单价</td><td colspan="5"></td></tr>
<tr><td rowspan="4">材料费明细</td><td colspan="5">主要材料名称、规格、型号</td><td>单位</td><td colspan="2">数量</td><td>单价（元）</td><td>合价（元）</td><td>暂估单价（元）</td><td colspan="2">暂估合价（元）</td></tr>
<tr><td colspan="5"></td><td></td><td colspan="2"></td><td></td><td></td><td></td><td colspan="2"></td></tr>
<tr><td colspan="8">其他材料费</td><td></td><td></td><td></td><td colspan="2"></td></tr>
<tr><td colspan="8">材料费小计</td><td></td><td></td><td></td><td colspan="2"></td></tr>
</table>

注　管理费按人工费______%，利润按人工费______计。

表 4-6（14）

工程量清单综合单价分析表

工程名称：某车间动力配电工程　　　　标段：　　　　第 14 页　共　页

项目编码		项目名称		计量单位	

清单综合单价组成明细

定额编号	定额名称	定额单位	数量	单价					合价				
				人工费	材料费	机械费	管理费	利润	人工费	材料费	机械费	管理费	利润
人工单价		小　计											
_____元/工日		未计价材料费											
清单项目综合单价													

材料费明细	主要材料名称、规格、型号	单位	数量	单价（元）	合价（元）	暂估单价（元）	暂估合价（元）
	其他材料费						
	材料费小计						

注　管理费按人工费_____%，利润按人工费_____计。

表 4-6（15） **工程量清单综合单价分析表**

工程名称：某车间动力配电工程　　标段：　　第 15 页　共　页

<table>
<tr><td colspan="2">项　目　编　码</td><td colspan="2"></td><td colspan="2">项目名称</td><td colspan="5"></td><td colspan="2">计量单位</td><td></td></tr>
<tr><td colspan="14">清单综合单价组成明细</td></tr>
<tr><td rowspan="2">定额编号</td><td rowspan="2">定额名称</td><td rowspan="2">定额
单位</td><td rowspan="2">数量</td><td colspan="5">单　　价</td><td colspan="5">合　　价</td></tr>
<tr><td>人工费</td><td>材料费</td><td>机械费</td><td>管理费</td><td>利润</td><td>人工费</td><td>材料费</td><td>机械费</td><td>管理费</td><td>利润</td></tr>
<tr><td></td><td></td><td></td><td></td><td></td><td></td><td></td><td></td><td></td><td></td><td></td><td></td><td></td><td></td></tr>
<tr><td></td><td></td><td></td><td></td><td></td><td></td><td></td><td></td><td></td><td></td><td></td><td></td><td></td><td></td></tr>
<tr><td colspan="2">人工单价</td><td colspan="7">小　　计</td><td></td><td></td><td></td><td></td><td></td></tr>
<tr><td colspan="2">______元/工日</td><td colspan="7">未计价材料费</td><td colspan="5"></td></tr>
<tr><td colspan="9">清单项目综合单价</td><td colspan="5"></td></tr>
<tr><td rowspan="4">材料费明细</td><td colspan="4">主要材料名称、规格、型号</td><td>单位</td><td colspan="3">数量</td><td>单价（元）</td><td>合价（元）</td><td>暂估单价（元）</td><td colspan="2">暂估合价（元）</td></tr>
<tr><td colspan="4"></td><td></td><td colspan="3"></td><td></td><td></td><td></td><td colspan="2"></td></tr>
<tr><td colspan="8">其他材料费</td><td></td><td></td><td></td><td colspan="2"></td></tr>
<tr><td colspan="8">材料费小计</td><td></td><td></td><td></td><td colspan="2"></td></tr>
</table>

注　管理费按人工费______%，利润按人工费______计。

表 4-6（16） **工程量清单综合单价分析表**

工程名称：某车间动力配电工程　　标段：　　第 16 页　共　页

项目编码				项目名称						计量单位			
清单综合单价组成明细													
定额编号	定额名称	定额单位	数量	单价					合价				
				人工费	材料费	机械费	管理费	利润	人工费	材料费	机械费	管理费	利润
人工单价		小计											
____元/工日		未计价材料费											
清单项目综合单价													
材料费明细	主要材料名称、规格、型号					单位	数量		单价（元）	合价（元）	暂估单价（元）	暂估合价（元）	
	其他材料费												
	材料费小计												

注　管理费按人工费____%，利润按人工费____计。

表 4-6（17） **工程量清单综合单价分析表**

工程名称：某车间动力配电工程　　　　标段：　　　　第 17 页　共　页

<table>
<tr><td colspan="2">项 目 编 码</td><td colspan="2"></td><td colspan="3">项目名称</td><td colspan="4"></td><td>计量单位</td><td colspan="2"></td></tr>
<tr><td colspan="14">清单综合单价组成明细</td></tr>
<tr><td rowspan="2">定额编号</td><td rowspan="2">定额名称</td><td rowspan="2">定额单位</td><td rowspan="2">数量</td><td colspan="5">单　　价</td><td colspan="5">合　　价</td></tr>
<tr><td>人工费</td><td>材料费</td><td>机械费</td><td>管理费</td><td>利润</td><td>人工费</td><td>材料费</td><td>机械费</td><td>管理费</td><td>利润</td></tr>
<tr><td></td><td></td><td></td><td></td><td></td><td></td><td></td><td></td><td></td><td></td><td></td><td></td><td></td><td></td></tr>
<tr><td></td><td></td><td></td><td></td><td></td><td></td><td></td><td></td><td></td><td></td><td></td><td></td><td></td><td></td></tr>
<tr><td colspan="2">人工单价</td><td colspan="7">小　计</td><td></td><td></td><td></td><td></td><td></td></tr>
<tr><td colspan="2">______元/工日</td><td colspan="7">未计价材料费</td><td colspan="5"></td></tr>
<tr><td colspan="9">清单项目综合单价</td><td colspan="5"></td></tr>
<tr><td rowspan="5">材料费明细</td><td colspan="4">主要材料名称、规格、型号</td><td>单位</td><td colspan="2">数量</td><td>单价（元）</td><td>合价（元）</td><td>暂估单价（元）</td><td colspan="3">暂估合价（元）</td></tr>
<tr><td colspan="4"></td><td></td><td colspan="2"></td><td></td><td></td><td></td><td colspan="3"></td></tr>
<tr><td colspan="7">其他材料费</td><td></td><td></td><td></td><td colspan="3"></td></tr>
<tr><td colspan="7">材料费小计</td><td></td><td></td><td></td><td colspan="3"></td></tr>
</table>

注　管理费按人工费______%，利润按人工费______计。

表 4-6（18） **工程量清单综合单价分析表**

工程名称：某车间动力配电工程 标段： 第 18 页 共 页

<table>
<tr><td colspan="2">项 目 编 码</td><td colspan="2"></td><td colspan="2">项目名称</td><td colspan="5"></td><td colspan="2">计量单位</td><td></td></tr>
<tr><td colspan="14">清单综合单价组成明细</td></tr>
<tr><td rowspan="2">定额编号</td><td rowspan="2">定额名称</td><td rowspan="2">定额单位</td><td rowspan="2">数量</td><td colspan="5">单 价</td><td colspan="5">合 价</td></tr>
<tr><td>人工费</td><td>材料费</td><td>机械费</td><td>管理费</td><td>利润</td><td>人工费</td><td>材料费</td><td>机械费</td><td>管理费</td><td>利润</td></tr>
<tr><td></td><td></td><td></td><td></td><td></td><td></td><td></td><td></td><td></td><td></td><td></td><td></td><td></td><td></td></tr>
<tr><td></td><td></td><td></td><td></td><td></td><td></td><td></td><td></td><td></td><td></td><td></td><td></td><td></td><td></td></tr>
<tr><td colspan="2">人工单价</td><td colspan="7">小 计</td><td></td><td></td><td></td><td></td><td></td></tr>
<tr><td colspan="2">_____元/工日</td><td colspan="7">未计价材料费</td><td colspan="5"></td></tr>
<tr><td colspan="9">清单项目综合单价</td><td colspan="5"></td></tr>
<tr><td rowspan="4">材料费明细</td><td colspan="4">主要材料名称、规格、型号</td><td>单位</td><td colspan="3">数量</td><td>单价（元）</td><td>合价（元）</td><td colspan="2">暂估单价（元）</td><td>暂估合价（元）</td></tr>
<tr><td colspan="4"></td><td></td><td colspan="3"></td><td></td><td></td><td colspan="2"></td><td></td></tr>
<tr><td colspan="8">其他材料费</td><td></td><td></td><td colspan="2"></td><td></td></tr>
<tr><td colspan="8">材料费小计</td><td></td><td></td><td colspan="2"></td><td></td></tr>
</table>

注 管理费按人工费_____%，利润按人工费_____计。

表 4-6（19）　　**工程量清单综合单价分析表**

工程名称：某车间动力配电工程　　标段：　　第 19 页　共　页

<table>
<tr><td colspan="2">项　目　编　码</td><td colspan="2"></td><td colspan="2">项目名称</td><td colspan="5"></td><td>计量单位</td><td colspan="2"></td></tr>
<tr><td colspan="14">清单综合单价组成明细</td></tr>
<tr><td rowspan="2">定额编号</td><td rowspan="2">定额名称</td><td rowspan="2">定额单位</td><td rowspan="2">数量</td><td colspan="5">单　　价</td><td colspan="5">合　　价</td></tr>
<tr><td>人工费</td><td>材料费</td><td>机械费</td><td>管理费</td><td>利润</td><td>人工费</td><td>材料费</td><td>机械费</td><td>管理费</td><td>利润</td></tr>
<tr><td></td><td></td><td></td><td></td><td></td><td></td><td></td><td></td><td></td><td></td><td></td><td></td><td></td><td></td></tr>
<tr><td></td><td></td><td></td><td></td><td></td><td></td><td></td><td></td><td></td><td></td><td></td><td></td><td></td><td></td></tr>
<tr><td colspan="2">人工单价</td><td colspan="7">小　　计</td><td></td><td></td><td></td><td></td><td></td></tr>
<tr><td colspan="2">______元/工日</td><td colspan="7">未计价材料费</td><td colspan="5"></td></tr>
<tr><td colspan="9">清单项目综合单价</td><td colspan="5"></td></tr>
<tr><td rowspan="4">材料费明细</td><td colspan="5">主要材料名称、规格、型号</td><td>单位</td><td colspan="2">数量</td><td>单价（元）</td><td>合价（元）</td><td>暂估单价（元）</td><td colspan="2">暂估合价（元）</td></tr>
<tr><td colspan="5"></td><td></td><td colspan="2"></td><td></td><td></td><td></td><td colspan="2"></td></tr>
<tr><td colspan="8">其他材料费</td><td></td><td></td><td></td><td colspan="2"></td></tr>
<tr><td colspan="8">材料费小计</td><td></td><td></td><td></td><td colspan="2"></td></tr>
</table>

注　管理费按人工费______%，利润按人工费______计。

2. 分部分项工程量清单计价表（见表 4-7）

表 4-7 分部分项工程量清单计价表

工程名称：某车间动力配电工程 标段： 第 页 共 页

序号	项目编码	项目名称	项目特征描述	计量单位	工程量	金额（元）			
						综合单价	合价	其中：人工费	其中：暂估价
合计									

3. 措施项目清单与计价表（见表4-8）

表4-8 **措施项目清单与计价表**

工程名称：某车间动力配电工程 标段： 第 页 共 页

序号	项目名称	计算基础	费率(%)	金额(元)
1	安全文明施工费			
2	夜间施工费			
3	二次搬运费			
4	冬雨季施工			
5	大型机械设备进出场及安拆费			
6	施工排水			
7	施工降水			
8	地上、地下设施、建筑物的临时保护设施			
9	已完工程及设备保护			
10	脚手架搭拆费			
合计				

注 计算基础为人工费。

4. 规费、税金项目清单与计价表（见表 4-9）

表 4-9 **规费、税金项目清单与计价表**

工程名称：某车间动力配电工程 标段： 第 页 共 页

序 号	项 目 名 称	计 算 基 础	费 率（%）	金 额（元）
1	规费			
1.1	工程排污费			
1.2	社会保障费			
(1)	养老保险费			
(2)	失业保险费			
(3)	医疗保险费			
1.3	住房公积金			
1.4	危险作业意外伤害保险			
1.5	工程定额测定费			
2	税金			
合 计				

注 1. 规费的计算基础为：分部分项工程费＋措施项目费＋其他项目费。其他项目费本例不计。

2. 税金的计算基础为：分部分项工程费＋措施项目费＋其他项目费＋规费。其他项目费本例不计。

5. 单位工程招标控制价/投标报价汇总表（见表4-10）

表4-10 单位工程招标控制价/投标报价汇总表

工程名称：某车间动力配电工程　　　　标段：　　　　第　页　共　页

序号	汇总内容	金额（元）	其中：暂估价（元）	序号	汇总内容	金额（元）	其中：暂估价（元）
1	分部分项工程			1.20			
1.1				2	措施项目		
1.2				2.1			
1.3				2.2			
1.4				2.3			
1.5				2.4			
1.6				2.5			
1.7				2.6			
1.8				2.7			
1.9				2.8			
1.10				2.9			
1.11				2.10			
1.12				3	其他项目		
1.13				3.1	暂列金额		
1.14				3.2	专业工程暂估价		
1.15				3.3	计日工		
1.16				3.4	总承包服务费		
1.17				4	规费		
1.18				5	税金		
1.19				招标控制价合计=1+2+3+4+5			

【习题五】某办公楼电气照明工程定额计价及清单计价案例

一、设计说明

(1) 如图 5-1、图 5-2 所示某办公楼一层电气照明工程。房间层高均为 3m。

(2) 管线除注明外一律采用 BV-2.5mm^2 导线穿阻燃塑料管沿墙及顶棚暗敷设，2～3 根导线采用 PVC15，4 根导线采用 PVC20，5 根导线采用 PVC25。

(3) 未计价主要材料（主材）价格按表 5-1 执行。

表 5-1 **主要材料（主材）价格**

项目名称：某办公楼照明工程

序号	名　称	规格型号	单　位	单价（元）	序号	名　称	规格型号	单　位	单价（元）
1	配电箱	800mm×500mm×120mm	台	1000.00	8	单联开关	86 型	个	10.00
2	分层配电箱	500mm×300mm×120mm	台	500.00	9	五孔插座	86 型	个	12.00
3	PVC 管	*DN*15	m	3.00	10	防水吸顶灯	60W	个	100.00
4	PVC 管	*DN*20	m	5.00	11	单管吊链日光灯	40W	个	120.00
5	PVC 管	*DN*25	m	8.00	12	方形吸顶灯	60W	个	150.00
6	绝缘线	BV-2.5mm^2	m	4.00	13	接线盒	86 型	个	2.00
7	三相插座	15A	个	80.00	14	开关盒	86 型	个	2.00

图　　例

图　例	规格型号	敷设方式	图　例	规格型号	敷设方式
	40W 单管吊链日光灯	吊链、距地 2.8m		单联跷板开关	距地 1.4m
	60W 防水灯	吸顶		单相五孔插座	距地 1.3m
	方形吸顶灯 60W	吸顶		照明配电箱	距地 1.4m
	三相插座 15A	距地 1.3m			

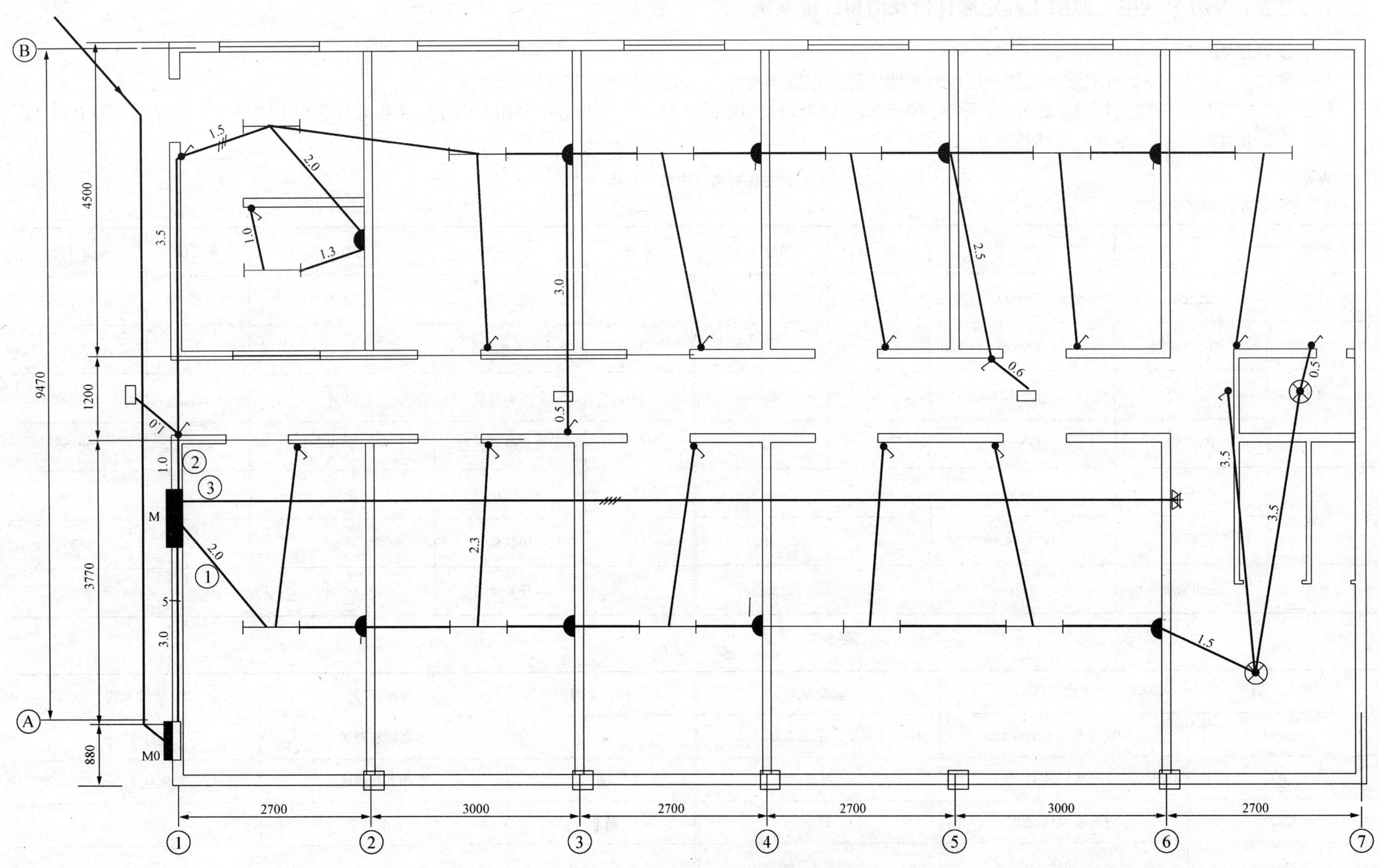

图 5-1 办公楼照明工程平面图

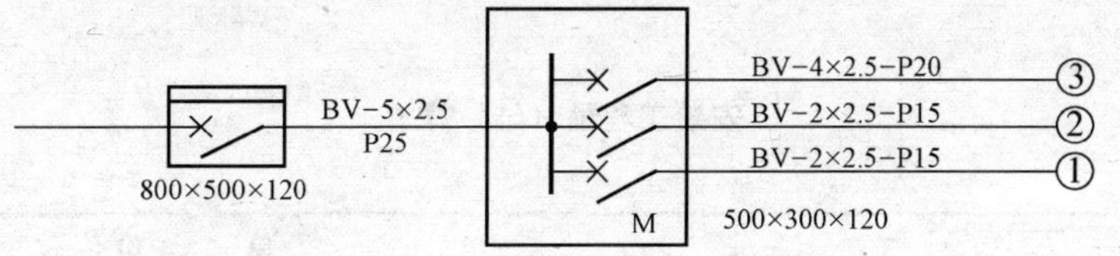

图 5-2 照明工程系统图

二、定额计价模式确定工程造价

1. 工程量计算（见表 5-2）

表 5-2 **工程量计算书**

项目名称：某办公楼电气照明工程 第 页 共 页

序 号	项 目 名 称	单 位	计 算 公 式	数 量

2. 计算直接工程费（见表 5-3）

表 5-3 **安装工程预（结）算书**

工程名称：某办公楼电气照明工程 共 1 页 第 1 页

序号	定额编号	项 目 名 称	单位	数量	单 价			合 计		
					基 价	人工费	主材费	合 价	人工费	主材费

3. 计算安装工程费用（造价）（见表 5-4）

表 5-4　　定额计价的计算程序

项目名称：某办公楼电气照明工程　　____类工程

序　号	费 用 项 目 名 称	计 算 方 法	金　额

三、清单计价模式确定工程造价

（一）工程量清单（见表5-5）

按照《计价规范》（GB 50500—2008）的要求内容及格式填写。本例只列分部分项工程量清单，根据施工图说、工程量计算规则及参考表5-2计算。

表5-5　　　　**分部分项工程量清单表**

工程名称：某办公楼电气照明工程　　　　第1页　共1页

序　号	项目编码	项目名称	项 目 特 征 描 述	计量单位	工程量

（二）工程量清单计价

1. 工程量清单综合单价分析表（见表 5-6）

表 5-6（1） **工程量清单综合单价分析表**

工程名称：某办公楼电气照明工程　　　　标段：　　　　第 1 页　共　页

项目编码				项目名称							计量单位		
清单综合单价组成明细													
定额编号	定额名称	定额单位	数量	单价					合价				
				人工费	材料费	机械费	管理费	利润	人工费	材料费	机械费	管理费	利润
人工单价		小计											
______元/工日		未计价材料费											
清单项目综合单价													
材料费明细	主要材料名称、规格、型号				单位		数量		单价（元）	合价（元）	暂估单价（元）	暂估合价（元）	
	其他材料费												
	材料费小计												

注　管理费按人工费______%，利润按人工费______计。

表 5-6（2） **工程量清单综合单价分析表**

工程名称：某办公楼电气照明工程 标段： 第 2 页 共 页

<table>
<tr><td colspan="2">项 目 编 码</td><td colspan="2"></td><td colspan="3">项目名称</td><td colspan="4"></td><td colspan="2">计量单位</td><td></td></tr>
<tr><td colspan="14">清单综合单价组成明细</td></tr>
<tr><td rowspan="2">定额编号</td><td rowspan="2">定额名称</td><td rowspan="2">定额单位</td><td rowspan="2">数量</td><td colspan="5">单 价</td><td colspan="5">合 价</td></tr>
<tr><td>人工费</td><td>材料费</td><td>机械费</td><td>管理费</td><td>利润</td><td>人工费</td><td>材料费</td><td>机械费</td><td>管理费</td><td>利润</td></tr>
<tr><td></td><td></td><td></td><td></td><td></td><td></td><td></td><td></td><td></td><td></td><td></td><td></td><td></td><td></td></tr>
<tr><td></td><td></td><td></td><td></td><td></td><td></td><td></td><td></td><td></td><td></td><td></td><td></td><td></td><td></td></tr>
<tr><td colspan="2">人工单价</td><td colspan="7">小 计</td><td></td><td></td><td></td><td></td><td></td></tr>
<tr><td colspan="2">____元/工日</td><td colspan="7">未计价材料费</td><td colspan="5"></td></tr>
<tr><td colspan="9">清单项目综合单价</td><td colspan="5"></td></tr>
<tr><td rowspan="4">材料费明细</td><td colspan="4">主要材料名称、规格、型号</td><td>单位</td><td colspan="3">数量</td><td>单价（元）</td><td>合价（元）</td><td colspan="2">暂估单价（元）</td><td>暂估合价（元）</td></tr>
<tr><td colspan="4"></td><td></td><td colspan="3"></td><td></td><td></td><td colspan="2"></td><td></td></tr>
<tr><td colspan="8">其他材料费</td><td></td><td></td><td colspan="2"></td><td></td></tr>
<tr><td colspan="8">材料费小计</td><td></td><td></td><td colspan="2"></td><td></td></tr>
</table>

注 管理费按人工费____%，利润按人工费____计。

表 5-6（3）

工程量清单综合单价分析表

工程名称：某办公楼电气照明工程　　标段：　　第 3 页　共　页

<table>
<tr><td colspan="2">项目编码</td><td colspan="2"></td><td colspan="2">项目名称</td><td colspan="5"></td><td colspan="2">计量单位</td><td colspan="2"></td></tr>
<tr><td colspan="15">清单综合单价组成明细</td></tr>
<tr><td rowspan="2">定额编号</td><td rowspan="2">定额名称</td><td rowspan="2">定额单位</td><td rowspan="2">数量</td><td colspan="5">单价</td><td colspan="5">合价</td></tr>
<tr><td>人工费</td><td>材料费</td><td>机械费</td><td>管理费</td><td>利润</td><td>人工费</td><td>材料费</td><td>机械费</td><td>管理费</td><td>利润</td></tr>
<tr><td></td><td></td><td></td><td></td><td></td><td></td><td></td><td></td><td></td><td></td><td></td><td></td><td></td><td></td></tr>
<tr><td></td><td></td><td></td><td></td><td></td><td></td><td></td><td></td><td></td><td></td><td></td><td></td><td></td><td></td></tr>
<tr><td colspan="2">人工单价</td><td colspan="7">小计</td><td></td><td></td><td></td><td></td><td></td></tr>
<tr><td colspan="2">______元/工日</td><td colspan="7">未计价材料费</td><td colspan="5"></td></tr>
<tr><td colspan="9">清单项目综合单价</td><td colspan="5"></td></tr>
<tr><td rowspan="4">材料费明细</td><td colspan="4">主要材料名称、规格、型号</td><td>单位</td><td>数量</td><td>单价（元）</td><td>合价（元）</td><td>暂估单价（元）</td><td>暂估合价（元）</td></tr>
<tr><td colspan="4"></td><td></td><td></td><td></td><td></td><td></td><td></td></tr>
<tr><td colspan="6">其他材料费</td><td></td><td></td><td></td><td></td></tr>
<tr><td colspan="6">材料费小计</td><td></td><td></td><td></td><td></td></tr>
</table>

注　管理费按人工费______%，利润按人工费______计。

表 5-6（4）

工程量清单综合单价分析表

工程名称：某办公楼电气照明工程　　　　标段：　　　　第 4 页　共　页

<table>
<tr><td colspan="2">项　目　编　码</td><td colspan="2"></td><td colspan="2">项目名称</td><td colspan="5"></td><td colspan="2">计量单位</td><td></td></tr>
<tr><td colspan="14">清单综合单价组成明细</td></tr>
<tr><td rowspan="2">定额编号</td><td rowspan="2">定额名称</td><td rowspan="2">定额单位</td><td rowspan="2">数量</td><td colspan="5">单　　价</td><td colspan="5">合　　价</td></tr>
<tr><td>人工费</td><td>材料费</td><td>机械费</td><td>管理费</td><td>利润</td><td>人工费</td><td>材料费</td><td>机械费</td><td>管理费</td><td>利润</td></tr>
<tr><td></td><td></td><td></td><td></td><td></td><td></td><td></td><td></td><td></td><td></td><td></td><td></td><td></td><td></td></tr>
<tr><td></td><td></td><td></td><td></td><td></td><td></td><td></td><td></td><td></td><td></td><td></td><td></td><td></td><td></td></tr>
<tr><td colspan="2">人工单价</td><td colspan="7">小　计</td><td></td><td></td><td></td><td></td><td></td></tr>
<tr><td colspan="2">______元/工日</td><td colspan="7">未计价材料费</td><td colspan="5"></td></tr>
<tr><td colspan="9">清单项目综合单价</td><td colspan="5"></td></tr>
<tr><td rowspan="4">材料费明细</td><td colspan="5">主要材料名称、规格、型号</td><td>单位</td><td colspan="2">数量</td><td>单价（元）</td><td>合价（元）</td><td>暂估单价（元）</td><td colspan="2">暂估合价（元）</td></tr>
<tr><td colspan="5"></td><td></td><td colspan="2"></td><td></td><td></td><td></td><td colspan="2"></td></tr>
<tr><td colspan="8">其他材料费</td><td></td><td></td><td></td><td colspan="2"></td></tr>
<tr><td colspan="8">材料费小计</td><td></td><td></td><td></td><td colspan="2"></td></tr>
</table>

注　管理费按人工费______%，利润按人工费______计。

表 5-6（5）　　工程量清单综合单价分析表

工程名称：某办公楼电气照明工程　　标段：　　第 5 页　共　页

<table>
<tr><td colspan="2">项　目　编　码</td><td colspan="2"></td><td>项目名称</td><td colspan="7"></td><td colspan="2">计量单位</td><td></td></tr>
<tr><td colspan="15">清单综合单价组成明细</td></tr>
<tr><td rowspan="2">定额编号</td><td rowspan="2">定额名称</td><td rowspan="2">定额单位</td><td rowspan="2">数量</td><td colspan="5">单　　价</td><td colspan="6">合　　价</td></tr>
<tr><td>人工费</td><td>材料费</td><td>机械费</td><td>管理费</td><td>利润</td><td>人工费</td><td>材料费</td><td colspan="2">机械费</td><td>管理费</td><td>利润</td></tr>
<tr><td></td><td></td><td></td><td></td><td></td><td></td><td></td><td></td><td></td><td></td><td></td><td colspan="2"></td><td></td><td></td></tr>
<tr><td></td><td></td><td></td><td></td><td></td><td></td><td></td><td></td><td></td><td></td><td></td><td colspan="2"></td><td></td><td></td></tr>
<tr><td colspan="2">人工单价</td><td colspan="7">小　计</td><td></td><td></td><td colspan="2"></td><td></td><td></td></tr>
<tr><td colspan="2">______元/工日</td><td colspan="7">未计价材料费</td><td colspan="6"></td></tr>
<tr><td colspan="9">清单项目综合单价</td><td colspan="6"></td></tr>
<tr><td rowspan="4">材料费明细</td><td colspan="5">主要材料名称、规格、型号</td><td>单位</td><td colspan="2">数量</td><td>单价（元）</td><td>合价（元）</td><td colspan="2">暂估单价（元）</td><td colspan="2">暂估合价（元）</td></tr>
<tr><td colspan="5"></td><td></td><td colspan="2"></td><td></td><td></td><td colspan="2"></td><td colspan="2"></td></tr>
<tr><td colspan="8">其他材料费</td><td></td><td></td><td colspan="2"></td><td colspan="2"></td></tr>
<tr><td colspan="8">材料费小计</td><td></td><td></td><td colspan="2"></td><td colspan="2"></td></tr>
</table>

注　管理费按人工费______%，利润按人工费______计。

表 5-6（6） **工程量清单综合单价分析表**

工程名称：某办公楼电气照明工程 标段： 第 6 页 共 页

<table>
<tr><td colspan="2">项 目 编 码</td><td colspan="2"></td><td colspan="2">项目名称</td><td colspan="5"></td><td colspan="2">计量单位</td><td colspan="2"></td></tr>
<tr><td colspan="15">清单综合单价组成明细</td></tr>
<tr><td rowspan="2">定额编号</td><td rowspan="2">定额名称</td><td rowspan="2">定额单位</td><td rowspan="2">数量</td><td colspan="5">单 价</td><td colspan="5">合 价</td></tr>
<tr><td>人工费</td><td>材料费</td><td>机械费</td><td>管理费</td><td>利润</td><td>人工费</td><td>材料费</td><td>机械费</td><td>管理费</td><td>利润</td></tr>
<tr><td></td><td></td><td></td><td></td><td></td><td></td><td></td><td></td><td></td><td></td><td></td><td></td><td></td><td></td></tr>
<tr><td></td><td></td><td></td><td></td><td></td><td></td><td></td><td></td><td></td><td></td><td></td><td></td><td></td><td></td></tr>
<tr><td colspan="2">人工单价</td><td colspan="7">小 计</td><td></td><td></td><td></td><td></td><td></td></tr>
<tr><td colspan="2">______元/工日</td><td colspan="7">未计价材料费</td><td colspan="5"></td></tr>
<tr><td colspan="9">清单项目综合单价</td><td colspan="5"></td></tr>
<tr><td rowspan="4">材料费明细</td><td colspan="4">主要材料名称、规格、型号</td><td>单位</td><td colspan="3">数量</td><td>单价（元）</td><td>合价（元）</td><td>暂估单价（元）</td><td colspan="2">暂估合价（元）</td></tr>
<tr><td colspan="4"></td><td></td><td colspan="3"></td><td></td><td></td><td></td><td colspan="2"></td></tr>
<tr><td colspan="8">其他材料费</td><td></td><td></td><td></td><td colspan="2"></td></tr>
<tr><td colspan="8">材料费小计</td><td></td><td></td><td></td><td colspan="2"></td></tr>
</table>

注 管理费按人工费______%，利润按人工费______计。

表 5-6（7）

工程量清单综合单价分析表

工程名称：某办公楼电气照明工程　　标段：　　第 7 页　共　页

<table>
<tr><td colspan="2">项　目　编　码</td><td colspan="2"></td><td colspan="2">项目名称</td><td colspan="4"></td><td colspan="2">计量单位</td><td colspan="2"></td></tr>
<tr><td colspan="14">清单综合单价组成明细</td></tr>
<tr><td rowspan="2">定额编号</td><td rowspan="2">定额名称</td><td rowspan="2">定额单位</td><td rowspan="2">数量</td><td colspan="5">单　价</td><td colspan="5">合　价</td></tr>
<tr><td>人工费</td><td>材料费</td><td>机械费</td><td>管理费</td><td>利润</td><td>人工费</td><td>材料费</td><td>机械费</td><td>管理费</td><td>利润</td></tr>
<tr><td></td><td></td><td></td><td></td><td></td><td></td><td></td><td></td><td></td><td></td><td></td><td></td><td></td><td></td></tr>
<tr><td></td><td></td><td></td><td></td><td></td><td></td><td></td><td></td><td></td><td></td><td></td><td></td><td></td><td></td></tr>
<tr><td colspan="2">人工单价</td><td colspan="7">小　计</td><td></td><td></td><td></td><td></td><td></td></tr>
<tr><td colspan="2">______元/工日</td><td colspan="7">未计价材料费</td><td colspan="5"></td></tr>
<tr><td colspan="9">清单项目综合单价</td><td colspan="5"></td></tr>
<tr><td rowspan="4">材料费明细</td><td colspan="5">主要材料名称、规格、型号</td><td>单位</td><td colspan="2">数量</td><td>单价（元）</td><td>合价（元）</td><td colspan="2">暂估单价（元）</td><td>暂估合价（元）</td></tr>
<tr><td colspan="5"></td><td></td><td colspan="2"></td><td></td><td></td><td colspan="2"></td><td></td></tr>
<tr><td colspan="8">其他材料费</td><td></td><td></td><td colspan="2"></td><td></td></tr>
<tr><td colspan="8">材料费小计</td><td></td><td></td><td colspan="2"></td><td></td></tr>
</table>

注　管理费按人工费______%，利润按人工费______计。

表 5-6（8）

工程量清单综合单价分析表

工程名称：某办公楼电气照明工程　　标段：　　第 8 页 共 页

<table>
<tr><td colspan="2">项 目 编 码</td><td colspan="2"></td><td>项目名称</td><td colspan="4"></td><td colspan="2">计量单位</td><td colspan="2"></td></tr>
<tr><td colspan="13">清单综合单价组成明细</td></tr>
<tr><td rowspan="2">定额编号</td><td rowspan="2">定额名称</td><td rowspan="2">定额单位</td><td rowspan="2">数量</td><td colspan="5">单 价</td><td colspan="5">合 价</td></tr>
<tr><td>人工费</td><td>材料费</td><td>机械费</td><td>管理费</td><td>利润</td><td>人工费</td><td>材料费</td><td>机械费</td><td>管理费</td><td>利润</td></tr>
<tr><td></td><td></td><td></td><td></td><td></td><td></td><td></td><td></td><td></td><td></td><td></td><td></td><td></td><td></td></tr>
<tr><td></td><td></td><td></td><td></td><td></td><td></td><td></td><td></td><td></td><td></td><td></td><td></td><td></td><td></td></tr>
<tr><td colspan="2">人工单价</td><td colspan="7">小 计</td><td></td><td></td><td></td><td></td><td></td></tr>
<tr><td colspan="2">______元/工日</td><td colspan="7">未计价材料费</td><td colspan="5"></td></tr>
<tr><td colspan="9">清单项目综合单价</td><td colspan="5"></td></tr>
<tr><td rowspan="4">材料费明细</td><td colspan="4">主要材料名称、规格、型号</td><td>单位</td><td colspan="3">数量</td><td>单价（元）</td><td>合价（元）</td><td>暂估单价（元）</td><td colspan="2">暂估合价（元）</td></tr>
<tr><td colspan="4"></td><td></td><td colspan="3"></td><td></td><td></td><td></td><td colspan="2"></td></tr>
<tr><td colspan="8">其他材料费</td><td></td><td></td><td></td><td colspan="2"></td></tr>
<tr><td colspan="8">材料费小计</td><td></td><td></td><td></td><td colspan="2"></td></tr>
</table>

注 管理费按人工费______%，利润按人工费______计。

表 5-6（9）

工程量清单综合单价分析表

工程名称：某办公楼电气照明工程　　标段：　　第 9 页　共　页

<table>
<tr><td colspan="2">项 目 编 码</td><td colspan="2"></td><td colspan="3">项目名称</td><td colspan="3"></td><td colspan="2">计量单位</td><td></td></tr>
<tr><td colspan="13">清单综合单价组成明细</td></tr>
<tr><td rowspan="2">定额编号</td><td rowspan="2">定额名称</td><td rowspan="2">定额单位</td><td rowspan="2">数量</td><td colspan="5">单　价</td><td colspan="4">合　价</td></tr>
<tr><td>人工费</td><td>材料费</td><td>机械费</td><td>管理费</td><td>利润</td><td>人工费</td><td>材料费</td><td>机械费</td><td>管理费</td><td>利润</td></tr>
<tr><td></td><td></td><td></td><td></td><td></td><td></td><td></td><td></td><td></td><td></td><td></td><td></td><td></td><td></td></tr>
<tr><td></td><td></td><td></td><td></td><td></td><td></td><td></td><td></td><td></td><td></td><td></td><td></td><td></td><td></td></tr>
<tr><td colspan="2">人工单价</td><td colspan="7">小　计</td><td></td><td></td><td></td><td></td><td></td></tr>
<tr><td colspan="2">______元/工日</td><td colspan="7">未计价材料费</td><td colspan="5"></td></tr>
<tr><td colspan="9">清单项目综合单价</td><td colspan="5"></td></tr>
<tr><td rowspan="5">材料费明细</td><td colspan="4">主要材料名称、规格、型号</td><td>单位</td><td colspan="3">数量</td><td>单价（元）</td><td>合价（元）</td><td>暂估单价（元）</td><td colspan="2">暂估合价（元）</td></tr>
<tr><td colspan="4"></td><td></td><td colspan="3"></td><td></td><td></td><td></td><td colspan="2"></td></tr>
<tr><td colspan="4"></td><td></td><td colspan="3"></td><td></td><td></td><td></td><td colspan="2"></td></tr>
<tr><td colspan="8">其他材料费</td><td></td><td></td><td></td><td colspan="2"></td></tr>
<tr><td colspan="8">材料费小计</td><td></td><td></td><td></td><td colspan="2"></td></tr>
</table>

注　管理费按人工费______%，利润按人工费______计。

表 5-6（10）

工程量清单综合单价分析表

工程名称：某办公楼电气照明工程　　标段：　　第 10 页　共　页

<table>
<tr><td colspan="2">项　目　编　码</td><td colspan="2"></td><td colspan="2">项目名称</td><td colspan="6"></td><td>计量单位</td><td colspan="2"></td></tr>
<tr><td colspan="15">清单综合单价组成明细</td></tr>
<tr><td rowspan="2">定额编号</td><td rowspan="2">定额名称</td><td rowspan="2">定额单位</td><td rowspan="2">数量</td><td colspan="5">单　　价</td><td colspan="5">合　　价</td></tr>
<tr><td>人工费</td><td>材料费</td><td>机械费</td><td>管理费</td><td>利润</td><td>人工费</td><td>材料费</td><td>机械费</td><td>管理费</td><td>利润</td></tr>
<tr><td></td><td></td><td></td><td></td><td></td><td></td><td></td><td></td><td></td><td></td><td></td><td></td><td></td><td></td></tr>
<tr><td></td><td></td><td></td><td></td><td></td><td></td><td></td><td></td><td></td><td></td><td></td><td></td><td></td><td></td></tr>
<tr><td colspan="2">人工单价</td><td colspan="7">小　计</td><td></td><td></td><td></td><td></td><td></td></tr>
<tr><td colspan="2">______元/工日</td><td colspan="7">未计价材料费</td><td colspan="5"></td></tr>
<tr><td colspan="9">清单项目综合单价</td><td colspan="5"></td></tr>
<tr><td rowspan="4">材料费明细</td><td colspan="5">主要材料名称、规格、型号</td><td>单位</td><td colspan="2">数量</td><td>单价（元）</td><td>合价（元）</td><td>暂估单价（元）</td><td colspan="2">暂估合价（元）</td></tr>
<tr><td colspan="5"></td><td></td><td colspan="2"></td><td></td><td></td><td></td><td colspan="2"></td></tr>
<tr><td colspan="8">其他材料费</td><td></td><td></td><td></td><td colspan="2"></td></tr>
<tr><td colspan="8">材料费小计</td><td></td><td></td><td></td><td colspan="2"></td></tr>
</table>

注　管理费按人工费______%，利润按人工费______计。

表 5-6（11）

工程量清单综合单价分析表

工程名称：某办公楼电气照明工程　　标段：　　第 11 页　共　页

<table>
<tr><td colspan="2">项 目 编 码</td><td colspan="2"></td><td colspan="2">项目名称</td><td colspan="5"></td><td>计量单位</td><td colspan="2"></td></tr>
<tr><td colspan="14">清单综合单价组成明细</td></tr>
<tr><td rowspan="2">定额编号</td><td rowspan="2">定额名称</td><td rowspan="2">定额单位</td><td rowspan="2">数量</td><td colspan="5">单　价</td><td colspan="5">合　价</td></tr>
<tr><td>人工费</td><td>材料费</td><td>机械费</td><td>管理费</td><td>利润</td><td>人工费</td><td>材料费</td><td>机械费</td><td>管理费</td><td>利润</td></tr>
<tr><td></td><td></td><td></td><td></td><td></td><td></td><td></td><td></td><td></td><td></td><td></td><td></td><td></td><td></td></tr>
<tr><td></td><td></td><td></td><td></td><td></td><td></td><td></td><td></td><td></td><td></td><td></td><td></td><td></td><td></td></tr>
<tr><td colspan="2">人工单价</td><td colspan="7">小　计</td><td></td><td></td><td></td><td></td><td></td></tr>
<tr><td colspan="2">______元/工日</td><td colspan="7">未计价材料费</td><td colspan="5"></td></tr>
<tr><td colspan="9">清单项目综合单价</td><td colspan="5"></td></tr>
<tr><td rowspan="4">材料费明细</td><td colspan="5">主要材料名称、规格、型号</td><td>单位</td><td colspan="2">数量</td><td>单价（元）</td><td>合价（元）</td><td>暂估单价（元）</td><td colspan="2">暂估合价（元）</td></tr>
<tr><td colspan="5"></td><td></td><td colspan="2"></td><td></td><td></td><td></td><td colspan="2"></td></tr>
<tr><td colspan="8">其他材料费</td><td></td><td></td><td></td><td colspan="2"></td></tr>
<tr><td colspan="8">材料费小计</td><td></td><td></td><td></td><td colspan="2"></td></tr>
</table>

注　管理费按人工费______%，利润按人工费______计。

表5-6（12）　**工程量清单综合单价分析表**

工程名称：某办公楼电气照明工程　　标段：　　第12页　共　页

<table>
<tr><td colspan="2">项目编码</td><td></td><td colspan="2">项目名称</td><td colspan="5"></td><td colspan="2">计量单位</td><td colspan="2"></td></tr>
<tr><td colspan="14">清单综合单价组成明细</td></tr>
<tr><td rowspan="2">定额编号</td><td rowspan="2">定额名称</td><td rowspan="2">定额单位</td><td rowspan="2">数量</td><td colspan="5">单价</td><td colspan="5">合价</td></tr>
<tr><td>人工费</td><td>材料费</td><td>机械费</td><td>管理费</td><td>利润</td><td>人工费</td><td>材料费</td><td>机械费</td><td>管理费</td><td>利润</td></tr>
<tr><td></td><td></td><td></td><td></td><td></td><td></td><td></td><td></td><td></td><td></td><td></td><td></td><td></td><td></td></tr>
<tr><td></td><td></td><td></td><td></td><td></td><td></td><td></td><td></td><td></td><td></td><td></td><td></td><td></td><td></td></tr>
<tr><td colspan="2">人工单价</td><td colspan="7">小计</td><td></td><td></td><td></td><td></td><td></td></tr>
<tr><td colspan="2">______元/工日</td><td colspan="7">未计价材料费</td><td colspan="5"></td></tr>
<tr><td colspan="9">清单项目综合单价</td><td colspan="5"></td></tr>
<tr><td rowspan="4">材料费明细</td><td colspan="4">主要材料名称、规格、型号</td><td>单位</td><td colspan="3">数量</td><td>单价（元）</td><td>合价（元）</td><td>暂估单价（元）</td><td colspan="2">暂估合价（元）</td></tr>
<tr><td colspan="4"></td><td></td><td colspan="3"></td><td></td><td></td><td></td><td colspan="2"></td></tr>
<tr><td colspan="8">其他材料费</td><td></td><td></td><td></td><td colspan="2"></td></tr>
<tr><td colspan="8">材料费小计</td><td></td><td></td><td></td><td colspan="2"></td></tr>
</table>

注　管理费按人工费______%，利润按人工费______计。

表 5-6（13）

工程量清单综合单价分析表

工程名称：某办公楼电气照明工程　　　标段：　　　第 13 页　共　页

<table>
<tr><td colspan="2">项　目　编　码</td><td colspan="2"></td><td colspan="5">项目名称</td><td colspan="3"></td><td>计量单位</td><td></td></tr>
<tr><td colspan="14">清单综合单价组成明细</td></tr>
<tr><td rowspan="2">定额编号</td><td rowspan="2">定额名称</td><td rowspan="2">定额单位</td><td rowspan="2">数量</td><td colspan="5">单　　价</td><td colspan="5">合　　价</td></tr>
<tr><td>人工费</td><td>材料费</td><td>机械费</td><td>管理费</td><td>利润</td><td>人工费</td><td>材料费</td><td>机械费</td><td>管理费</td><td>利润</td></tr>
<tr><td></td><td></td><td></td><td></td><td></td><td></td><td></td><td></td><td></td><td></td><td></td><td></td><td></td><td></td></tr>
<tr><td></td><td></td><td></td><td></td><td></td><td></td><td></td><td></td><td></td><td></td><td></td><td></td><td></td><td></td></tr>
<tr><td colspan="2">人工单价</td><td colspan="7">小　计</td><td></td><td></td><td></td><td></td><td></td></tr>
<tr><td colspan="2">______元/工日</td><td colspan="7">未计价材料费</td><td colspan="5"></td></tr>
<tr><td colspan="9">清单项目综合单价</td><td colspan="5"></td></tr>
<tr><td rowspan="4">材料费明细</td><td colspan="4">主要材料名称、规格、型号</td><td>单位</td><td colspan="3">数量</td><td>单价（元）</td><td>合价（元）</td><td>暂估单价（元）</td><td colspan="2">暂估合价（元）</td></tr>
<tr><td colspan="4"></td><td></td><td colspan="3"></td><td></td><td></td><td></td><td colspan="2"></td></tr>
<tr><td colspan="8">其他材料费</td><td></td><td></td><td></td><td colspan="2"></td></tr>
<tr><td colspan="8">材料费小计</td><td></td><td></td><td></td><td colspan="2"></td></tr>
</table>

注　管理费按人工费______%，利润按人工费______计。

2. 分部分项工程量清单计价表（见表5-7）

表5-7

分部分项工程量清单计价表

工程名称：某办公楼电气照明工程 第1页 共1页

序号	项目编码	项目名称	项目特征描述	计量单位	工程量	金额（元）			
						综合单价	合价	其中：人工费	其中：暂估价
合计									

3. 措施项目清单与计价表（见表 5-8）

表 5-8 措施项目清单与计价表

工程名称：某办公楼电气照明工程　　标段：　　第　页　共　页

序　号	项　目　名　称	计 算 基 础	费　率（%）	金　额（元）
1	安全文明施工费			
2	夜间施工费			
3	二次搬运费			
4	冬雨季施工			
5	大型机械设备进出场及安拆费			
6	施工排水			
7	施工降水			
8	地上、地下设施、建筑物的临时保护设施			
9	已完工程及设备保护			
10	脚手架搭拆费			
合　　计				

注　计算基础为人工费。

4. 规费、税金项目清单与计价表（见表5-9）

表5-9 **规费、税金项目清单与计价表**

工程名称：某办公楼电气照明工程　　标段：　　第 页 共 页

序号	项目名称	计算基础	费率（%）	金额（元）
1	规费			
1.1	工程排污费			
1.2	社会保障费			
(1)	养老保险费			
(2)	失业保险费			
(3)	医疗保险费			
1.3	住房公积金			
1.4	危险作业意外伤害保险			
1.5	工程定额测定费			
2	税金			
合计				

注 1. 规费的计算基础为：分部分项工程费＋措施项目费＋其他项目费。其他项目费本例不计。

2. 税金的计算基础为：分部分项工程费＋措施项目费＋其他项目费＋规费。其他项目费本例不计。

5. 单位工程招标控制价/投标报价汇总表（见表5-10）

表5-10 **单位工程招标控制价/投标报价汇总表**

工程名称：某办公楼电气照明工程 标段： 第 页 共 页

序号	汇总内容	金额（元）	其中：暂估价（元）	序号	汇总内容	金额（元）	其中：暂估价（元）
1	分部分项工程			2.3			
1.1				2.4			
1.2				2.5			
1.3				2.6			
1.4				2.7			
1.5				2.8			
1.6				2.9			
1.7				2.10			
1.8				3	其他项目		
1.9				3.1	暂列金额		
1.10				3.2	专业工程暂估价		
1.11				3.3	计日工		
1.12				3.4	总承包服务费		
1.13				4	规费		
2	措施项目			5	税金		
2.1				招标控制价合计=1+2+3+4+5			
2.2							

【习题六】某商场消防报警工程定额计价及清单计价案例

一、设计说明

（1）如图6-1、图6-2所示某商场消防报警工程。房间层高均为3m，混凝土现浇板厚100mm。

（2）采用二总线制，系统信号两总线选用RV-2×1.5mm^2，电源线为BV-2×2.5mm^{2}穿钢管保护，沿墙及顶棚内暗敷设。

（3）报警控制器（400mm×300mm×200mm）壁挂式安装，距地1.5m；总线隔离器距地1.5m安装；感烟探测器吸顶安装；控制模块距顶0.2m安装；电铃距地2.5m安装；手动报警按钮距地1.3m安装；输入模块吸顶安装。

（4）主要材料价格按表6-1执行，未列材料价格不计入造价。

表6-1 **主要材料（主材）价格**

工程名称：某商场消防报警工程

序号	名称	单位	单价（元）	序号	名称	单位	单价（元）
1	感烟探头	个	100.00	4	RV-2×1.5	m	2.00
2	手动报警按钮	个	40.00	5	BV-2.5	m	2.50
3	焊接钢管 *DN*20	m	4.00	6	接线盒	个	2.00

图　例

符号	名称	符号	名称	符号	名称
	电铃		控制模块	JK	输入模块
	手动报警按钮	XF	信号阀	h	总线隔离器
	感烟探测器	FW	水流指示器		报警控制器

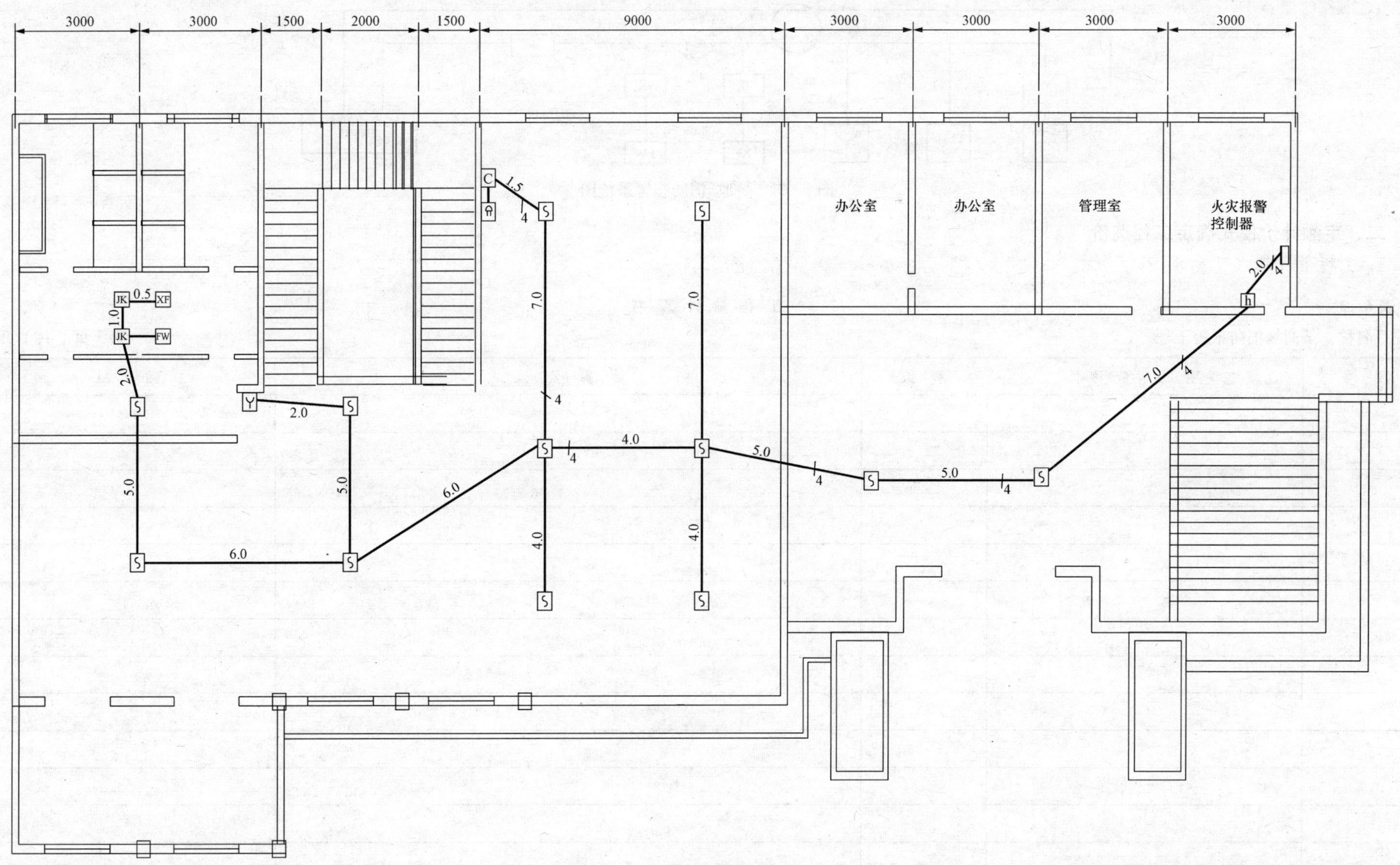

图 6-1 某商场消防报警平面图

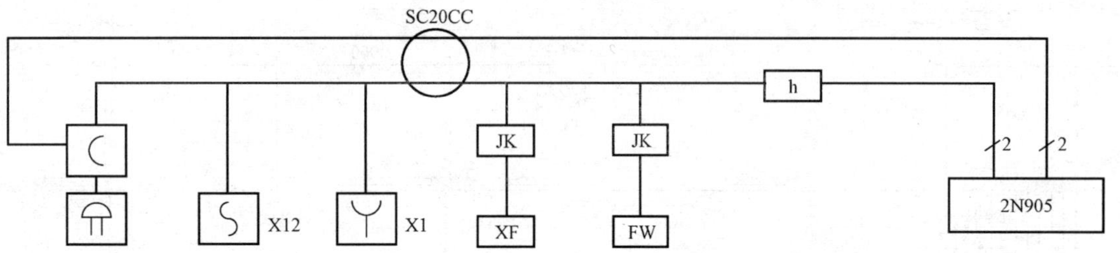

图 6-2 某商场消防报警系统图

二、定额计价模式确定工程造价

1. 工程量计算（见表 6-2）

表 6-2 **工程量计算书**

项目名称：某商场消防报警工程 第 1 页 共 1 页

序号	项目名称	单位	计算公式	数量

2. 计算直接工程费（见表 6 - 3）

表 6 - 3　　　　**安装工程预（结）算书**

工程名称：某商场消防报警工程　　　　共　页第　页　　年　月　日

序号	定额编号	项目名称	单位	数量	单价			合计		
					基价	人工费	主材费	合价	人工费	主材费

3. 计算安装工程费用（造价）（见表 6-4）

表 6-4 **定额计价的计算程序**

项目名称：某商场消防报警工程 ____类工程

序号	费用项目名称	计算方法	金额
一	直接费		
	（一）直接工程费		
	其中：人工费（R1）		
	（二）措施费		
	1. 环境保护费		
	2. 文明施工费		
	3. 临时设施费		
	4. 夜间施工增加费		
	5. 二次搬运费		
	6. 冬雨季施工增加费		
	7. 已完工程及设备保护费		
	8. 总承包服务费		
	其中：人工费（R2）		
二	企业管理费		
三	利润		
四	规费		
	1. 工程排污费		
	2. 工程定额测定费		
	3. 社会保障费		
	4. 住房公积金		
	5. 危险作业意外伤害保险		
	6. 安全施工费		
五	税金		
六	安装工程费用合计		

三、清单计价模式确定工程造价

(一) 工程量清单(见表 6-5)

按照《计价规范》(GB 50500—2008)的要求内容及格式填写。本例只列分部分项工程量清单，根据施工图说、工程量计算规则及参考表 6-2 计算。

表 6-5 分部分项工程量清单表

工程名称：某商场消防报警工程 第 1 页 共 1 页

序 号	项目编码	项目名称	项 目 特 征 描 述	计量单位	工程量

（二）工程量清单计价

1. 工程量清单综合单价分析表（见表 6 - 6）

表 6 - 6（1）

工程量清单综合单价分析表

工程名称：某商场消防报警工程　　标段：　　第 1 页　共　页

<table>
<tr><td colspan="2">项 目 编 码</td><td colspan="2"></td><td colspan="2">项目名称</td><td colspan="5"></td><td colspan="2">计量单位</td><td></td></tr>
<tr><td colspan="14">清单综合单价组成明细</td></tr>
<tr><td rowspan="2">定额编号</td><td rowspan="2">定额名称</td><td rowspan="2">定额单位</td><td rowspan="2">数量</td><td colspan="5">单 价</td><td colspan="5">合 价</td></tr>
<tr><td>人工费</td><td>材料费</td><td>机械费</td><td>管理费</td><td>利润</td><td>人工费</td><td>材料费</td><td>机械费</td><td>管理费</td><td>利润</td></tr>
<tr><td></td><td></td><td></td><td></td><td></td><td></td><td></td><td></td><td></td><td></td><td></td><td></td><td></td><td></td></tr>
<tr><td></td><td></td><td></td><td></td><td></td><td></td><td></td><td></td><td></td><td></td><td></td><td></td><td></td><td></td></tr>
<tr><td colspan="2">人工单价</td><td colspan="7">小 计</td><td></td><td></td><td></td><td></td><td></td></tr>
<tr><td colspan="2">______元/工日</td><td colspan="7">未计价材料费</td><td colspan="5"></td></tr>
<tr><td colspan="9">清单项目综合单价</td><td colspan="5"></td></tr>
<tr><td rowspan="4">材料费明细</td><td colspan="5">主要材料名称、规格、型号</td><td>单位</td><td colspan="2">数量</td><td>单价（元）</td><td>合价（元）</td><td>暂估单价（元）</td><td colspan="2">暂估合价（元）</td></tr>
<tr><td colspan="5"></td><td></td><td colspan="2"></td><td></td><td></td><td></td><td colspan="2"></td></tr>
<tr><td colspan="8">其他材料费</td><td></td><td></td><td></td><td colspan="2"></td></tr>
<tr><td colspan="8">材料费小计</td><td></td><td></td><td></td><td colspan="2"></td></tr>
</table>

注 管理费按人工费______%，利润按人工费______计。

表 6-6（2） **工程量清单综合单价分析表**

工程名称：某商场消防报警工程 标段： 第 2 页 共 页

项目编码		项目名称						计量单位				
清单综合单价组成明细												
定额编号	定额名称	定额单位	数量	单价					合价			
				人工费	材料费	机械费	管理费	利润	人工费	材料费	机械费	管理费	利润
人工单价	小计												
____元/工日	未计价材料费												
清单项目综合单价													
材料费明细	主要材料名称、规格、型号			单位		数量			单价（元）	合价（元）	暂估单价（元）	暂估合价（元）	
	其他材料费												
	材料费小计												

注 管理费按人工费____%，利润按人工费____计。

表 6-6（3）　　**工程量清单综合单价分析表**

工程名称：某商场消防报警工程　　标段：　　第 3 页　共　页

<table>
<tr><td colspan="2">项　目　编　码</td><td></td><td colspan="2">项目名称</td><td colspan="6"></td><td colspan="2">计量单位</td><td colspan="2"></td></tr>
<tr><td colspan="15">清单综合单价组成明细</td></tr>
<tr><td rowspan="2">定额编号</td><td rowspan="2">定额名称</td><td rowspan="2">定额单位</td><td rowspan="2">数量</td><td colspan="5">单　　价</td><td colspan="5">合　　价</td></tr>
<tr><td>人工费</td><td>材料费</td><td>机械费</td><td>管理费</td><td>利润</td><td>人工费</td><td>材料费</td><td>机械费</td><td>管理费</td><td>利润</td></tr>
<tr><td></td><td></td><td></td><td></td><td></td><td></td><td></td><td></td><td></td><td></td><td></td><td></td><td></td><td></td></tr>
<tr><td></td><td></td><td></td><td></td><td></td><td></td><td></td><td></td><td></td><td></td><td></td><td></td><td></td><td></td></tr>
<tr><td colspan="2">人工单价</td><td colspan="7">小　计</td><td></td><td></td><td></td><td></td><td></td></tr>
<tr><td colspan="2">______元/工日</td><td colspan="7">未计价材料费</td><td colspan="5"></td></tr>
<tr><td colspan="9">清单项目综合单价</td><td colspan="5"></td></tr>
<tr><td rowspan="4">材料费明细</td><td colspan="3">主要材料名称、规格、型号</td><td>单位</td><td colspan="4">数量</td><td>单价（元）</td><td>合价（元）</td><td>暂估单价（元）</td><td colspan="2">暂估合价（元）</td></tr>
<tr><td colspan="3"></td><td></td><td colspan="4"></td><td></td><td></td><td></td><td colspan="2"></td></tr>
<tr><td colspan="8">其他材料费</td><td></td><td></td><td></td><td colspan="2"></td></tr>
<tr><td colspan="8">材料费小计</td><td></td><td></td><td></td><td colspan="2"></td></tr>
</table>

注　管理费按人工费______%，利润按人工费______计。

表 6-6（4） **工程量清单综合单价分析表**

工程名称：某商场消防报警工程　　标段：　　第 4 页　共　页

<table>
<tr><td colspan="2">项　目　编　码</td><td colspan="2"></td><td colspan="2">项目名称</td><td colspan="5"></td><td>计量单位</td><td colspan="2"></td></tr>
<tr><td colspan="14">清单综合单价组成明细</td></tr>
<tr><td rowspan="2">定额编号</td><td rowspan="2">定额名称</td><td rowspan="2">定额
单位</td><td rowspan="2">数量</td><td colspan="5">单　　价</td><td colspan="5">合　　价</td></tr>
<tr><td>人工费</td><td>材料费</td><td>机械费</td><td>管理费</td><td>利润</td><td>人工费</td><td>材料费</td><td>机械费</td><td>管理费</td><td>利润</td></tr>
<tr><td></td><td></td><td></td><td></td><td></td><td></td><td></td><td></td><td></td><td></td><td></td><td></td><td></td><td></td></tr>
<tr><td></td><td></td><td></td><td></td><td></td><td></td><td></td><td></td><td></td><td></td><td></td><td></td><td></td><td></td></tr>
<tr><td colspan="2">人工单价</td><td colspan="7">小　计</td><td></td><td></td><td></td><td></td><td></td></tr>
<tr><td colspan="2">______元/工日</td><td colspan="7">未计价材料费</td><td colspan="5"></td></tr>
<tr><td colspan="9">清单项目综合单价</td><td colspan="5"></td></tr>
<tr><td rowspan="4">材料费明细</td><td colspan="3">主要材料名称、规格、型号</td><td>单位</td><td colspan="2">数量</td><td>单价（元）</td><td>合价（元）</td><td>暂估单价（元）</td><td>暂估合价（元）</td></tr>
<tr><td colspan="3"></td><td></td><td colspan="2"></td><td></td><td></td><td></td><td></td></tr>
<tr><td colspan="6">其他材料费</td><td></td><td></td><td></td><td></td></tr>
<tr><td colspan="6">材料费小计</td><td></td><td></td><td></td><td></td></tr>
</table>

注　管理费按人工费______%，利润按人工费______计。

表 6-6（5）　　**工程量清单综合单价分析表**

工程名称：某商场消防报警工程　　标段：　　第 5 页　共　页

项目编码				项目名称							计量单位		
清单综合单价组成明细													
定额编号	定额名称	定额单位	数量	单价					合价				
				人工费	材料费	机械费	管理费	利润	人工费	材料费	机械费	管理费	利润
人工单价		小计											
____元/工日		未计价材料费											
清单项目综合单价													
材料费明细	主要材料名称、规格、型号					单位	数量		单价（元）	合价（元）	暂估单价（元）	暂估合价（元）	
	其他材料费												
	材料费小计												

注　管理费按人工费____%，利润按人工费____计。

表 6-6（6）

工程量清单综合单价分析表

工程名称：某商场消防报警工程　　标段：　　第 6 页　共　页

项目编码		项目名称		计量单位									
清单综合单价组成明细													
定额编号	定额名称	定额单位	数量	单价					合价				
				人工费	材料费	机械费	管理费	利润	人工费	材料费	机械费	管理费	利润
人工单价	小　计												
______元/工日	未计价材料费												
清单项目综合单价													
材料费明细	主要材料名称、规格、型号		单位	数量	单价（元）	合价（元）	暂估单价（元）	暂估合价（元）					
	其他材料费												
	材料费小计												

注　管理费按人工费______%，利润按人工费______计。

表 6-6（7）

工程量清单综合单价分析表

工程名称：某商场消防报警工程 标段： 第 7 页 共 页

<table>
<tr><td colspan="2">项 目 编 码</td><td colspan="2"></td><td colspan="2">项目名称</td><td colspan="5"></td><td colspan="2">计量单位</td><td colspan="3"></td></tr>
<tr><td colspan="16">清单综合单价组成明细</td></tr>
<tr><td rowspan="2">定额编号</td><td rowspan="2">定额名称</td><td rowspan="2">定额单位</td><td rowspan="2">数量</td><td colspan="5">单 价</td><td colspan="5">合 价</td></tr>
<tr><td>人工费</td><td>材料费</td><td>机械费</td><td>管理费</td><td>利润</td><td>人工费</td><td>材料费</td><td>机械费</td><td>管理费</td><td>利润</td></tr>
<tr><td></td><td></td><td></td><td></td><td></td><td></td><td></td><td></td><td></td><td></td><td></td><td></td><td></td><td></td></tr>
<tr><td></td><td></td><td></td><td></td><td></td><td></td><td></td><td></td><td></td><td></td><td></td><td></td><td></td><td></td></tr>
<tr><td colspan="2">人工单价</td><td colspan="7">小 计</td><td></td><td></td><td></td><td></td><td></td></tr>
<tr><td colspan="2">______元/工日</td><td colspan="7">未计价材料费</td><td colspan="5"></td></tr>
<tr><td colspan="9">清单项目综合单价</td><td colspan="5"></td></tr>
<tr><td rowspan="4">材料费明细</td><td colspan="3">主要材料名称、规格、型号</td><td>单位</td><td colspan="4">数量</td><td>单价（元）</td><td>合价（元）</td><td>暂估单价（元）</td><td colspan="2">暂估合价（元）</td></tr>
<tr><td colspan="3"></td><td></td><td colspan="4"></td><td></td><td></td><td></td><td colspan="2"></td></tr>
<tr><td colspan="8">其他材料费</td><td></td><td></td><td></td><td colspan="2"></td></tr>
<tr><td colspan="8">材料费小计</td><td></td><td></td><td></td><td colspan="2"></td></tr>
</table>

注 管理费按人工费______%，利润按人工费______计。

表 6-6（8） **工程量清单综合单价分析表**

工程名称：某商场消防报警工程　　标段：　　第 8 页　共　页

<table>
<tr><td colspan="2">项　目　编　码</td><td colspan="2"></td><td colspan="2">项目名称</td><td colspan="5"></td><td colspan="2">计量单位</td><td colspan="3"></td></tr>
<tr><td colspan="16">清单综合单价组成明细</td></tr>
<tr><td rowspan="2">定额编号</td><td rowspan="2">定额名称</td><td rowspan="2">定额单位</td><td rowspan="2">数量</td><td colspan="5">单　　价</td><td colspan="7">合　　价</td></tr>
<tr><td>人工费</td><td>材料费</td><td>机械费</td><td>管理费</td><td>利润</td><td>人工费</td><td>材料费</td><td colspan="3">机械费</td><td>管理费</td><td>利润</td></tr>
<tr><td></td><td></td><td></td><td></td><td></td><td></td><td></td><td></td><td></td><td></td><td></td><td colspan="3"></td><td></td><td></td></tr>
<tr><td></td><td></td><td></td><td></td><td></td><td></td><td></td><td></td><td></td><td></td><td></td><td colspan="3"></td><td></td><td></td></tr>
<tr><td colspan="2">人工单价</td><td colspan="7">小　　计</td><td></td><td></td><td colspan="3"></td><td></td><td></td></tr>
<tr><td colspan="2">______元/工日</td><td colspan="7">未计价材料费</td><td colspan="7"></td></tr>
<tr><td colspan="9">清单项目综合单价</td><td colspan="7"></td></tr>
<tr><td rowspan="5">材料费明细</td><td colspan="5">主要材料名称、规格、型号</td><td>单位</td><td colspan="2">数量</td><td>单价（元）</td><td>合价（元）</td><td colspan="3">暂估单价（元）</td><td colspan="2">暂估合价（元）</td></tr>
<tr><td colspan="5"></td><td></td><td colspan="2"></td><td></td><td></td><td colspan="3"></td><td colspan="2"></td></tr>
<tr><td colspan="5"></td><td></td><td colspan="2"></td><td></td><td></td><td colspan="3"></td><td colspan="2"></td></tr>
<tr><td colspan="8">其他材料费</td><td></td><td></td><td colspan="3"></td><td colspan="2"></td></tr>
<tr><td colspan="8">材料费小计</td><td></td><td></td><td colspan="3"></td><td colspan="2"></td></tr>
</table>

注　管理费按人工费______%，利润按人工费______计。

表 6-6（9）　　**工程量清单综合单价分析表**

工程名称：某商场消防报警工程　　标段：　　第 9 页　共　页

<table>
<tr><td colspan="2">项　目　编　码</td><td colspan="2"></td><td colspan="2">项目名称</td><td colspan="4"></td><td colspan="2">计量单位</td><td colspan="2"></td></tr>
<tr><td colspan="14">清单综合单价组成明细</td></tr>
<tr><td rowspan="2">定额编号</td><td rowspan="2">定额名称</td><td rowspan="2">定额单位</td><td rowspan="2">数量</td><td colspan="5">单　　价</td><td colspan="5">合　　价</td></tr>
<tr><td>人工费</td><td>材料费</td><td>机械费</td><td>管理费</td><td>利润</td><td>人工费</td><td>材料费</td><td>机械费</td><td>管理费</td><td>利润</td></tr>
<tr><td></td><td></td><td></td><td></td><td></td><td></td><td></td><td></td><td></td><td></td><td></td><td></td><td></td><td></td></tr>
<tr><td></td><td></td><td></td><td></td><td></td><td></td><td></td><td></td><td></td><td></td><td></td><td></td><td></td><td></td></tr>
<tr><td colspan="2">人工单价</td><td colspan="7">小　　计</td><td></td><td></td><td></td><td></td><td></td></tr>
<tr><td colspan="2">______元/工日</td><td colspan="7">未计价材料费</td><td colspan="5"></td></tr>
<tr><td colspan="9">清单项目综合单价</td><td colspan="5"></td></tr>
<tr><td rowspan="5">材料费明细</td><td colspan="4">主要材料名称、规格、型号</td><td>单位</td><td colspan="3">数量</td><td>单价（元）</td><td>合价（元）</td><td>暂估单价（元）</td><td colspan="2">暂估合价（元）</td></tr>
<tr><td colspan="4"></td><td></td><td colspan="3"></td><td></td><td></td><td></td><td colspan="2"></td></tr>
<tr><td colspan="8">其他材料费</td><td></td><td></td><td></td><td colspan="2"></td></tr>
<tr><td colspan="8">材料费小计</td><td></td><td></td><td></td><td colspan="2"></td></tr>
</table>

注　管理费按人工费______%，利润按人工费______计。

表 6-6（10）

工程量清单综合单价分析表

工程名称：某商场消防报警工程　　　　标段：　　　　第 10 页　共　页

项目编码				项目名称							计量单位		
清单综合单价组成明细													
定额编号	定额名称	定额单位	数量	单价					合价				
				人工费	材料费	机械费	管理费	利润	人工费	材料费	机械费	管理费	利润
人工单价		小计											
______元/工日		未计价材料费											
清单项目综合单价													
材料费明细	主要材料名称、规格、型号					单位	数量		单价（元）	合价（元）	暂估单价（元）	暂估合价（元）	
	其他材料费												
	材料费小计												

注　管理费按人工费______%，利润按人工费______计。

表 6-6（11） **工程量清单综合单价分析表**

工程名称：某商场消防报警工程 标段： 第 11 页 共 页

<table>
<tr><td colspan="2">项 目 编 码</td><td colspan="2"></td><td colspan="2">项目名称</td><td colspan="5"></td><td colspan="2">计量单位</td><td colspan="2"></td></tr>
<tr><td colspan="15">清单综合单价组成明细</td></tr>
<tr><td rowspan="2">定额编号</td><td rowspan="2">定额名称</td><td rowspan="2">定额单位</td><td rowspan="2">数量</td><td colspan="5">单 价</td><td colspan="5">合 价</td></tr>
<tr><td>人工费</td><td>材料费</td><td>机械费</td><td>管理费</td><td>利润</td><td>人工费</td><td>材料费</td><td>机械费</td><td>管理费</td><td>利润</td></tr>
<tr><td></td><td></td><td></td><td></td><td></td><td></td><td></td><td></td><td></td><td></td><td></td><td></td><td></td><td></td></tr>
<tr><td></td><td></td><td></td><td></td><td></td><td></td><td></td><td></td><td></td><td></td><td></td><td></td><td></td><td></td></tr>
<tr><td colspan="2">人工单价</td><td colspan="7">小 计</td><td></td><td></td><td></td><td></td><td></td></tr>
<tr><td colspan="2">______元/工日</td><td colspan="7">未计价材料费</td><td colspan="5"></td></tr>
<tr><td colspan="9">清单项目综合单价</td><td colspan="5"></td></tr>
<tr><td rowspan="4">材料费明细</td><td colspan="4">主要材料名称、规格、型号</td><td>单位</td><td colspan="3">数量</td><td>单价（元）</td><td>合价（元）</td><td>暂估单价（元）</td><td colspan="2">暂估合价（元）</td></tr>
<tr><td colspan="4"></td><td></td><td colspan="3"></td><td></td><td></td><td></td><td colspan="2"></td></tr>
<tr><td colspan="8">其他材料费</td><td></td><td></td><td></td><td colspan="2"></td></tr>
<tr><td colspan="8">材料费小计</td><td></td><td></td><td></td><td colspan="2"></td></tr>
</table>

注 管理费按人工费______%，利润按人工费______计。

表 6-6（12）

工程量清单综合单价分析表

工程名称：某商场消防报警工程　　标段：　　第 12 页　共　页

<table>
<tr><td colspan="2">项　目　编　码</td><td colspan="2"></td><td colspan="2">项目名称</td><td colspan="4"></td><td colspan="2">计量单位</td><td colspan="2"></td></tr>
<tr><td colspan="14">清单综合单价组成明细</td></tr>
<tr><td rowspan="2">定额编号</td><td rowspan="2">定额名称</td><td rowspan="2">定额单位</td><td rowspan="2">数量</td><td colspan="5">单　　价</td><td colspan="5">合　　价</td></tr>
<tr><td>人工费</td><td>材料费</td><td>机械费</td><td>管理费</td><td>利润</td><td>人工费</td><td>材料费</td><td>机械费</td><td>管理费</td><td>利润</td></tr>
<tr><td></td><td></td><td></td><td></td><td></td><td></td><td></td><td></td><td></td><td></td><td></td><td></td><td></td><td></td></tr>
<tr><td></td><td></td><td></td><td></td><td></td><td></td><td></td><td></td><td></td><td></td><td></td><td></td><td></td><td></td></tr>
<tr><td colspan="2">人工单价</td><td colspan="7">小　计</td><td></td><td></td><td></td><td></td><td></td></tr>
<tr><td colspan="2">_____元/工日</td><td colspan="7">未计价材料费</td><td colspan="5"></td></tr>
<tr><td colspan="9">清单项目综合单价</td><td colspan="5"></td></tr>
<tr><td rowspan="4">材料费明细</td><td colspan="5">主要材料名称、规格、型号</td><td>单位</td><td colspan="2">数量</td><td>单价（元）</td><td>合价（元）</td><td>暂估单价（元）</td><td colspan="2">暂估合价（元）</td></tr>
<tr><td colspan="5"></td><td></td><td colspan="2"></td><td></td><td></td><td></td><td colspan="2"></td></tr>
<tr><td colspan="8">其他材料费</td><td></td><td></td><td></td><td colspan="2"></td></tr>
<tr><td colspan="8">材料费小计</td><td></td><td></td><td></td><td colspan="2"></td></tr>
</table>

注　管理费按人工费_____%，利润按人工费_____计。

2. 分部分项工程量清单计价表（见表 6-7）

表 6-7　分部分项工程量清单计价表

工程名称：某商场消防报警工程　　第　页共　页

序号	项目编码	项目名称	项目特征描述	计量单位	工程量	金额（元）			
						综合单价	合价	其中：人工费	其中：暂估价
合计									

3. 措施项目清单与计价表（见表6-8）

表6-8 **措施项目清单与计价表**

工程名称：某商场消防报警工程 标段： 第 页 共 页

序号	项目名称	计算基础	费率（%）	金额（元）
1	安全文明施工费			
2	夜间施工费			
3	二次搬运费			
4	冬雨季施工			
5	大型机械设备进出场及安拆费			
6	施工排水			
7	施工降水			
8	地上、地下设施、建筑物的临时保护设施			
9	已完工程及设备保护			
10	脚手架搭拆费			
合计				

注 计算基础为人工费。

4. 规费、税金项目清单与计价表（见表6-9）

表6-9 **规费、税金项目清单与计价表**

工程名称：某商场消防报警工程 标段： 第 页 共 页

序号	项目名称	计算基础	费率(%)	金额(元)
1.	规费			
1.1	工程排污费			
1.2	社会保障费			
(1)	养老保险费			
(2)	失业保险费			
(3)	医疗保险费			
1.3	住房公积金			
1.4	危险作业意外伤害保险			
1.5	工程定额测定费			
2	税金			
合计				

注 1. 规费的计算基础为：分部分项工程费＋措施项目费＋其他项目费。其他项目费本例不计。

2. 税金的计算基础为：分部分项工程费＋措施项目费＋其他项目费＋规费。其他项目费本例不计。

5. 单位工程招标控制价/投标报价汇总表（见表 6-10）

表 6-10 **单位工程招标控制价/投标报价汇总表**

工程名称：某商场消防报警工程 标段： 第 页 共 页

序号	汇 总 内 容	金额（元）	其中：暂估价（元）	序号	汇 总 内 容	金额（元）	其中：暂估价（元）
1	分部分项工程			2.3			
1.1				2.4			
1.2				2.5			
1.3				2.6			
1.4				2.7			
1.5				2.8			
1.6				2.9			
1.7				2.10			
1.8				3	其他项目		
1.9				3.1	暂列金额		
1.10				3.2	专业工程暂估价		
1.11				3.3	计日工		
1.12				3.4	总承包服务费		
2	措施项目			4	规费		
2.1				5	税金		
2.2				招标控制价合计=1+2+3+4+5			

【习题七】某车间通风系统工程定额计价及清单计价案例

一、设计说明

（1）如图 7-1～图 7-3 所示，工程风管采用镀锌铁皮，咬口连接。其中：矩形风管 320mm×250mm，镀锌铁皮 δ=0.75mm；其他尺寸矩形风管镀锌铁皮 δ=1.0mm。

（2）风量调节阀、铝合金百叶风口、高效过滤器、空气分布器等均按成品考虑。

（3）未尽事宜均参照有关标准或规范执行。

（4）未计价主要材料（主材）价格按表 7-1 执行。

表 7-1 主要材料（主材）价格

序 号	名 称	单 位	单 价	序 号	名 称	单 位	单 价
1	镀锌钢板 δ=0.75mm	元/m²	70.0	4	风量调节阀 ϕ545mm	元/个	400.0
2	镀锌钢板 δ=1.0mm	元/m²	80.0	5	铝合金百叶风口 1000mm×500mm	元/个	500.0
3	风量调节阀 320mm×250mm	元/个	200.0				

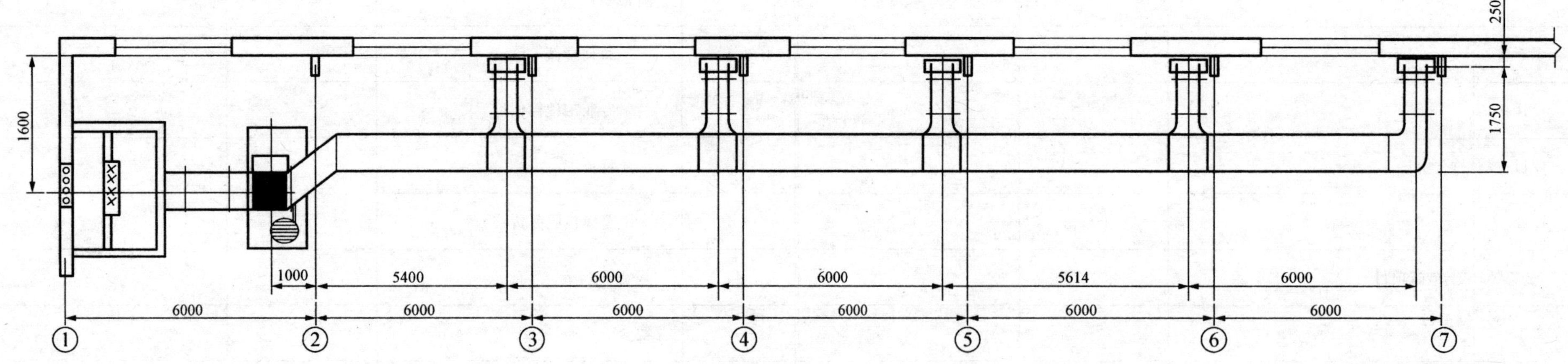

图 7-1 某车间通风系统工程平面图

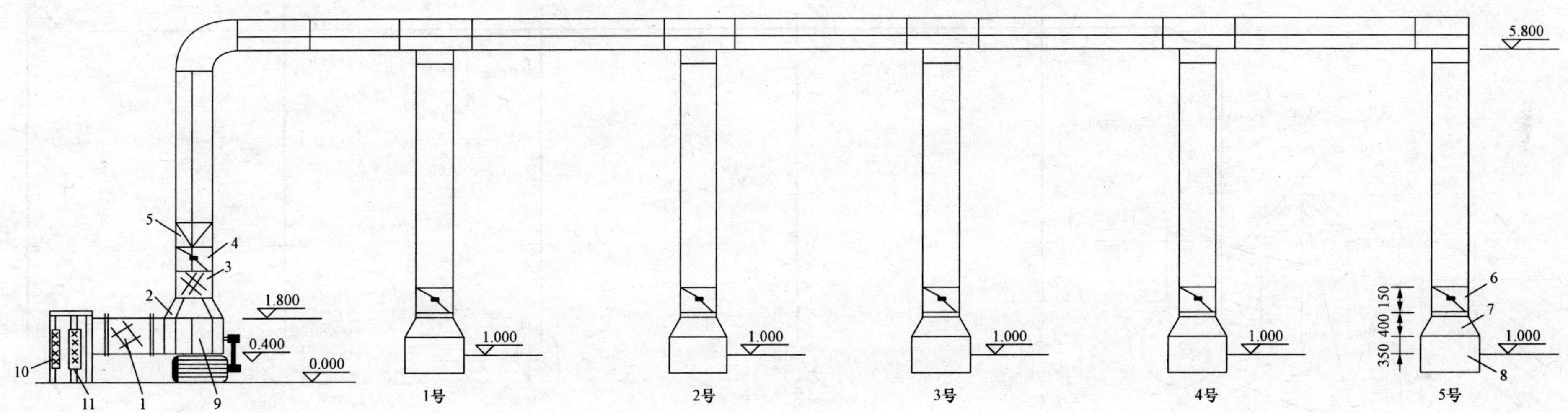

图 7-2 某车间通风系统立面图

1—帆布连接管 1000mm×1000mm/ϕ800mm，L=800mm；2—天圆地方 560mm×540mm/ϕ545mm，L=600mm；3—帆布连接管 ϕ545mm，L=150mm；4—风机启动阀安装 ϕ545mm，L=400mm；5—天圆地方 ϕ545mm/320mm×800mm，L=500mm；6—调节蝶阀安装 320mm×250mm，L=150mm；7—变径管 320mm×250mm/500mm×250mm，L=400mm；8—空气分布器（风量 50m^3/h）；9—轴流风机 20 号；10—防雨百叶回风口（带过滤网）1000mm×500mm；11—高效过滤器

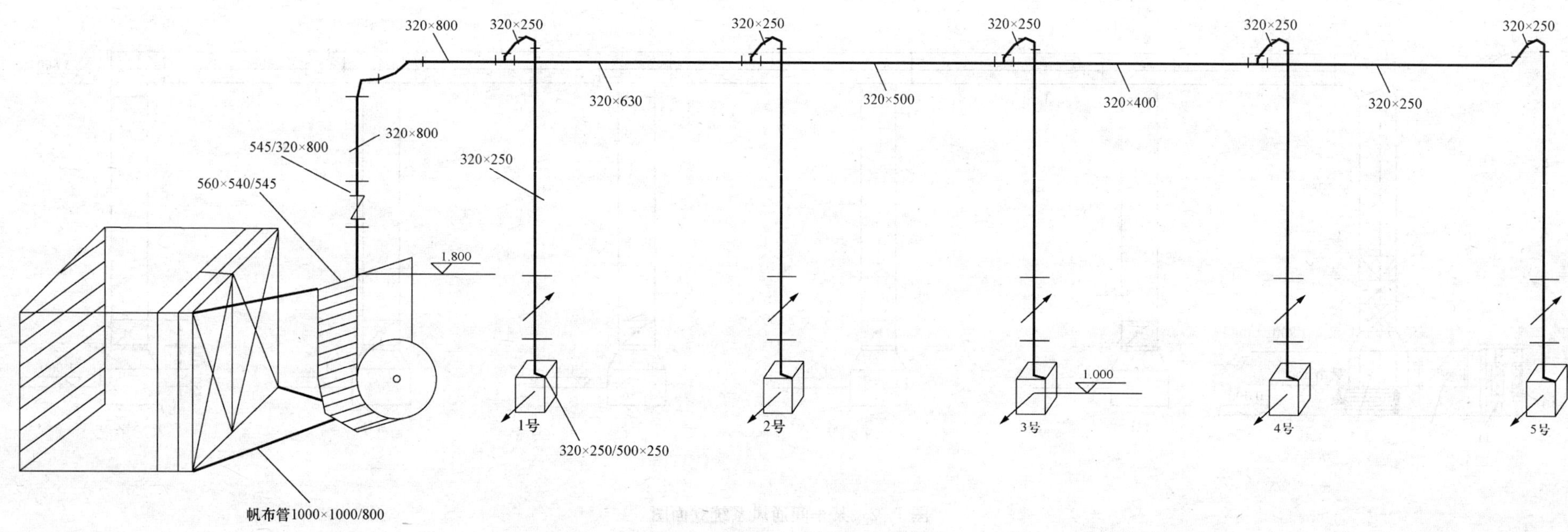

图 7-3 某车间通风系统系统图

二、定额计价模式确定工程造价

1. 工程量计算（见表7-2）

表7-2 工程量计算书

项目名称：某车间通风系统工程 第1页 共1页

序号	分部分项工程	单位	计算公式	数量

2. 计算直接工程费

根据以上工程量，套用《全国统一安装工程预算定额山东省价目表》第九册，列表计算此单位工程直接工程费，见表7-3。

表7-3 安装工程预（结）算书

工程名称：某车间通风系统工程 共 页 第 页

序号	定额编号	项 目 名 称	单位	数量	单 价			合 计		
					基 价	人工费	主材费	合 价	人工费	主材费

3. 计算安装工程费用（造价）

按工程类别及计费标准，计算工程造价，详见表7-4。

表7-4 定额计价的计算程序

工程名称：某车间通风系统工程 ___类工程

序号	费用项目名称	计算方法	金额

三、清单计价模式确定工程造价

（一）工程量清单（见表7-5）

按照《计价规范》（GB 50500—2008）的要求内容及格式填写。本例只列分部分项工程量清单，根据施工图说、工程量计算规则及参考表7-2计算。

表7-5　　分部分项工程量清单表

工程名称：某车间通风系统工程　　第1页　共1页

序　号	项目编码	项目名称	项 目 特 征 描 述	计量单位	工程量

（二）工程量清单计价

1. 工程量清单综合单价分析表（见表7-6）

表7-6（1）

工程量清单综合单价分析表

工程名称：某车间通风系统工程　　标段：　　第1页　共　页

项目编码		项目名称						计量单位			
清单综合单价组成明细											
定额编号	定额名称	定额单位	数量	单价					合价				
				人工费	材料费	机械费	管理费	利润	人工费	材料费	机械费	管理费	利润
人工单价		小计											
____元/工日		未计价材料费											
清单项目综合单价													
材料费明细	主要材料名称、规格、型号			单位		数量			单价（元）	合价（元）	暂估单价（元）	暂估合价（元）	
	其他材料费												
	材料费小计												

注　管理费按人工费____%，利润按人工费____计。

表 7-6（2）

工程量清单综合单价分析表

工程名称：某车间通风系统工程　　标段：　　第 2 页 共 页

<table>
<tr><td colspan="2">项 目 编 码</td><td colspan="2"></td><td colspan="3">项目名称</td><td colspan="3"></td><td colspan="2">计量单位</td><td colspan="2"></td></tr>
<tr><td colspan="14">清单综合单价组成明细</td></tr>
<tr><td rowspan="2">定额编号</td><td rowspan="2">定额名称</td><td rowspan="2">定额单位</td><td rowspan="2">数量</td><td colspan="5">单　价</td><td colspan="5">合　价</td></tr>
<tr><td>人工费</td><td>材料费</td><td>机械费</td><td>管理费</td><td>利润</td><td>人工费</td><td>材料费</td><td>机械费</td><td>管理费</td><td>利润</td></tr>
<tr><td></td><td></td><td></td><td></td><td></td><td></td><td></td><td></td><td></td><td></td><td></td><td></td><td></td><td></td></tr>
<tr><td></td><td></td><td></td><td></td><td></td><td></td><td></td><td></td><td></td><td></td><td></td><td></td><td></td><td></td></tr>
<tr><td colspan="2">人工单价</td><td colspan="7">小　计</td><td></td><td></td><td></td><td></td><td></td></tr>
<tr><td colspan="2">______元/工日</td><td colspan="7">未计价材料费</td><td colspan="5"></td></tr>
<tr><td colspan="9">清单项目综合单价</td><td colspan="5"></td></tr>
<tr><td rowspan="4">材料费明细</td><td colspan="4">主要材料名称、规格、型号</td><td>单位</td><td colspan="3">数量</td><td>单价（元）</td><td>合价（元）</td><td>暂估单价（元）</td><td colspan="2">暂估合价（元）</td></tr>
<tr><td colspan="4"></td><td></td><td colspan="3"></td><td></td><td></td><td></td><td colspan="2"></td></tr>
<tr><td colspan="8">其他材料费</td><td></td><td></td><td></td><td colspan="2"></td></tr>
<tr><td colspan="8">材料费小计</td><td></td><td></td><td></td><td colspan="2"></td></tr>
</table>

注 管理费按人工费______%，利润按人工费______计。

表 7-6（3）　　**工程量清单综合单价分析表**

工程名称：某车间通风系统工程　　标段：　　第 3 页　共　页

项　目　编　码				项目名称						计量单位			
清单综合单价组成明细													
定额编号	定额名称	定额单位	数量	单　价					合　价				
				人工费	材料费	机械费	管理费	利润	人工费	材料费	机械费	管理费	利润
人工单价	小　计												
______元/工日	未计价材料费												
清单项目综合单价													
材料费明细	主要材料名称、规格、型号				单位		数量		单价（元）	合价（元）	暂估单价（元）		暂估合价（元）
	其他材料费												
	材料费小计												

注　管理费按人工费______%，利润按人工费______计。

表 7-6（4）　　**工程量清单综合单价分析表**

工程名称：某车间通风系统工程　　标段：　　第 4 页　共　页

项　目　编　码		项目名称									计量单位		
清单综合单价组成明细													
定额编号	定额名称	定额单位	数量	单　价					合　价				
				人工费	材料费	机械费	管理费	利润	人工费	材料费	机械费	管理费	利润
人工单价		小　计											
______元/工日		未计价材料费											
清单项目综合单价													
材料费明细	主要材料名称、规格、型号					单位	数量		单价（元）	合价（元）	暂估单价（元）	暂估合价（元）	
	其他材料费												
	材料费小计												

注　管理费按人工费______%，利润按人工费______计。

表7-6（5） **工程量清单综合单价分析表**

工程名称：某车间通风系统工程　　标段：　　第5页　共　页

项目编码		项目名称					计量单位					
清单综合单价组成明细												
定额编号	定额名称	定额单位	数量	单价					合价			
				人工费	材料费	机械费	管理费	利润	人工费	材料费	机械费	管理费	利润
人工单价		小计											
____元/工日		未计价材料费											
清单项目综合单价													
材料费明细	主要材料名称、规格、型号				单位	数量			单价（元）	合价（元）	暂估单价（元）	暂估合价（元）	
	其他材料费												
	材料费小计												

注　管理费按人工费____%，利润按人工费____计。

表 7-6（6） **工程量清单综合单价分析表**

工程名称：某车间通风系统工程 标段： 第 6 页 共 页

项目编码			项目名称							计量单位			
清单综合单价组成明细													
定额编号	定额名称	定额单位	数量	单价					合价				
				人工费	材料费	机械费	管理费	利润	人工费	材料费	机械费	管理费	利润
人工单价		小计											
______元/工日		未计价材料费											
清单项目综合单价													
材料费明细	主要材料名称、规格、型号				单位	数量			单价（元）	合价（元）	暂估单价（元）	暂估合价（元）	
	其他材料费												
	材料费小计												

注 管理费按人工费______%，利润按人工费______计。

表 7-6（7）

工程量清单综合单价分析表

工程名称：某车间通风系统工程　　标段：　　第 7 页　共　页

<table>
<tr><td colspan="2">项　目　编　码</td><td colspan="2"></td><td colspan="2">项目名称</td><td colspan="5"></td><td colspan="2">计量单位</td><td colspan="2"></td></tr>
<tr><td colspan="15">清单综合单价组成明细</td></tr>
<tr><td rowspan="2">定额编号</td><td rowspan="2">定额名称</td><td rowspan="2">定额单位</td><td rowspan="2">数量</td><td colspan="5">单　价</td><td colspan="6">合　价</td></tr>
<tr><td>人工费</td><td>材料费</td><td>机械费</td><td>管理费</td><td>利润</td><td>人工费</td><td>材料费</td><td colspan="2">机械费</td><td>管理费</td><td>利润</td></tr>
<tr><td></td><td></td><td></td><td></td><td></td><td></td><td></td><td></td><td></td><td></td><td></td><td colspan="2"></td><td></td><td></td></tr>
<tr><td></td><td></td><td></td><td></td><td></td><td></td><td></td><td></td><td></td><td></td><td></td><td colspan="2"></td><td></td><td></td></tr>
<tr><td colspan="2">人工单价</td><td colspan="7">小　计</td><td></td><td></td><td colspan="2"></td><td></td><td></td></tr>
<tr><td colspan="2">______元/工日</td><td colspan="7">未计价材料费</td><td colspan="6"></td></tr>
<tr><td colspan="9">清单项目综合单价</td><td colspan="6"></td></tr>
<tr><td rowspan="4">材料费明细</td><td colspan="4">主要材料名称、规格、型号</td><td>单位</td><td colspan="3">数量</td><td>单价（元）</td><td>合价（元）</td><td colspan="2">暂估单价（元）</td><td colspan="2">暂估合价（元）</td></tr>
<tr><td colspan="4"></td><td></td><td colspan="3"></td><td></td><td></td><td colspan="2"></td><td colspan="2"></td></tr>
<tr><td colspan="8">其他材料费</td><td></td><td></td><td colspan="2"></td><td colspan="2"></td></tr>
<tr><td colspan="8">材料费小计</td><td></td><td></td><td colspan="2"></td><td colspan="2"></td></tr>
</table>

注　管理费按人工费______%，利润按人工费______计。

表 7-6（8） **工程量清单综合单价分析表**

工程名称：某车间通风系统工程 标段： 第 8 页 共 页

项目编码				项目名称						计量单位			
清单综合单价组成明细													
定额编号	定额名称	定额单位	数量	单价					合价				
				人工费	材料费	机械费	管理费	利润	人工费	材料费	机械费	管理费	利润
人工单价		小计											
______元/工日		未计价材料费											
清单项目综合单价													
材料费明细	主要材料名称、规格、型号					单位		数量	单价（元）	合价（元）	暂估单价（元）	暂估合价（元）	
	其他材料费												
	材料费小计												

注 管理费按人工费______%，利润按人工费______计。

表 7-6（9） **工程量清单综合单价分析表**

工程名称：某车间通风系统工程　　标段：　　第 9 页　共　页

<table>
<tr><td colspan="2">项　目　编　码</td><td colspan="2"></td><td colspan="2">项目名称</td><td colspan="5"></td><td colspan="2">计量单位</td><td></td></tr>
<tr><td colspan="14">清单综合单价组成明细</td></tr>
<tr><td rowspan="2">定额编号</td><td rowspan="2">定额名称</td><td rowspan="2">定额单位</td><td rowspan="2">数量</td><td colspan="5">单　　价</td><td colspan="5">合　　价</td></tr>
<tr><td>人工费</td><td>材料费</td><td>机械费</td><td>管理费</td><td>利润</td><td>人工费</td><td>材料费</td><td>机械费</td><td>管理费</td><td>利润</td></tr>
<tr><td></td><td></td><td></td><td></td><td></td><td></td><td></td><td></td><td></td><td></td><td></td><td></td><td></td><td></td></tr>
<tr><td></td><td></td><td></td><td></td><td></td><td></td><td></td><td></td><td></td><td></td><td></td><td></td><td></td><td></td></tr>
<tr><td colspan="2">人工单价</td><td colspan="7">小　计</td><td></td><td></td><td></td><td></td><td></td></tr>
<tr><td colspan="2">____元/工日</td><td colspan="7">未计价材料费</td><td colspan="5"></td></tr>
<tr><td colspan="9">清单项目综合单价</td><td colspan="5"></td></tr>
<tr><td rowspan="4">材料费明细</td><td colspan="5">主要材料名称、规格、型号</td><td>单位</td><td colspan="2">数量</td><td>单价（元）</td><td>合价（元）</td><td colspan="2">暂估单价（元）</td><td>暂估合价（元）</td></tr>
<tr><td colspan="5"></td><td></td><td colspan="2"></td><td></td><td></td><td colspan="2"></td><td></td></tr>
<tr><td colspan="8">其他材料费</td><td></td><td></td><td colspan="2"></td><td></td></tr>
<tr><td colspan="8">材料费小计</td><td></td><td></td><td colspan="2"></td><td></td></tr>
</table>

注　管理费按人工费____%，利润按人工费____计。

表 7-6（10）

工程量清单综合单价分析表

工程名称：某车间通风系统工程　　标段：　　第 10 页　共　页

<table>
<tr><td colspan="2">项　目　编　码</td><td colspan="2"></td><td colspan="2">项目名称</td><td colspan="6"></td><td colspan="2">计量单位</td><td></td></tr>
<tr><td colspan="15">清单综合单价组成明细</td></tr>
<tr><td rowspan="2">定额编号</td><td rowspan="2">定额名称</td><td rowspan="2">定额单位</td><td rowspan="2">数量</td><td colspan="5">单　　价</td><td colspan="6">合　　价</td></tr>
<tr><td>人工费</td><td>材料费</td><td>机械费</td><td>管理费</td><td>利润</td><td>人工费</td><td>材料费</td><td colspan="2">机械费</td><td>管理费</td><td>利润</td></tr>
<tr><td></td><td></td><td></td><td></td><td></td><td></td><td></td><td></td><td></td><td></td><td></td><td colspan="2"></td><td></td><td></td></tr>
<tr><td></td><td></td><td></td><td></td><td></td><td></td><td></td><td></td><td></td><td></td><td></td><td colspan="2"></td><td></td><td></td></tr>
<tr><td colspan="3">人工单价</td><td colspan="6">小　计</td><td></td><td></td><td colspan="2"></td><td></td><td></td></tr>
<tr><td colspan="3">____元/工日</td><td colspan="6">未计价材料费</td><td colspan="6"></td></tr>
<tr><td colspan="9">清单项目综合单价</td><td colspan="6"></td></tr>
<tr><td rowspan="4">材料费明细</td><td colspan="5">主要材料名称、规格、型号</td><td>单位</td><td colspan="2">数量</td><td>单价（元）</td><td>合价（元）</td><td colspan="2">暂估单价（元）</td><td colspan="2">暂估合价（元）</td></tr>
<tr><td colspan="5"></td><td></td><td colspan="2"></td><td></td><td></td><td colspan="2"></td><td colspan="2"></td></tr>
<tr><td colspan="8">其他材料费</td><td></td><td></td><td colspan="2"></td><td colspan="2"></td></tr>
<tr><td colspan="8">材料费小计</td><td></td><td></td><td colspan="2"></td><td colspan="2"></td></tr>
</table>

注　管理费按人工费____%，利润按人工费____计。

表 7-6（11） **工程量清单综合单价分析表**

工程名称：某车间通风系统工程　　标段：　　第 11 页　共　页

<table>
<tr><td colspan="2">项　目　编　码</td><td></td><td colspan="2">项目名称</td><td colspan="6"></td><td colspan="2">计量单位</td><td></td></tr>
<tr><td colspan="14">清单综合单价组成明细</td></tr>
<tr><td rowspan="2">定额编号</td><td rowspan="2">定额名称</td><td rowspan="2">定额单位</td><td rowspan="2">数量</td><td colspan="5">单　价</td><td colspan="5">合　价</td></tr>
<tr><td>人工费</td><td>材料费</td><td>机械费</td><td>管理费</td><td>利润</td><td>人工费</td><td>材料费</td><td>机械费</td><td>管理费</td><td>利润</td></tr>
<tr><td></td><td></td><td></td><td></td><td></td><td></td><td></td><td></td><td></td><td></td><td></td><td></td><td></td><td></td></tr>
<tr><td></td><td></td><td></td><td></td><td></td><td></td><td></td><td></td><td></td><td></td><td></td><td></td><td></td><td></td></tr>
<tr><td colspan="2">人工单价</td><td colspan="7">小　计</td><td></td><td></td><td></td><td></td><td></td></tr>
<tr><td colspan="2">_____元/工日</td><td colspan="7">未计价材料费</td><td colspan="5"></td></tr>
<tr><td colspan="9">清单项目综合单价</td><td colspan="5"></td></tr>
<tr><td rowspan="4">材料费明细</td><td colspan="5">主要材料名称、规格、型号</td><td>单位</td><td colspan="2">数量</td><td>单价（元）</td><td>合价（元）</td><td>暂估单价（元）</td><td colspan="2">暂估合价（元）</td></tr>
<tr><td colspan="5"></td><td></td><td colspan="2"></td><td></td><td></td><td></td><td colspan="2"></td></tr>
<tr><td colspan="8">其他材料费</td><td></td><td></td><td></td><td colspan="2"></td></tr>
<tr><td colspan="8">材料费小计</td><td></td><td></td><td></td><td colspan="2"></td></tr>
</table>

注　管理费按人工费_____%，利润按人工费_____计。

表 7-6（12） **工程量清单综合单价分析表**

工程名称：某车间通风系统工程 标段： 第 12 页 共 页

<table>
<tr><td colspan="2">项 目 编 码</td><td colspan="2"></td><td colspan="2">项目名称</td><td colspan="5"></td><td colspan="2">计量单位</td><td></td></tr>
<tr><td colspan="14">清单综合单价组成明细</td></tr>
<tr><td rowspan="2">定额编号</td><td rowspan="2">定额名称</td><td rowspan="2">定额单位</td><td rowspan="2">数量</td><td colspan="5">单 价</td><td colspan="5">合 价</td></tr>
<tr><td>人工费</td><td>材料费</td><td>机械费</td><td>管理费</td><td>利润</td><td>人工费</td><td>材料费</td><td>机械费</td><td>管理费</td><td>利润</td></tr>
<tr><td></td><td></td><td></td><td></td><td></td><td></td><td></td><td></td><td></td><td></td><td></td><td></td><td></td><td></td></tr>
<tr><td></td><td></td><td></td><td></td><td></td><td></td><td></td><td></td><td></td><td></td><td></td><td></td><td></td><td></td></tr>
<tr><td colspan="2">人工单价</td><td colspan="7">小 计</td><td></td><td></td><td></td><td></td><td></td></tr>
<tr><td colspan="2">______元/工日</td><td colspan="7">未计价材料费</td><td colspan="5"></td></tr>
<tr><td colspan="9">清单项目综合单价</td><td colspan="5"></td></tr>
<tr><td rowspan="5">材料费明细</td><td colspan="4">主要材料名称、规格、型号</td><td>单位</td><td colspan="3">数量</td><td>单价（元）</td><td>合价（元）</td><td colspan="2">暂估单价（元）</td><td>暂估合价（元）</td></tr>
<tr><td colspan="4"></td><td></td><td colspan="3"></td><td></td><td></td><td colspan="2"></td><td></td></tr>
<tr><td colspan="8">其他材料费</td><td></td><td></td><td colspan="2"></td><td></td></tr>
<tr><td colspan="8">材料费小计</td><td></td><td></td><td colspan="2"></td><td></td></tr>
</table>

注 管理费按人工费______%，利润按人工费______计。

表 7-6（13）

工程量清单综合单价分析表

工程名称：某车间通风系统工程　　　　标段：　　　　第 13 页　共　页

项　目　编　码				项目名称							计量单位		
清单综合单价组成明细													
定额编号	定额名称	定额单位	数量	单　　价					合　　价				
				人工费	材料费	机械费	管理费	利润	人工费	材料费	机械费	管理费	利润
人工单价		小　计											
______元/工日		未计价材料费											
清单项目综合单价													
材料费明细	主要材料名称、规格、型号					单位	数量		单价（元）	合价（元）	暂估单价（元）	暂估合价（元）	
	其他材料费												
	材料费小计												

注　管理费按人工费______%，利润按人工费______计。

表 7-6（14） **工程量清单综合单价分析表**

工程名称：某车间通风系统工程 标段： 第 14 页 共 页

<table>
<tr><td colspan="2">项 目 编 码</td><td colspan="2"></td><td colspan="2">项目名称</td><td colspan="5"></td><td colspan="2">计量单位</td><td></td></tr>
<tr><td colspan="14">清单综合单价组成明细</td></tr>
<tr><td rowspan="2">定额编号</td><td rowspan="2">定额名称</td><td rowspan="2">定额单位</td><td rowspan="2">数量</td><td colspan="5">单 价</td><td colspan="5">合 价</td></tr>
<tr><td>人工费</td><td>材料费</td><td>机械费</td><td>管理费</td><td>利润</td><td>人工费</td><td>材料费</td><td>机械费</td><td>管理费</td><td>利润</td></tr>
<tr><td></td><td></td><td></td><td></td><td></td><td></td><td></td><td></td><td></td><td></td><td></td><td></td><td></td><td></td></tr>
<tr><td></td><td></td><td></td><td></td><td></td><td></td><td></td><td></td><td></td><td></td><td></td><td></td><td></td><td></td></tr>
<tr><td colspan="2">人工单价</td><td colspan="7">小 计</td><td></td><td></td><td></td><td></td><td></td></tr>
<tr><td colspan="2">______元/工日</td><td colspan="7">未计价材料费</td><td colspan="5"></td></tr>
<tr><td colspan="9">清单项目综合单价</td><td colspan="5"></td></tr>
<tr><td rowspan="4">材料费明细</td><td colspan="5">主要材料名称、规格、型号</td><td>单位</td><td colspan="2">数量</td><td>单价（元）</td><td>合价（元）</td><td>暂估单价（元）</td><td colspan="2">暂估合价（元）</td></tr>
<tr><td colspan="5"></td><td></td><td colspan="2"></td><td></td><td></td><td></td><td colspan="2"></td></tr>
<tr><td colspan="8">其他材料费</td><td></td><td></td><td></td><td colspan="2"></td></tr>
<tr><td colspan="8">材料费小计</td><td></td><td></td><td></td><td colspan="2"></td></tr>
</table>

注 管理费按人工费______%，利润按人工费______计。

表 7-6（15） **工程量清单综合单价分析表**

工程名称：某车间通风系统工程　　标段：　　第 15 页　共　页

项目编码		项目名称		计量单位	

清单综合单价组成明细

定额编号	定额名称	定额单位	数量	单价					合价				
				人工费	材料费	机械费	管理费	利润	人工费	材料费	机械费	管理费	利润
人工单价		小计											
____元/工日		未计价材料费											
清单项目综合单价													

材料费明细	主要材料名称、规格、型号	单位	数量	单价（元）	合价（元）	暂估单价（元）	暂估合价（元）
	其他材料费						
	材料费小计						

注　管理费按人工费____%，利润按人工费____计。

表 7-6（16）

工程量清单综合单价分析表

工程名称：某车间通风系统工程　　　　标段：　　　　第 16 页　共　页

<table>
<tr><td>项目编码</td><td colspan="3"></td><td colspan="3">项目名称</td><td colspan="4"></td><td colspan="2">计量单位</td><td></td></tr>
<tr><td colspan="14">清单综合单价组成明细</td></tr>
<tr><td rowspan="2">定额编号</td><td rowspan="2">定额名称</td><td rowspan="2">定额单位</td><td rowspan="2">数量</td><td colspan="5">单价</td><td colspan="5">合价</td></tr>
<tr><td>人工费</td><td>材料费</td><td>机械费</td><td>管理费</td><td>利润</td><td>人工费</td><td>材料费</td><td>机械费</td><td>管理费</td><td>利润</td></tr>
<tr><td></td><td></td><td></td><td></td><td></td><td></td><td></td><td></td><td></td><td></td><td></td><td></td><td></td><td></td></tr>
<tr><td></td><td></td><td></td><td></td><td></td><td></td><td></td><td></td><td></td><td></td><td></td><td></td><td></td><td></td></tr>
<tr><td colspan="2">人工单价</td><td colspan="7">小　计</td><td></td><td></td><td></td><td></td><td></td></tr>
<tr><td colspan="2">______元/工日</td><td colspan="7">未计价材料费</td><td colspan="5"></td></tr>
<tr><td colspan="9">清单项目综合单价</td><td colspan="5"></td></tr>
<tr><td rowspan="5">材料费明细</td><td colspan="5">主要材料名称、规格、型号</td><td>单位</td><td colspan="2">数量</td><td>单价（元）</td><td>合价（元）</td><td>暂估单价（元）</td><td colspan="2">暂估合价（元）</td></tr>
<tr><td colspan="5"></td><td></td><td colspan="2"></td><td></td><td></td><td></td><td colspan="2"></td></tr>
<tr><td colspan="5"></td><td></td><td colspan="2"></td><td></td><td></td><td></td><td colspan="2"></td></tr>
<tr><td colspan="8">其他材料费</td><td></td><td></td><td></td><td colspan="2"></td></tr>
<tr><td colspan="8">材料费小计</td><td></td><td></td><td></td><td colspan="2"></td></tr>
</table>

注　管理费按人工费______%，利润按人工费______计。

表 7-6（17）

工程量清单综合单价分析表

工程名称：某车间通风系统工程　　标段：　　第 17 页　共　页

<table>
<tr><td colspan="2">项　目　编　码</td><td colspan="2"></td><td colspan="2">项目名称</td><td colspan="5"></td><td colspan="2">计量单位</td><td></td></tr>
<tr><td colspan="14">清单综合单价组成明细</td></tr>
<tr><td rowspan="2">定额编号</td><td rowspan="2">定额名称</td><td rowspan="2">定额单位</td><td rowspan="2">数量</td><td colspan="5">单　　价</td><td colspan="5">合　　价</td></tr>
<tr><td>人工费</td><td>材料费</td><td>机械费</td><td>管理费</td><td>利润</td><td>人工费</td><td>材料费</td><td>机械费</td><td>管理费</td><td>利润</td></tr>
<tr><td></td><td></td><td></td><td></td><td></td><td></td><td></td><td></td><td></td><td></td><td></td><td></td><td></td><td></td></tr>
<tr><td></td><td></td><td></td><td></td><td></td><td></td><td></td><td></td><td></td><td></td><td></td><td></td><td></td><td></td></tr>
<tr><td colspan="2">人工单价</td><td colspan="7">小　计</td><td></td><td></td><td></td><td></td><td></td></tr>
<tr><td colspan="2">_____元/工日</td><td colspan="7">未计价材料费</td><td colspan="5"></td></tr>
<tr><td colspan="9">清单项目综合单价</td><td colspan="5"></td></tr>
<tr><td rowspan="4">材料费明细</td><td colspan="5">主要材料名称、规格、型号</td><td>单位</td><td colspan="2">数量</td><td>单价（元）</td><td>合价（元）</td><td>暂估单价（元）</td><td colspan="2">暂估合价（元）</td></tr>
<tr><td colspan="5"></td><td></td><td colspan="2"></td><td></td><td></td><td></td><td colspan="2"></td></tr>
<tr><td colspan="8">其他材料费</td><td></td><td></td><td></td><td colspan="2"></td></tr>
<tr><td colspan="8">材料费小计</td><td></td><td></td><td></td><td colspan="2"></td></tr>
</table>

注　管理费按人工费_____%，利润按人工费_____计。

2. 分部分项工程量清单计价表（见表 7-7）

表 7-7 **分部分项工程量清单计价表**

工程名称：某车间通风系统工程 第 页 共 页

序号	项目编码	项目名称	项目特征描述	计量单位	工程量	金额（元）			
						综合单价	合价	其中：人工费	其中：暂估价
合计									

3. 措施项目清单与计价表（见表 7-8）

表 7-8 **措施项目清单与计价表**

工程名称：某车间通风系统工程 标段： 第 页 共 页

序号	项目名称	计算基础	费率（%）	金额（元）
1	安全文明施工费			
2	夜间施工费			
3	二次搬运费			
4	冬雨季施工			
5	大型机械设备进出场及安拆费			
6	施工排水			
7	施工降水			
8	地上、地下设施、建筑物的临时保护设施			
9	已完工程及设备保护			
10	脚手架搭拆费			
合计				

注 计算基础为人工费。

4. 规费、税金项目清单与计价表（见表7-9）

表7-9 **规费、税金项目清单与计价表**

工程名称：某车间通风系统工程 标段： 第 页 共 页

序号	项目名称	计算基础	费率（%）	金额（元）
1	规费			
1.1	工程排污费			
1.2	社会保障费			
(1)	养老保险费			
(2)	失业保险费			
(3)	医疗保险费			
1.3	住房公积金			
1.4	危险作业意外伤害保险			
1.5	工程定额测定费			
2	税金			
合计				

注 1. 规费的计算基础为：分部分项工程费＋措施项目费＋其他项目费。其他项目费本例不计。

2. 税金的计算基础为：分部分项工程费＋措施项目费＋其他项目费＋规费。其他项目费本例不计。

5. 单位工程招标控制价/投标报价汇总表（见表 7-10）

表 7-10 单位工程招标控制价/投标报价汇总表

工程名称：某车间通风系统工程 标段： 第 页 共 页

序号	汇 总 内 容	金额（元）	其中：暂估价（元）	序号	汇 总 内 容	金额（元）	其中：暂估价（元）
1	分部分项工程			1.20			
1.1				2	措施项目		
1.2				2.1			
1.3				2.2			
1.4				2.3			
1.5				2.4			
1.6				2.5			
1.7				2.6			
1.8				2.7			
1.9				2.8			
1.10				2.9			
1.11				2.10			
1.12				3	其他项目		
1.13				3.1	暂列金额		
1.14				3.2	专业工程暂估价		
1.15				3.3	计日工		
1.16				3.4	总承包服务费		
1.17				4	规费		
1.18				5	税金		
1.19				招标控制价合计=1+2+3+4+5			

第二部分　安装工程造价实训参考答案

【习题一】某住宅楼给排水安装工程定额计价及清单计价案例参考答案

一、定额计价模式确定工程造价

1. 工程量计算［见表1-2（A）］

表1-2（A）　　工程量计算书

项目名称：某住宅楼给排水工程

序号	项目名称	单位	计算公式	数量
1	PP-R管热熔连接 *DN*32	m	1.5+1.2	2.7（2.7）
2	PP-R管热熔连接 *DN*25	m	(3.6+0.8)+(1.6+1.5+0.8)+1+1	10.3（8.3）
3	PP-R管热熔连接 *DN*20	m	3×4	12.0
4	PP-R管热熔连接 *DN*15	m	3×2+(1+0.7+0.5+1.6+1.7+3+1.6+1.8+2)×4+(0.8+1.8+1.2+0.3+0.6)×4	80.4
5	铸铁管水泥接口 *DN*150	m	(1.5+0.4+0.6)×4+1.5+1.5+1.2+0.5	14.7(14.7)
6	铸铁管水泥接口 *DN*100	m	0.4×4+0.8+0.5+0.4	3.3(3.3)
7	铸铁管水泥接口 *DN*75	m	2×2+1	5.0
8	铸铁管水泥接口 *DN*50	m	0.4×3×2+0.4×2+0.4	3.6
9	塑料螺旋消声管 *DN*100	m	(6−0.4)×2+(9−0.4)×2+0.8×3+0.5×3+0.4×3	34.0
10	塑料螺旋消声管 *DN*75	m	3×2+2×3×2+1×3	21.0
11	塑料螺旋消声管 *DN*50	m	(3+0.4+1.5)×4+0.4×3×3×2+0.4×2×3+0.4×3	30.4
12	浴盆	套		4
13	洗面盆	套		4
14	洗菜池	套		8
15	拖布池水龙头 *DN*15	套		8

续表

序号	项目名称	单位	计算公式	数量
16	淋浴器	套		4
17	高水箱蹲便器	套		4
18	坐便器	套		4
19	铸铁地漏 *DN*50	个	2×2+1+1	6
20	塑料地漏 *DN*50	个	2×3×2+3+3	18
21	螺纹阀 *DN*25	个		2
22	水表 *DN*15	个	2×4	8
23	铸铁管道刷沥青漆	m^2	(51.84×14.7/100+35.8×3.3/100+27.79×5/100+18.85×3.6/100)×1.2	13.04

注 1. 带下划线数字，例如：2.7 为地面以下管道，标注的目的是便于计算不同的刷油数量。

2. 除锈、刷油数量计算参照第十一册附录。铸铁管面积按钢管面积的 1.2 倍计算。

2. 工程直接费计算［见表 1-3 (A)］

表 1-3 (A) 安装工程预（结）算书

工程名称：某住宅楼给排水工程 年 月 日

序号	定额编号	项目名称	单位	数量	单价			合计		
					基价	人工费	主材费	合价	人工费	主材费
1	8-355	PP-R 管热熔连接 *DN*32	10m	0.27	97.89	33.88	81.60	26.43	9.15	22.03
2	8-354	PP-R 管热熔连接 *DN*25	10m	1.03	90.08	31.83	61.20	92.78	32.78	63.04
3	8-353	PP-R 管热熔连接 *DN*20	10m	1.20	84.99	28.27	40.80	101.99	33.92	48.96
4	8-352	PP-R 管热熔连接 *DN*15	10m	8.04	77.13	26.60	20.40	620.13	213.86	164.02
5	8-395	铸铁排水管（水泥接口）*DN*150	10m	1.47	475.79	90.51	384.00	699.41	133.05	564.48
6	8-394	铸铁排水管（水泥接口）*DN*100	10m	0.33	463.28	81.73	311.50	152.88	26.97	102.80
7	8-393	铸铁排水管（水泥接口）*DN*75	10m	0.50	307.97	63.67	232.50	153.99	31.84	116.25
8	8-392	铸铁排水管（水泥接口）*DN*50	10m	0.36	187.44	52.03	176.00	67.48	18.73	63.36

续表

序号	定额编号	项目名称	单位	数量	单价			合计		
					基价	人工费	主材费	合价	人工费	主材费
9	8-410	塑料螺旋消声排水管 DN100	10m	3.40	279.25	60.46	213.00	949.45	205.56	724.20
10	8-409	塑料螺旋消声排水管 DN75	10m	2.10	188.72	50.89	144.45	396.31	106.87	303.35
11	8-408	塑料螺旋消声排水管 DN50	10m	3.04	124.56	40.46	96.70	378.66	123.00	293.97
12	8-438	浴盆	10组	0.40	309.88	180.25	15 000.00	123.95	72.10	6000.00
13	8-448	洗面盆	10组	0.40	287.58	110.37	2525.00	115.03	44.15	1010.00
14	8-457	洗菜池	10组	0.80	556.24	111.10	1212.00	444.99	88.88	969.60
15	8-469	淋浴器	10组	0.40	201.78	52.80	1500.00	80.71	21.12	600.00
16	8-474	高水箱蹲便器	10组	0.40	1313.49	216.28	2525.00	525.40	86.51	1010.00
17	8-481	坐便器	10组	0.40	283.59	177.25	4040.00	113.44	70.90	1616.00
18	8-505	拖布池水龙头 DN15	10个	0.80	7.04	6.16	151.50	5.63	4.93	121.20
19	8-514	铸铁地漏 DN50	10组	0.60	55.47	35.99	200.00	33.28	21.59	120.00
20	8-514	塑料地漏 DN50	10组	1.80	55.47	35.99	100.00	99.85	64.78	180.00
21	8-528	螺纹阀门安装 DN25	个	2.00	5.91	2.64	25.25	11.82	5.28	50.50
22	8-696	水表安装（螺纹）DN15	个	8.00	20.94	7.48	40.00	167.52	59.84	320.00
23		8册小计						5361.13	1475.81	14 463.76
24	11-176/177	铸铁管刷沥青二度	10m²	1.30	63.71	14.85	0.00	82.82	19.31	0.00
25		8册、11册合计						5443.95	1495.12	14 463.76
26		脚手架搭拆费	8册脚手架搭拆费＋11册脚手架搭拆费					75.34	18.83	
27		其中：8册脚手架搭拆费	8册人工费×5%×25%					73.79	18.45	
28		11册脚手架搭拆费	11册人工费×8%×25%					1.54	0.39	
29		直接工程费	8册、11册合计（合价＋主材费）＋脚手架搭拆费合价					19 983.04	1513.96	

3. 计算安装工程费用（造价）[见表 1-4（A）]

表 1-4（A） 定额计价的计算程序

项目名称：某住宅楼给排水工程 Ⅲ类工程

序号	费用项目名称	计算方法	金额
一	直接费	19 983.04+460.24	20 443.28
	（一）直接工程费	定额表	19 983.04
	其中：人工费（R1）	定额表	1513.96
	（二）措施费		460.24
	1. 环境保护费	R1×费率=1513.96×2.2%	33.31
	2. 文明施工费	R1×费率=1513.96×4.5%	68.13
	3. 临时设施费	R1×费率=1513.96×12%	181.68
	4. 夜间施工增加费	R1×费率=1513.96×2.5%	37.85
	5. 二次搬运费	R1×费率=1513.96×2.1%	31.79
	6. 冬雨季施工增加费	R1×费率=1513.96×2.8%	42.39
	7. 已完工程及设备保护费	R1×费率=1513.96×1.3%	19.68
	8. 总承包服务费	R1×费率=1513.96×3%	45.42
	其中：人工费（R2）	(33.31+68.13+181.68+19.68)×25%+37.85×50%+(31.79+42.39)×40%	124.30
二	企业管理费	(R1+ R2)×费率=(1513.96+124.30)×42%	688.07
三	利润	(R1+ R2)×费率=(1513.96+124.30)×20%	327.65
四	规费		579.39
	1. 工程排污费	—	
	2. 工程定额测定费	(20 443.28+688.07+327.65)×0.1%	21.46
	3. 社会保障费	(20 443.28+688.07+327.65)×2.6%	557.93
	4. 住房公积金	—	
	5. 危险作业意外伤害保险	—	
	6. 安全施工费	—	
五	税金	(20 443.28+688.07+327.65+579.39)×3.44%	758.12
六	安装工程费用合计	20 443.28+688.07+327.65+579.39+758.12	22 796.51

二、清单计价模式确定工程造价

(一) 工程量清单 [见表1-5 (A)]

工程量清单的编制内容与格式按照《计价规范》的要求。本例只列分部分项工程量清单，参考表1-2 (A) 确定。

表1-5 (A) 分部分项工程量清单表

工程名称：某住宅楼给排水工程 标段： 第1页 共1页

序号	项目编码	项目名称	项目特征描述	计量单位	工程量
1	030801003001	承插铸铁管	*DN*150，室内排水工程，水泥接口，埋地敷设，刷沥青二度	m	14.7
2	030801003002	承插铸铁管	*DN*100，室内排水工程，水泥接口，埋地敷设，刷沥青二度	m	3.3
3	030801003003	承插铸铁管	*DN*75，室内排水工程，水泥接口，埋地敷设，刷沥青漆二度	m	5.0
4	030801003004	承插铸铁管	*DN*50，室内排水工程，水泥接口，埋地敷设，刷沥青漆二度	m	3.6
5	030801005001	塑料管	*DN*32，PP-R管，室内给水工程，热熔连接	m	2.7
6	030801005002	塑料管	*DN*25，PP-R管，室内给水工程，热熔连接	m	10.3
7	030801005003	塑料管	*DN*20，PP-R管，室内给水工程，热熔连接	m	12.0
8	030801005004	塑料管	*DN*15，PP-R管，室内给水工程，热熔连接	m	80.4
9	030801005005	塑料管	*DN*100，塑料螺旋消声排水管，室内排水工程，螺母、密封圈连接，明装	m	34.0
10	030801005006	塑料管	*DN*75，塑料螺旋消声排水管，室内排水工程，螺母、密封圈连接，明装	m	21.0
11	030801005007	塑料管	*DN*50，塑料螺旋消声排水管，室内排水工程，螺母、密封圈连接，明装	m	30.4
12	030803001001	螺纹阀门	*DN*25，截止阀，螺纹连接	个	2
13	030803010001	水表	*DN*15，螺纹连接	个	8
14	030804001001	浴盆安装	陶瓷，成组安装	组	4
15	030804003001	洗脸盆安装	陶瓷，成组安装	组	4
16	030804005001	洗菜盆安装	陶瓷，成组安装	组	8
17	030804007001	淋浴器安装	*DN*15，钢管，成套安装	套	4
18	030804012001	大便器	坐便器，陶瓷，带低水箱，成套安装	套	4
19	030804012002	大便器	蹲便器，陶瓷，带高水箱，成套安装	套	4
20	030804016001	水龙头	*DN*15，铸铁	套	8
21	030804017001	地漏	*DN*50，铸铁	个	6
22	030804017002	地漏	*DN*50，塑料	个	18

（二）工程量清单计价

工程量清单计价按照《计价规范》的要求、相关定额价目表以及表1-1的材料价格确定。

1. 工程量清单综合单价分析表［见表1-6（A）］

表1-6（A1）

工程量清单综合单价分析表

工程名称：某住宅楼给排水工程　　标段：　　第1页　共22页

项目编码	030801003001	项目名称	承插铸铁管 *DN*150	计量单位	m

清单综合单价组成明细													
定额编号	定额名称	定额单位	数量	单价					合价				
				人工费	材料费	机械费	管理费	利润	人工费	材料费	机械费	管理费	利润
8-395	承插铸铁管 *DN*150	10m	1.47	90.51	376.03	9.25	38.01	18.10	133.05	552.76	13.60	55.88	26.61
11-176	铸铁管刷沥青漆一度	$10m^2$	0.91	7.52	25.08	0.00	3.16	1.50	6.84	22.82	0.00	2.87	1.37
11-177	铸铁管刷沥青漆二度	$10m^2$	0.91	7.33	23.78	0.00	3.08	1.47	6.67	21.64	0.00	2.80	1.33
人工单价		小计							146.56	597.22	13.60	61.55	29.31
28元/工日		未计价材料费							705.6				
清单项目综合单价									105.70				

材料费明细	主要材料名称、规格、型号	单位	数量	单价（元）	合价（元）	暂估单价（元）	暂估合价（元）
	铸铁管 *DN*150	m	14.11			50.00	705.60
	其他材料费						0.00
	材料费小计						705.60

注　管理费按人工费42%，利润按人工费20%计。

解 清单 030801003001，承插铸铁管 DN150 综合单价的确定：

(1) 铸铁管安装 DN150，14.7m。

人工费 90.51 元/10m×14.7m=133.05 元

材料费 376.03 元/10m×14.7m=552.76 元

机械费 9.25 元/10m×14.7m=13.60 元

铸铁管主材费 50 元/m×14.7m×0.96m/m=705.60 元

管理费 133.05 元×42%=55.88 元

利润 133.05 元×20%=26.61 元

小计 1487.50 元

(2) 铸铁管刷沥青漆一度。

人工费 7.52 元/10m^2×9.14m=6.84 元

材料费 25.08 元/10m×9.14m=22.82 元

管理费 6.84 元×42%=2.87 元

利润 6.84 元×20%=1.37 元

小计 33.90 元

(3) 铸铁管刷沥青漆二度。

人工费 7.33 元/10m^2×9.14m=6.67 元

材料费 23.78 元/10m×9.14m=21.64 元

管理费 6.67 元×42%=2.80 元

利润 6.67 元×20%=1.33 元

小计 32.44 元

(4) 综合。

上述费用合计 1487.50 元+33.90 元+32.44 元=1553.84 元

综合单价 1553.84 元/14.7m=105.70 元/m

表 1-6（A2） **工程量清单综合单价分析表**

工程名称：某住宅楼给排水工程 标段： 第 2 页 共 22 页

<table>
<tr><td colspan="2">项 目 编 码</td><td colspan="2">030801003002</td><td>项目名称</td><td colspan="6">承插铸铁管 DN100</td><td>计量单位</td><td colspan="2">m</td></tr>
<tr><td colspan="14">清单综合单价组成明细</td></tr>
<tr><td rowspan="2">定额编号</td><td rowspan="2">定额名称</td><td rowspan="2">定额单位</td><td rowspan="2">数量</td><td colspan="5">单 价</td><td colspan="5">合 价</td></tr>
<tr><td>人工费</td><td>材料费</td><td>机械费</td><td>管理费</td><td>利润</td><td>人工费</td><td>材料费</td><td>机械费</td><td>管理费</td><td>利润</td></tr>
<tr><td>8-394</td><td>承插铸铁管 DN100</td><td>10m</td><td>0.33</td><td>81.73</td><td>372.34</td><td>9.21</td><td>34.33</td><td>16.35</td><td>26.97</td><td>122.87</td><td>3.04</td><td>11.33</td><td>5.39</td></tr>
<tr><td>11-176</td><td>铸铁管刷沥青漆一度</td><td>10m²</td><td>0.14</td><td>7.52</td><td>25.08</td><td>0.00</td><td>3.16</td><td>1.50</td><td>1.05</td><td>3.51</td><td>0.00</td><td>0.44</td><td>0.21</td></tr>
<tr><td>11-177</td><td>铸铁管刷沥青漆二度</td><td>10m²</td><td>0.14</td><td>7.33</td><td>23.78</td><td>0.00</td><td>3.08</td><td>1.47</td><td>1.03</td><td>3.33</td><td>0.00</td><td>0.43</td><td>0.21</td></tr>
<tr><td colspan="2">人工单价</td><td colspan="7">小 计</td><td>29.05</td><td>129.71</td><td>3.04</td><td>12.20</td><td>5.81</td></tr>
<tr><td colspan="2">28 元/工日</td><td colspan="7">未计价材料费</td><td colspan="5">117.48</td></tr>
<tr><td colspan="9">清单项目综合单价</td><td colspan="5">90.09</td></tr>
<tr><td rowspan="4">材料费明细</td><td colspan="5">主要材料名称、规格、型号</td><td>单位</td><td colspan="2">数量</td><td>单价（元）</td><td>合价（元）</td><td>暂估单价（元）</td><td colspan="2">暂估合价（元）</td></tr>
<tr><td colspan="5">铸铁管 DN100</td><td>m</td><td colspan="2">2.94</td><td></td><td></td><td>40</td><td colspan="2">117.48</td></tr>
<tr><td colspan="8">其他材料费</td><td></td><td></td><td></td><td colspan="2">0.00</td></tr>
<tr><td colspan="8">材料费小计</td><td></td><td></td><td></td><td colspan="2">117.48</td></tr>
</table>

注 管理费按人工费 42%，利润按人工费 20%计。

表 1-6（A3） **工程量清单综合单价分析表**

工程名称：某住宅楼给排水工程 标段： 第 3 页 共 22 页

项 目 编 码	030801003003	项目名称	承插铸铁管 *DN*75					计量单位			m
清单综合单价组成明细											
定额编号	定额名称	定额单位	数量	单价					合价		
				人工费	材料费	机械费	管理费	利润	人工费	材料费	机械费	管理费	利润
8-393	承插铸铁管 *DN*75	10m	0.5	63.67	236.63	7.67	26.74	12.73	31.84	118.32	3.84	13.37	6.37
11-176	铸铁管刷沥青漆一度	$10m^2$	0.17	7.52	25.08	0.00	3.16	1.50	1.28	4.26	0.00	0.54	0.26
11-177	铸铁管刷沥青漆二度	$10m^2$	0.17	7.33	23.78	0.00	3.08	1.47	1.25	4.04	0.00	0.52	0.25
人工单价		小 计							34.37	126.62	3.84	14.43	6.88
28 元/工日		未计价材料费							139.5				
清单项目综合单价									65.13				
材料费明细	主要材料名称、规格、型号				单位	数量			单价（元）	合价（元）	暂估单价（元）	暂估合价（元）	
	铸铁管 *DN*75				m	4.65					30	139.5	
	其他材料费											0.00	
	材料费小计											139.5	

注 管理费按人工费 42%，利润按人工费 20%计。

表 1-6（A4） **工程量清单综合单价分析表**

工程名称：某住宅楼给排水工程　　标段：　　第 4 页　共 22 页

<table>
<tr><td colspan="2">项　目　编　码</td><td>030801003004</td><td colspan="2">项目名称</td><td colspan="4">承插铸铁管 DN50</td><td colspan="2">计量单位</td><td colspan="2">m</td></tr>
<tr><td colspan="14">清单综合单价组成明细</td></tr>
<tr><td rowspan="2">定额编号</td><td rowspan="2">定额名称</td><td rowspan="2">定额单位</td><td rowspan="2">数量</td><td colspan="5">单　价</td><td colspan="5">合　价</td></tr>
<tr><td>人工费</td><td>材料费</td><td>机械费</td><td>管理费</td><td>利润</td><td>人工费</td><td>材料费</td><td>机械费</td><td>管理费</td><td>利润</td></tr>
<tr><td>8-392</td><td>承插铸铁管 DN50</td><td>10m</td><td>0.36</td><td>52.03</td><td>129.24</td><td>6.17</td><td>21.85</td><td>10.41</td><td>18.73</td><td>46.53</td><td>2.22</td><td>7.87</td><td>3.75</td></tr>
<tr><td>11-176</td><td>铸铁管刷沥青漆一度</td><td>10m²</td><td>0.08</td><td>7.52</td><td>25.08</td><td>0.00</td><td>3.16</td><td>1.50</td><td>0.60</td><td>2.01</td><td>0.00</td><td>0.25</td><td>0.12</td></tr>
<tr><td>11-177</td><td>铸铁管刷沥青漆二度</td><td>10m²</td><td>0.08</td><td>7.33</td><td>23.78</td><td>0.00</td><td>3.08</td><td>1.47</td><td>0.59</td><td>1.90</td><td>0.00</td><td>0.25</td><td>0.12</td></tr>
<tr><td colspan="2">人工单价</td><td colspan="7">小　计</td><td>19.92</td><td>50.44</td><td>2.22</td><td>8.37</td><td>3.99</td></tr>
<tr><td colspan="2">28 元/工日</td><td colspan="7">未计价材料费</td><td colspan="5">63.36</td></tr>
<tr><td colspan="9">清单项目综合单价</td><td colspan="5">41.19</td></tr>
<tr><td rowspan="4">材料费明细</td><td colspan="4">主要材料名称、规格、型号</td><td>单位</td><td colspan="3">数量</td><td>单价（元）</td><td>合价（元）</td><td>暂估单价（元）</td><td colspan="2">暂估合价（元）</td></tr>
<tr><td colspan="4">铸铁管 DN50</td><td>m</td><td colspan="3">3.17</td><td></td><td></td><td>20</td><td colspan="2">63.36</td></tr>
<tr><td colspan="8">其他材料费</td><td></td><td></td><td></td><td colspan="2">0.00</td></tr>
<tr><td colspan="8">材料费小计</td><td></td><td></td><td></td><td colspan="2">63.36</td></tr>
</table>

注　管理费按人工费 42%，利润按人工费 20%计。

表 1-6（A5） **工程量清单综合单价分析表**

工程名称：某住宅楼给排水工程　　标段：　　第 5 页　共 22 页

项　目　编　码	030801005001	项目名称	塑料管 *DN*32							计量单位	m	
清单综合单价组成明细												
定额编号	定额名称	定额单位	数量	单　价					合　价				
				人工费	材料费	机械费	管理费	利润	人工费	材料费	机械费	管理费	利润
8-355	PP-R 管热熔连接 *DN*32	10m	0.27	33.88	62.09	1.92	21.01	17.28	9.15	16.76	0.52	5.67	4.67
人工单价		小　计							9.15	16.76	0.52	5.67	4.67
28 元/工日		未计价材料费							22.03				
清单项目综合单价									21.78				
材料费明细	主要材料名称、规格、型号			单位	数量				单价（元）	合价（元）	暂估单价（元）	暂估合价（元）	
	PP-R 管 *DN*32			m	2.75						8.00	22.03	
	其他材料费											0.00	
	材料费小计											22.03	

注　管理费按人工费 42%，利润按人工费 20%计。

表 1-6（A6） **工程量清单综合单价分析表**

工程名称：某住宅楼给排水工程　　标段：　　第 6 页　共 22 页

项　目　编　码	030801005002	项目名称	塑料管 *DN*25							计量单位	m	
清单综合单价组成明细												
定额编号	定额名称	定额单位	数量	单　价					合　价				
				人工费	材料费	机械费	管理费	利润	人工费	材料费	机械费	管理费	利润
8-354	PP-R 管热熔连接 *DN*25	10m	1.03	31.81	56.33	1.92	13.36	6.36	32.76	58.02	1.98	13.76	6.55
人工单价		小　计							32.76	58.02	1.98	13.76	6.55
28 元/工日		未计价材料费							63.04				
清单项目综合单价									17.10				
材料费明细	主要材料名称、规格、型号			单位	数量				单价（元）	合价（元）	暂估单价（元）	暂估合价（元）	
	PP-R 管 *DN*25			m	10.51						6.00	63.04	
	其他材料费											0.00	
	材料费小计											63.04	

注　管理费按人工费 42%，利润按人工费 20%计。

表 1-6（A7） **工程量清单综合单价分析表**

工程名称：某住宅楼给排水工程　　标段：　　第 7 页　共 22 页

项目编码		030801005003		项目名称		塑料管 *DN*20					计量单位	m	
清单综合单价组成明细													
定额编号	定额名称	定额单位	数量	单价					合价				
				人工费	材料费	机械费	管理费	利润	人工费	材料费	机械费	管理费	利润
8-353	PP-R 管热熔连接 *DN*20	10m	1.20	28.27	55.12	1.6	11.87	5.65	33.92	66.14	1.92	14.25	6.78
人工单价		小计							33.92	66.14	1.92	14.25	6.78
28 元/工日		未计价材料费							48.96				
清单项目综合单价									14.33				
材料费明细	主要材料名称、规格、型号					单位	数量		单价（元）	合价（元）	暂估单价（元）	暂估合价（元）	
	PP-R 管 *DN*20					m	12.24				4.00	48.96	
	其他材料费											0.00	
	材料费小计											48.96	

注　管理费按人工费 42%，利润按人工费 20%计。

表 1-6（A8） **工程量清单综合单价分析表**

工程名称：某住宅楼给排水工程　　标段：　　第 8 页　共 22 页

项目编码		030801005004		项目名称		塑料管 *DN*15					计量单位	m	
清单综合单价组成明细													
定额编号	定额名称	定额单位	数量	单价					合价				
				人工费	材料费	机械费	管理费	利润	人工费	材料费	机械费	管理费	利润
8-352	PP-R 管热熔连接 *DN*15	10m	8.04	26.6	48.93	1.6	11.17	5.32	213.86	393.40	12.86	89.81	42.77
人工单价		小计							213.86	393.40	12.86	89.81	42.77
28 元/工日		未计价材料费							164.02				
清单项目综合单价									11.40				
材料费明细	主要材料名称、规格、型号					单位	数量		单价（元）	合价（元）	暂估单价（元）	暂估合价（元）	
	PP-R 管 *DN*15					m	82.01				2.00	164.02	
	其他材料费											0.00	
	材料费小计											164.02	

注　管理费按人工费 42%，利润按人工费 20%计。

表 1-6（A9）

工程量清单综合单价分析表

工程名称：某住宅楼给排水工程　　标段：　　第 9 页 共 22 页

项目编码	030801005005	项目名称	塑料管 *DN*100					计量单位	m		
清单综合单价组成明细											
定额编号	定额名称	定额单位	数量	单价					合价				
				人工费	材料费	机械费	管理费	利润	人工费	材料费	机械费	管理费	利润
8-410	塑料螺旋消声排水管 *DN*100	10m	3.40	60.46	203.18	15.61	25.39	12.09	205.56	690.81	53.07	86.34	41.11
人工单价		小计							205.56	690.81	53.07	86.34	41.11
28 元/工日		未计价材料费							724.20				
清单项目综合单价									52.97				
材料费明细	主要材料名称、规格、型号			单位	数量				单价（元）	合价（元）	暂估单价（元）	暂估合价（元）	
	塑料螺旋消声排水管 *DN*100			m	28.97						25.00	724.20	
	其他材料费											0.00	
	材料费小计											724.20	

注 管理费按人工费 42%，利润按人工费 20%计。

表 1-6（A10）

工程量清单综合单价分析表

工程名称：某住宅楼给排水工程　　标段：　　第 10 页 共 22 页

项目编码	030801005006	项目名称	塑料管 *DN*75					计量单位	m		
清单综合单价组成明细											
定额编号	定额名称	定额单位	数量	单价					合价				
				人工费	材料费	机械费	管理费	利润	人工费	材料费	机械费	管理费	利润
8-409	塑料螺旋消声排水管 *DN*75	10m	2.10	50.89	125.26	12.57	21.37	10.18	106.87	263.05	26.40	44.88	21.37
人工单价		小计							106.87	263.05	26.40	44.88	21.37
28 元/工日		未计价材料费							303.35				
清单项目综合单价									36.47				
材料费明细	主要材料名称、规格、型号			单位	数量				单价（元）	合价（元）	暂估单价（元）	暂估合价（元）	
	塑料螺旋消声排水管 *DN*75			m	20.22						15.00	303.35	
	其他材料费											0.00	
	材料费小计											303.35	

注 管理费按人工费 42%，利润按人工费 20%计。

表 1-6（A11） **工程量清单综合单价分析表**

工程名称：某住宅楼给排水工程　　　　标段：　　　　第 11 页　共 22 页

项目编码		030801005007		项目名称		塑料管 *DN*50					计量单位	m	
清单综合单价组成明细													
定额编号	定额名称	定额单位	数量	单价					合价				
				人工费	材料费	机械费	管理费	利润	人工费	材料费	机械费	管理费	利润
8-408	塑料螺旋消声排水管 *DN*50	10m	3.04	40.46	76.39	7.71	16.99	8.09	123.00	232.23	23.44	51.66	24.60
人工单价		小计							123.00	232.23	23.44	51.66	24.60
28 元/工日		未计价材料费							293.97				
清单项目综合单价									24.63				
材料费明细	主要材料名称、规格、型号				单位		数量		单价（元）	合价（元）	暂估单价（元）	暂估合价（元）	
	塑料螺旋消声排水管 *DN*50				m		29.40				10.00	293.97	
	其他材料费											0.00	
	材料费小计											293.97	

注　管理费按人工费 42%，利润按人工费 20%计。

表 1-6（A12） **工程量清单综合单价分析表**

工程名称：某住宅楼给排水工程　　　　标段：　　　　第 12 页　共 22 页

项目编码		030803001001		项目名称		螺纹阀门 *DN*25					计量单位	个	
清单综合单价组成明细													
定额编号	定额名称	定额单位	数量	单价					合价				
				人工费	材料费	机械费	管理费	利润	人工费	材料费	机械费	管理费	利润
8-528	螺纹阀门安装 *DN*25	个	2.00	2.64	3.27	0.00	1.11	0.53	5.28	6.54	0.00	2.22	1.06
人工单价		小计							5.28	6.54	0.00	2.22	1.06
28 元/工日		未计价材料费							80.80				
清单项目综合单价									47.95				
材料费明细	主要材料名称、规格、型号				单位		数量		单价（元）	合价（元）	暂估单价（元）	暂估合价（元）	
	螺纹阀门 *DN*25				个		2.02				40.00	80.80	
	其他材料费											0.00	
	材料费小计											80.80	

注　管理费按人工费 42%，利润按人工费 20%计。

表 1-6（A13） 工程量清单综合单价分析表

工程名称：某住宅楼给排水工程 标段： 第 13 页 共 22 页

项目编码	030803010001	项目名称		水表 DN15				计量单位		个
清单综合单价组成明细										
定额编号	定额名称	定额单位	数量	单价				合价		
				人工费	材料费	机械费	管理费	利润	人工费	材料费	机械费	管理费	利润
8-696	水表安装(螺纹)DN15	个	8	7.48	13.46	0.00	3.14	1.50	59.84	107.68	0.00	25.13	11.97
人工单价		小计							59.84	107.68	0.00	25.13	11.97
28 元/工日		未计价材料费							404.00				
清单项目综合单价									76.08				
材料费明细	主要材料名称、规格、型号			单位	数量				单价（元）	合价（元）	暂估单价（元）	暂估合价（元）	
	水表（螺纹）DN15			个	8.08						50.00	404.00	
	其他材料费											0.00	
	材料费小计											404.00	

注 管理费按人工费 42%，利润按人工费 20%计。

表 1-6（A14） 工程量清单综合单价分析表

工程名称：某住宅楼给排水工程 标段： 第 14 页 共 22 页

项目编码	030804001001	项目名称		浴盆安装				计量单位		组			
清单综合单价组成明细													
定额编号	定额名称	定额单位	数量	单价					合价				
				人工费	材料费	机械费	管理费	利润	人工费	材料费	机械费	管理费	利润
8-438	浴盆	10 组	0.4	180.25	129.63	0.00	75.71	36.05	72.10	51.85	0.00	30.28	14.42
人工单价		小计							72.10	51.85	0.00	30.28	14.42
28 元/工日		未计价材料费							6000.00				
清单项目综合单价									1542.16				
材料费明细	主要材料名称、规格、型号			单位	数量				单价（元）	合价（元）	暂估单价（元）	暂估合价（元）	
	浴盆			组	4.00						1500.00	6000.00	
	其他材料费											0.00	
	材料费小计											6000.00	

注 管理费按人工费 42%，利润按人工费 20%计。

表 1-6（A15）

工程量清单综合单价分析表

工程名称：某住宅楼给排水工程　　标段：　　

项目编码	030804003001	项目名称	洗脸盆安装						计量单位	组		
清单综合单价组成明细												
定额编号	定额名称	定额单位	数量	单价					合价			
				人工费	材料费	机械费	管理费	利润	人工费	材料费	机械费	管理费	利润
8-448	洗脸盆	10 组	0.4	110.37	177.21	0.00	46.36	22.07	44.15	70.88	0.00	18.54	8.83
人工单价		小计							44.15	70.88	0.00	18.54	8.83
28 元/工日		未计价材料费							1010.00				
清单项目综合单价									288.10				
材料费明细	主要材料名称、规格、型号			单位	数量				单价（元）	合价（元）	暂估单价（元）	暂估合价（元）	
	洗脸盆			组	4.04						250.00	1010.00	
	其他材料费											0.00	
	材料费小计											1010.00	

注　管理费按人工费 42%，利润按人工费 20%计。

表 1-6（A16）

工程量清单综合单价分析表

工程名称：某住宅楼给排水工程　　标段：　　

项目编码	030804005001	项目名称	洗菜盆安装						计量单位	组			
清单综合单价组成明细													
定额编号	定额名称	定额单位	数量	单价					合价				
				人工费	材料费	机械费	管理费	利润	人工费	材料费	机械费	管理费	利润
8-457	洗菜池	10 组	0.8	111.10	445.14	0.00	46.66	22.22	88.88	356.11	0.00	37.33	17.78
人工单价		小计							88.88	356.11	0.00	37.33	17.78
28 元/工日		未计价材料费							808.00				
清单项目综合单价									163.51				
材料费明细	主要材料名称、规格、型号			单位	数量				单价（元）	合价（元）	暂估单价（元）	暂估合价（元）	
	洗菜池			组	8.08						100.00	808.00	
	其他材料费											0.00	
	材料费小计											808.00	

注　管理费按人工费 42%，利润按人工费 20%计。

表 1-6（A17）　　**工程量清单综合单价分析表**

工程名称：某住宅楼给排水工程　　标段：　　第 17 页　共 22 页

项目编码		030804007001		项目名称		淋浴器安装					计量单位		套
清单综合单价组成明细													
定额编号	定额名称	定额单位	数量	单价					合价				
				人工费	材料费	机械费	管理费	利润	人工费	材料费	机械费	管理费	利润
8-469	淋浴器	10 组	0.4	52.80	148.98	0.00	22.18	10.56	21.12	59.59	0.00	8.87	4.22
人工单价		小计							21.12	59.59	0.00	8.87	4.22
28 元/工日		未计价材料费							400.00				
清单项目综合单价									123.45				
材料费明细	主要材料名称、规格、型号				单位	数量			单价（元）	合价（元）	暂估单价（元）	暂估合价（元）	
	淋浴器				组	4.00					100.00	400.00	
	其他材料费											0.00	
	材料费小计											400.00	

注　管理费按人工费 42%，利润按人工费 20%计。

表 1-6（A18）　　**工程量清单综合单价分析表**

工程名称：某住宅楼给排水工程　　标段：　　第 18 页　共 22 页

项目编码		030804012001		项目名称		坐便器安装					计量单位		套
清单综合单价组成明细													
定额编号	定额名称	定额单位	数量	单价					合价				
				人工费	材料费	机械费	管理费	利润	人工费	材料费	机械费	管理费	利润
8-481	坐便器	10 组	0.4	177.25	106.34	0.00	74.45	35.45	70.90	42.54	0.00	29.78	14.18
人工单价		小计							70.90	42.54	0.00	29.78	14.18
28 元/工日		未计价材料费							1212.00				
清单项目综合单价									342.35				
材料费明细	主要材料名称、规格、型号				单位	数量			单价（元）	合价（元）	暂估单价（元）	暂估合价（元）	
	坐便器				组	4.04					300.00	1212.00	
	其他材料费											0.00	
	材料费小计											1212.00	

注　管理费按人工费 42%，利润按人工费 20%计。

表 1 - 6（A19）

工程量清单综合单价分析表

工程名称：某住宅楼给排水工程　　标段：　　第 19 页　共 22 页

项目编码	030804012002		项目名称		蹲便器安装							计量单位	套
清单综合单价组成明细													
定额编号	定额名称	定额单位	数量	单价					合价				
				人工费	材料费	机械费	管理费	利润	人工费	材料费	机械费	管理费	利润
8-474	高水箱蹲便器	10 组	0.4	216.28	1097.21	0.00	90.84	43.26	86.51	438.88	0.00	36.34	17.30
人工单价		小计							86.51	438.88	0.00	36.34	17.30
28 元/工日		未计价材料费							606.00				
清单项目综合单价									296.26				
材料费明细	主要材料名称、规格、型号				单位	数量			单价（元）	合价（元）	暂估单价（元）		暂估合价（元）
	高水箱蹲便器				组	4.04					150.00		606.00
	其他材料费												0.00
	材料费小计												606.00

注　管理费按人工费 42%，利润按人工费 20%计。

表 1 - 6（A20）

工程量清单综合单价分析表

工程名称：某住宅楼给排水工程　　标段：　　第 20 页　共 22 页

项目编码	030804016001		项目名称		水龙头安装 *DN*15							计量单位	套
清单综合单价组成明细													
定额编号	定额名称	定额单位	数量	单价					合价				
				人工费	材料费	机械费	管理费	利润	人工费	材料费	机械费	管理费	利润
8-505	水龙头 *DN*15	10 个	0.8	6.16	0.88	0.00	2.59	1.23	4.93	0.70	0.00	2.07	0.99
人工单价		小计							4.93	0.70	0.00	2.07	0.99
28 元/工日		未计价材料费							121.20				
清单项目综合单价									16.24				
材料费明细	主要材料名称、规格、型号				单位	数量			单价（元）	合价（元）	暂估单价（元）		暂估合价（元）
	水龙头 *DN*15				个	8.08					15.00		121.20
	其他材料费												0.00
	材料费小计												121.20

注　管理费按人工费 42%，利润按人工费 20%计。

表 1-6（A21） **工程量清单综合单价分析表**

工程名称：某住宅楼给排水工程　　标段：　　第 21 页　共 22 页

项目编码	030804017001			项目名称	铸铁地漏安装 $DN50$				计量单位		个		
清单综合单价组成明细													
定额编号	定额名称	定额单位	数量	单价					合价				
				人工费	材料费	机械费	管理费	利润	人工费	材料费	机械费	管理费	利润
8-514	铸铁地漏 $DN50$	10 组	0.6	35.99	19.48	0.00	15.12	7.20	21.59	11.69	0.00	9.07	4.32
人工单价		小计							21.59	11.69	0.00	9.07	4.32
28 元/工日		未计价材料费							120.00				
清单项目综合单价									27.78				
材料费明细	主要材料名称、规格、型号				单位	数量			单价（元）	合价（元）	暂估单价（元）	暂估合价（元）	
	铸铁地漏 $DN50$				个	6.00					20.00	120.00	
	其他材料费											0.00	
	材料费小计											120.00	

注 管理费按人工费 42%，利润按人工费 20%计。

表 1-6（A22） **工程量清单综合单价分析表**

工程名称：某住宅楼给排水工程　　标段：　　第 22 页　共 22 页

项目编码	030804017002			项目名称	塑料地漏安装 $DN50$				计量单位		个		
清单综合单价组成明细													
定额编号	定额名称	定额单位	数量	单价					合价				
				人工费	材料费	机械费	管理费	利润	人工费	材料费	机械费	管理费	利润
8-514	塑料地漏 $DN50$	10 组	1.8	35.99	19.48	0.00	15.12	7.20	64.78	35.06	0.00	27.21	12.96
人工单价		小计							64.78	35.06	0.00	27.21	12.96
28 元/工日		未计价材料费							180.00				
清单项目综合单价									17.78				
材料费明细	主要材料名称、规格、型号				单位	数量			单价（元）	合价（元）	暂估单价（元）	暂估合价（元）	
	塑料地漏 $DN50$				个	18.00					10.00	180.00	
	其他材料费											0.00	
	材料费小计											180.00	

注 管理费按人工费 42%，利润按人工费 20%计。

2. 分部分项工程量清单计价表［见表 1-7（A)］

表 1-7（A）

分部分项工程量清单计价表

工程名称：某住宅楼给排水工程　　标段：　　第 1 页　共 1 页

序号	项目编码	项目名称	项目特征描述	计量单位	工程量	金额（元）			
						综合单价	合价	其中：人工费	其中：暂估价
1	030801003001	承插铸铁管	*DN*150，室内排水工程，水泥接口，埋地敷设，刷沥青二度	m	14.7	105.70	1553.79	146.56	705.60
2	030801003002	承插铸铁管	*DN*100，室内排水工程，水泥接口，埋地敷设，刷沥青二度	m	3.3	90.09	297.297	29.05	117.48
3	030801003003	承插铸铁管	*DN*75，室内排水工程，水泥接口，埋地敷设，刷沥青漆二度	m	5.0	65.13	325.65	34.37	139.50
4	030801003004	承插铸铁管	*DN*50，室内排水工程，水泥接口，埋地敷设，刷沥青漆二度	m	3.6	41.19	148.284	19.92	63.36
5	030801005001	塑料管	*DN*32，PP-R 管，室内给水工程，热熔连接	m	2.7	21.78	58.81	9.15	22.03
6	030801005002	塑料管	*DN*25，PP-R 管，室内给水工程，热熔连接	m	10.3	17.10	176.13	32.76	63.04
7	030801005003	塑料管	*DN*20，PP-R 管，室内给水工程，热熔连接	m	12.0	14.33	171.96	33.92	48.96
8	030801005004	塑料管	*DN*15，PP-R 管，室内给水工程，热熔连接	m	80.4	11.40	916.56	213.86	164.02
9	030801005005	塑料管	*DN*100，塑料螺旋消声排水管，室内排水工程，螺母、密封圈连接，明装	m	34.0	52.97	1800.98	205.56	724.20

续表

序号	项目编码	项目名称	项目特征描述	计量单位	工程量	金额（元）			
						综合单价	合价	其中：人工费	其中：暂估价
10	030801005006	塑料管	*DN*75，塑料螺旋消声排水管，室内排水工程，螺母、密封圈连接，明装	m	21.0	36.47	765.87	106.87	303.35
11	030801005007	塑料管	*DN*50，塑料螺旋消声排水管，室内排水工程，螺母、密封圈连接，明装	m	30.4	24.63	748.75	123.00	293.97
12	030803001001	螺纹阀门	*DN*25，截止阀，螺纹连接	个	2	47.95	95.90	5.28	80.80
13	030803010001	水表	*DN*15，螺纹连接	个	8	76.08	608.64	59.84	404.00
14	030804001001	浴盆安装	陶瓷，成组安装	组	4	1542.16	6168.64	72.10	6000.00
15	030804003001	洗脸盆安装	陶瓷，成组安装	组	4	288.10	1152.40	44.15	1010.00
16	030804005001	洗菜盆安装	陶瓷，成组安装	组	8	163.51	1308.08	88.88	808.00
17	030804007001	淋浴器安装	*DN*15，钢管，成套安装	套	4	123.45	493.80	21.12	400.00
18	030804012001	大便器	坐便器，陶瓷，带低水箱，成套安装	套	4	342.35	1369.40	70.90	1212.00
19	030804012002	大便器	蹲便器，陶瓷，带高水箱，成套安装	套	4	296.26	1185.04	86.51	606.00
20	030804016001	水龙头	*DN*15，铸铁	套	8	16.24	129.92	4.93	121.20
21	030804017001	地漏	*DN*50，铸铁	个	6	27.78	166.68	21.59	120.00
22	030804017002	地漏	*DN*50，塑料	个	18	17.78	320.04	64.78	180.00
合计							19 962.62	1495.10	13 587.51

3. 措施项目清单与计价表［见表1-8（A）］

表1-8（A） **措施项目清单与计价表**

工程名称：某住宅楼给排水工程 标段： 第1页 共1页

序号	项目名称	计算基础	费率（%）	金额（元）
1	安全文明施工费	1495.10	4.50%	67.28
2	夜间施工费	1495.10	2.50%	37.38
3	二次搬运费	1495.10	2.10%	31.40
4	冬雨季施工	1495.10	2.80%	41.86
5	大型机械设备进出场及安拆费	1495.10	0.00%	0.00
6	施工排水	1495.10	0.00%	0.00
7	施工降水	1495.10	0.00%	0.00
8	地上、地下设施、建筑物的临时保护设施	1495.10	12.00%	179.41
9	已完工程及设备保护	1495.10	1.30%	19.44
10	脚手架搭拆费	1495.10	5.00%	74.76
合计				451.52

注 计算基础为人工费。

4. 规费、税金项目清单与计价表［见表1-9（A）］

表1-9（A） **规费、税金项目清单与计价表**

工程名称：某住宅楼给排水工程 标段： 第1页 共1页

序号	项目名称	计算基础	费率（%）	金额（元）
1	规费	1.2项+1.5项		551.18
1.1	工程排污费			
1.2	社会保障费	19 962.62+451.52	2.60%	530.77
(1)	养老保险费			
(2)	失业保险费			
(3)	医疗保险费			
1.3	住房公积金			
1.4	危险作业意外伤害保险			
1.5	工程定额测定费	19 962.62+451.52	0.10%	20.41
2	税金	分部分项工程费+措施项目费+其他项目费+规费	3.44%	721.21
合计				1272.39

注 规费的计算基础为分部分项工程费+措施项目费+其他项目费，其他项目费本例不计。

5. 单位工程招标控制价/投标报价汇总表［见表 1-10（A）］

表 1-10（A） **单位工程招标控制价/投标报价汇总表**

工程名称：某住宅楼给排水工程 标段： 第 1 页 共 1 页

序号	汇 总 内 容	金额（元）	其中：暂估价（元）	序号	汇 总 内 容	金额（元）	其中：暂估价（元）
1	分部分项工程	19 962.62	13 587.51	1.21	铸铁地漏 DN50	166.68	120
1.1	承插铸铁管 DN150	1553.79	705.6	1.22	塑料地漏 DN50	320.04	180
1.2	承插铸铁管 DN100	297.297	117.48	2	措施项目	451.52	
1.3	承插铸铁管 DN75	325.65	139.5	2.1	安全文明施工费	67.28	
1.4	承插铸铁管 DN50	148.284	63.36	2.2	夜间施工费	37.38	
1.5	PP-R 塑料管 DN32	58.81	22.03	2.3	二次搬运费	31.40	
1.6	PP-R 塑料管 DN25	176.13	63.04	2.4	冬雨季施工	41.86	
1.7	PP-R 塑料管 DN20	171.96	48.96	2.5	大型机械设备进出场及安拆费	0.00	
1.8	PP-R 塑料管 DN15	916.56	164.02	2.6	施工排水	0.00	
1.9	塑料排水管 DN100	1800.98	724.2	2.7	施工降水	0.00	
1.10	塑料排水管 DN75	765.87	303.35	2.8	地上、地下设施、建筑物的临时保护设施	179.41	
1.11	塑料排水管 DN50	748.75	293.97	2.9	已完工程及设备保护	19.44	
1.12	螺纹阀门 DN25	95.9	80.8	2.10	脚手架搭拆费	74.76	
1.13	水表 DN15	608.64	404	3	其他项目	0.00	
1.14	浴盆安装	6168.64	6000	3.1	暂列金额		
1.15	洗脸盆安装	1152.4	1010	3.2	专业工程暂估价		
1.16	洗菜盆安装	1308.08	808	3.3	计日工		
1.17	淋浴器安装	493.8	400	3.4	总承包服务费		
1.18	坐便器	1369.4	1212	4	规费	551.18	
1.19	蹲便器	1185.04	606	5	税金	721.21	
1.20	水龙头 DN15	129.92	121.2	招标控制价合计=1+2+3+4+5		21 686.53	13 587.51

【习题二】某住宅楼采暖安装工程定额计价及清单计价案例参考答案

一、定额计价模式确定工程造价

1. 工程量计算［见表 2-2 (A)］

表 2-2 (A) **工 程 量 计 算 书**

项目名称：某住宅楼采暖工程

序 号	项 目 名 称	单 位	计 算 公 式	数 量
1	焊接钢管焊接 *DN*50	m	<u>(1.5+0.6+11.7+1.2)</u>+<u>(1.5+0.3+0.3+0.9)</u>	18.0 (<u>5.1</u>)
2	焊接钢管焊接 *DN*40	m	<u>3.3</u>+3.3+<u>0.08</u>	6.68 (<u>3.38</u>)
3	焊接钢管丝接 *DN*32	m	7.1+<u>7.1</u>+(11.7−6−0.2−0.5)×2+(<u>0.3</u>+0.2+3)×2	31.04 (<u>7.54</u>)
4	焊接钢管丝接 *DN*25	m	3×4+3+<u>3.3</u>	18.3 (<u>3.3</u>)
5	焊接钢管丝接 *DN*20	m	<u>5.8</u>×2+<u>6.6</u>×2−<u>0.08</u>+(11.7+<u>0.3</u>)×3−0.5×7+0.2+(1.65−13×0.07/2−0.12−0.05)×8+(1.65−14×0.07/2−0.12−0.05)×8+(1.65−11×0.07/2−0.12−0.05)×8	82.3 (<u>13.22</u>)
6	焊接钢管丝接 *DN*15	m	(3.65−11×0.07)×8+(3.45−11×0.07)×8	44.48
7	散热器 M132	片	15×2+14×2+13×2+12×10+11×2+10×10	326
8	法兰阀 *DN*50	个		2
9	螺纹阀 *DN*32	个		4
10	螺纹阀 *DN*20	个		12
11	螺纹阀 *DN*15	个	28×2	56
12	自动排气阀 *DN*20	个		1
13	手动放风阀 ϕ8	个		28
14	焊接法兰 *DN*50	副		2
15	管道刷银粉漆	m²	18.85×12.9/100+15.07×3.3/100+13.27×23.5/100+10.52×15/100+8.4×69.08/100	13.43
16	管道岩棉保温 (δ=30mm)	m³	0.89×5.1/100+0.76×3.38/100+0.71×7.54/100+0.63×3.3/100+0.56×13.22/100	0.22
17	玻璃丝布保护层	m²	41.2×5.1/100+37.43×3.38/100+35.64×7.54/100+32.88×3.3/100+30.77×13.22/100	11.21

注 1. 带下划线数字，例如：<u>5.1</u> 为地面以下管道，标注的目的是便于计算保温、保护层数量。

2. 刷油、保温及保护层数量计算参照第十一册附录。

2. 计算直接工程费［见表2-3（A）］

表2-3（A） **安装工程预（结）算书**

工程名称：某住宅楼采暖工程 年 月 日

序号	定额编号	项 目 名 称	单位	数量	单 价			合 计		
					基 价	人工费	主材费	合 价	人工费	主材费
1	8-61	焊管焊接 *DN*50	10m	1.80	140.56	62.92	122.40	253.01	113.26	220.32
2	8-60	焊管焊接 *DN*40	10m	0.67	55.90	37.20	102.00	37.45	24.92	68.34
3	8-51	焊管丝接 *DN*32	10m	3.10	98.78	52.36	81.60	306.22	162.32	252.96
4	8-50	焊管丝接 *DN*25	10m	1.83	88.74	51.30	61.20	162.39	93.88	112.00
5	8-49	焊管丝接 *DN*20	10m	8.23	64.94	41.71	51.00	534.46	343.27	419.73
6	8-48	焊管丝接 *DN*15	10m	4.45	56.63	41.23	40.80	252.00	183.47	181.56
7	8-76	铸铁 M132 散热器	10片	32.60	59.55	23.41	303.00	1941.33	763.17	9877.80
8	8-543	法兰阀 *DN*50	个	2.00	87.00	10.78	50.00	174.00	21.56	100.00
9	8-529	螺纹阀 *DN*32	个	4.00	7.93	3.30	30.30	31.72	13.20	121.20
10	8-527	螺纹阀 *DN*20	个	12.00	4.80	2.20	20.20	57.60	26.40	242.40
11	8-526	螺纹阀 *DN*15	个	56.00	4.21	2.20	10.10	235.76	123.20	565.60
12	8-615	法兰焊接 *DN*50	副	2.00	25.28	6.38	25.00	50.56	12.76	50.00
13	8-639	自动排气阀 *DN*20	个	1.00	11.26	5.15	50.00	11.26	5.15	50.00
14	8-641	手动跑风 $\phi 8$	个	28.00	0.69	0.66	2.02	19.32	18.48	56.56
15		8册小计						4067.08	1905.04	12 318.47
16	11-57/58	管道刷银粉漆二度	$10m^2$	1.34	30.58	11.50	0.00	40.98	15.41	0.00
17	11-953	管道岩棉保温	m^3	0.22	79.76	60.28	515.00	17.55	13.26	113.30
18	11-1045	玻璃丝布保护层	$10m^2$	1.13	9.96	9.83	140.00	11.25	11.11	158.20
19		11册小计						69.78	39.78	271.50
20		8册、11册合计						4136.86	1944.82	12 589.97
21		脚手架搭拆费	8册脚手架搭拆费+11册刷油脚手架搭拆费+11册保温脚手架搭拆费					102.94	25.74	
22		其中：8册脚手架搭拆费	8册人工费×5%×25%					95.25	23.81	
23		11册刷油脚手架搭拆费	11册刷油人工费×8%×25%					1.23	0.31	
24		11册保温脚手架搭拆费	11册保温人工费×20%×25%					4.87	1.22	
25		采暖系统调整费	（8册、11册合计人工费+脚手架搭拆人工费）×15%×20%					295.58	59.12	
26		直接工程费	4136.86+12 589.97+102.94+295.58					17 125.35	2029.68	

3. 计算安装工程费用（造价）[见表 2-4（A）]

表 2-4（A） **定额计价的计算程序**

项目名称：某住宅楼采暖工程 Ⅲ类工程

序 号	费用项目名称	计算方法	金 额
一	直接费	17 125.35+617.02	17 742.37
	（一）直接工程费	定额表	17 125.35
	其中：人工费（R1）	定额表	2029.68
	（二）措施费		617.02
	1. 环境保护费	R1×费率=2029.68×2.2%	44.65
	2. 文明施工费	R1×费率=2029.68×4.5%	91.34
	3. 临时设施费	R1×费率=2029.68×12%	243.56
	4. 夜间施工增加费	R1×费率=2029.68×2.5%	50.74
	5. 二次搬运费	R1×费率=2029.68×2.1%	42.62
	6. 冬雨季施工增加费	R1×费率=2029.68×2.8%	56.83
	7. 已完工程及设备保护费	R1×费率=2029.68×1.3%	26.39
	8. 总承包服务费	R1×费率=2029.68×3%	60.89
	其中：人工费（R2）	(45.65+91.34+243.56+26.39)×25%+50.74×50%+(42.61+56.83)×40%	166.63
二	企业管理费	(R1+R2)×费率=(2029.68+166.63)×42%	922.45
三	利润	(R1+R2)×费率=(2029.68+166.63)×20%	439.26
四	规费		515.80
	1. 工程排污费	—	
	2. 工程定额测定费	(17 742.37+922.45+439.26) ×0.1%	19.10
	3. 社会保障费	(17 742.37+922.45+439.26) ×2.6%	496.70
	4. 住房公积金	—	
	5. 危险作业意外伤害保险	—	
	6. 安全施工费	—	
五	税金	(17 742.37+922.45+439.26+515.80)×3.44%	674.92
六	安装工程费用合计	17 742.37+922.45+439.26+515.80+674.92	20 294.80

二、清单计价模式确定工程造价

（一）工程量清单［见表 2-5（A）］

工程量清单的编制内容与格式按照《计价规范》的要求。本例只列分部分项工程量清单，参考表 2-2（A）确定。

表 2-5（A） 分部分项工程量清单表

工程名称：某住宅楼采暖工程　　标段：　　第 1 页　共 1 页

序号	项目编码	项目名称	项目特征描述	计量单位	工程量
1	030801002001	钢管	*DN*50，焊接钢管，焊接，室内采暖工程，暗装，除轻锈，刷红丹防锈漆一度，岩棉管壳（δ=30mm）保温，外缠玻璃丝布一道	m	5.1
2	030801002002	钢管	*DN*40，焊接钢管，焊接，室内采暖工程，暗装，除轻锈，刷红丹防锈漆一度，岩棉管壳（δ=30mm）保温，外缠玻璃丝布一道	m	3.38
3	030801002003	钢管	*DN*32，焊接钢管，螺纹连接，室内采暖工程，暗装，除轻锈，刷红丹防锈漆一度，岩棉管壳（δ=30mm）保温，外缠玻璃丝布一道	m	7.54
4	030801002004	钢管	*DN*25，焊接钢管，螺纹连接，室内采暖工程，暗装，除轻锈，刷红丹防锈漆一度，岩棉管壳（δ=30mm）保温，外缠玻璃丝布一道	m	3.3
5	030801002005	钢管	*DN*20，焊接钢管，螺纹连接，室内采暖工程，暗装，除轻锈，刷红丹防锈漆一度，岩棉管壳（δ=30mm）保温，外缠玻璃丝布一道	m	13.22
6	030801002006	钢管	*DN*50，焊接钢管，焊接，室内采暖工程，明装，除轻锈，刷红丹防锈漆一度，刷银粉二度	m	12.9
7	030801002007	钢管	*DN*40，焊接钢管，焊接，室内采暖工程，明装，除轻锈，刷红丹防锈漆一度，刷银粉二度	m	3.3
8	030801002008	钢管	*DN*32，焊接钢管，螺纹连接，室内采暖工程，明装，除轻锈，刷红丹防锈漆一度，刷银粉二度	m	23.5
9	030801002009	钢管	*DN*25，焊接钢管，螺纹连接，室内采暖工程，明装，除轻锈，刷红丹防锈漆一度，刷银粉二度	m	15
10	030801002010	钢管	*DN*20，焊接钢管，螺纹连接，室内采暖工程，明装，除轻锈，刷红丹防锈漆一度，刷银粉二度	m	69.08
11	030801002011	钢管	*DN*15，焊接钢管，螺纹连接，室内采暖工程，明装，除轻锈，刷红丹防锈漆一度，刷银粉二度	m	44.48
12	030805001001	M132 型铸铁散热器	带漆散片供应，手动放风阀 *DN*8 安装	片	326
13	030803003001	焊接法兰阀门	钢制法兰阀 *DN*50，法兰连接	个	2
14	030803001001	螺纹阀门	铸铁螺纹阀，*DN*32，螺纹连接	个	4
15	030803001002	螺纹阀门	铸铁螺纹阀，*DN*20，螺纹连接	个	12
16	030803001003	螺纹阀门	铸铁螺纹阀，*DN*15，螺纹连接	个	56
17	030803005001	自动排气阀	钢制自动排气阀，*DN*20，螺纹连接	个	1
18	030803009001	法兰	钢制法兰，*DN*50，焊接	副	2
19	030807001001	采暖工程系统调整费	系统	系统	1

（二）工程量清单计价

工程量清单计价按照《计价规范》的要求、相关定额价目表以及表 2-1 的材料价格确定。

1. 工程量清单综合单价分析表［见表 2-6（A）］

表 2-6（A1） **工程量清单综合单价分析表**

工程名称：某住宅楼采暖工程 标段： 第 1 页 共 19 页

项 目 编 码	030801002001	项目名称	焊接钢管焊接 *DN*50	计量单位	m

清单综合单价组成明细

定额编号	定额名称	定额单位	数量	单价					合价				
				人工费	材料费	机械费	管理费	利润	人工费	材料费	机械费	管理费	利润
8-61	焊管焊接 *DN*50	10m	0.51	62.92	50.07	27.57	26.43	12.58	32.09	25.54	14.06	13.48	6.42
11-953	管道岩棉保温	m^3	0.05	60.28	12.22	7.26	25.32	12.06	3.01	0.61	0.36	1.27	0.60
11-1045	管道玻璃布保护层	$10m^2$	0.21	9.83	0.13	0.00	4.13	1.97	2.06	0.03	0.00	0.87	0.41
人工单价		小 计							37.16	26.17	14.42	15.62	7.43
28 元/工日		未计价材料费							129.56				
清单项目综合单价									45.17				

材料费明细	主要材料名称、规格、型号	单位	数量	单价（元）	合价（元）	暂估单价（元）	暂估合价（元）
	焊接钢管 *DN*50	m	5.20			12.00	62.40
	岩棉管壳（δ=30mm）	m^3	0.05			500.00	26.00
	玻璃丝布	m^2	2.94			14.00	41.16
	其他材料费						0.00
	材料费小计						129.56

注 管理费按人工费 42%，利润按人工费 20%计。

表 2-6（A2） 工程量清单综合单价分析表

工程名称：某住宅楼采暖工程 标段： 第 2 页 共 19 页

项 目 编 码	030801002002		项目名称	焊接钢管焊接 $DN40$					计量单位		m	
清单综合单价组成明细												
定额编号	定额名称	定额单位	数量	单价					合价			
				人工费	材料费	机械费	管理费	利润	人工费	材料费	机械费	管理费	利润
8-60	焊管焊接 $DN40$	10m	0.34	55.9	37.21	23.47	23.48	11.18	19.01	12.65	7.98	7.98	3.80
11-953	管道岩棉保温	m^3	0.03	60.28	12.22	7.26	25.32	12.06	1.81	0.37	0.22	0.76	0.36
11-1045	管道玻璃布保护层	$10m^2$	0.12	9.83	0.13	0.00	4.13	1.97	1.28	0.02	0.00	0.54	0.26
人工单价		小 计							22.09	13.04	8.20	9.28	4.42
28 元/工日		未计价材料费							75.78				
清单项目综合单价									39.29				
材料费明细	主要材料名称、规格、型号			单位	数量				单价（元）	合价（元）	暂估单价（元）	暂估合价（元）	
	焊接钢管 $DN40$			m	3.47						10.00	34.70	
	岩棉管壳（δ=30mm）			m^3	0.03						500.00	15.60	
	玻璃丝布			m^2	1.82						14.00	25.48	
	其他材料费											0.00	
	材料费小计											75.78	

注 管理费按人工费 42%，利润按人工费 20%计。

表 2-6（A3）

工程量清单综合单价分析表

工程名称：某住宅楼采暖工程　　标段：　　第 3 页 共 19 页

项目编码	030801002003	项目名称	焊接钢管螺纹连接 *DN*32	计量单位	m

清单综合单价组成明细													
定额编号	定额名称	定额单位	数量	单价					合价				
				人工费	材料费	机械费	管理费	利润	人工费	材料费	机械费	管理费	利润
8-51	焊管丝接 *DN*32	10m	0.76	52.36	42.78	3.64	21.99	10.47	39.27	32.09	2.73	16.49	7.85
11-953	管道岩棉保温	m^3	0.05	60.28	12.22	7.26	25.32	12.06	3.01	0.61	0.36	1.27	0.60
11-1045	管道玻璃布保护层	$10m^2$	0.27	9.83	0.13	0.00	4.13	1.97	2.65	0.04	0.00	1.11	0.53
人工单价		小计							44.93	32.74	3.09	18.87	8.98
28 元/工日		未计价材料费							125.00				
清单项目综合单价									30.98				

材料费明细	主要材料名称、规格、型号	单位	数量	单价（元）	合价（元）	暂估单价（元）	暂估合价（元）
	焊接钢管 *DN*32	m	7.65			8.00	61.20
	岩棉管壳（δ=30mm）	m^3	0.05			500.00	26.00
	玻璃丝布	m^2	3.78			10.00	37.80
	其他材料费						0.00
	材料费小计						125.00

注 管理费按人工费 42%，利润按人工费 20%计。

表 2-6（A4）　　**工程量清单综合单价分析表**

工程名称：某住宅楼采暖工程　　标段：　　第 4 页　共 19 页

项目编码	030801002004	项目名称	焊接钢管螺纹连接 *DN*25	计量单位	m

清单综合单价组成明细

定额编号	定额名称	定额单位	数量	单价					合价				
				人工费	材料费	机械费	管理费	利润	人工费	材料费	机械费	管理费	利润
8-50	焊接钢管丝接 *DN*25	10m	0.33	51.3	34.16	3.28	21.55	10.26	16.93	11.27	1.08	7.11	3.39
11-953	管道岩棉保温	m^3	0.02	60.28	12.22	7.26	25.32	12.06	1.21	0.24	0.15	0.51	0.24
11-1045	管道玻璃布保护层	$10m^2$	0.11	9.83	0.13	0.00	4.13	1.97	1.08	0.01	0.00	0.45	0.22
人工单价		小计							19.22	11.52	1.23	8.07	3.85
28 元/工日		未计价材料费							46.00				
清单项目综合单价									27.24				

材料费明细	主要材料名称、规格、型号	单位	数量	单价（元）	合价（元）	暂估单价（元）	暂估合价（元）
	焊接钢管 *DN*25	m	3.37			6.00	20.20
	岩棉管壳（δ=30mm）	m^3	0.02			500.00	10.40
	玻璃丝布	m^2	1.54			10.00	15.40
	其他材料费						0.00
	材料费小计						46.00

注　管理费按人工费 42%，利润按人工费 20%计。

表 2-6（A5）

工程量清单综合单价分析表

工程名称：某住宅楼采暖工程　　标段：　　第 5 页　共 19 页

项目编码	030801002005	项目名称	焊接钢管螺纹连接 *DN*20	计量单位	m

清单综合单价组成明细

定额编号	定额名称	定额单位	数量	单价					合价				
				人工费	材料费	机械费	管理费	利润	人工费	材料费	机械费	管理费	利润
8-49	焊接钢管 *DN*20	10m	1.32	41.71	23.23	0.00	17.52	8.34	55.06	30.66	0.00	23.12	11.01
11-953	管道岩棉保温	m^3	0.07	60.28	12.22	7.26	25.32	12.06	4.22	0.86	0.51	1.77	0.84
11-1045	管道玻璃布保护层	$10m^2$	0.41	9.83	0.13	0.00	4.13	1.97	4.03	0.05	0.00	1.69	0.81
人工单价		小计							63.31	31.57	0.51	26.58	12.66
28 元/工日		未计价材料费							161.12				
清单项目综合单价									22.37				

	主要材料名称、规格、型号	单位	数量	单价（元）	合价（元）	暂估单价（元）	暂估合价（元）
材料费明细	焊接钢管 *DN*20	m	13.46			5.00	67.32
	岩棉管壳（δ=30mm）	m^3	0.07			500.00	36.40
	玻璃丝布	m^2	5.74			10.00	57.40
	其他材料费						0.00
	材料费小计						161.12

注　管理费按人工费 42%，利润按人工费 20%计。

表 2-6（A6）

工程量清单综合单价分析表

工程名称：某住宅楼采暖工程　　标段：　　第 6 页　共 19 页

<table>
<tr><td colspan="2">项 目 编 码</td><td colspan="2">030801002006</td><td colspan="2">项目名称</td><td colspan="5">焊接钢管螺纹连接 DN50</td><td colspan="2">计量单位</td><td colspan="2">m</td></tr>
<tr><td colspan="15">清单综合单价组成明细</td></tr>
<tr><td rowspan="2">定额编号</td><td rowspan="2">定额名称</td><td rowspan="2">定额单位</td><td rowspan="2">数量</td><td colspan="5">单　价</td><td colspan="6">合　价</td></tr>
<tr><td>人工费</td><td>材料费</td><td>机械费</td><td>管理费</td><td>利润</td><td>人工费</td><td>材料费</td><td colspan="2">机械费</td><td>管理费</td><td>利润</td></tr>
<tr><td>8-61</td><td>焊管焊接 DN50</td><td>10m</td><td>1.29</td><td>62.92</td><td>50.07</td><td>27.57</td><td>26.43</td><td>12.58</td><td>81.17</td><td>64.59</td><td colspan="2">35.57</td><td>34.09</td><td>16.23</td></tr>
<tr><td>11-57</td><td>焊接钢管刷银粉一度</td><td>10m²</td><td>0.24</td><td>5.85</td><td>9.98</td><td>0.00</td><td>2.46</td><td>1.17</td><td>1.40</td><td>2.40</td><td colspan="2">0.00</td><td>0.59</td><td>0.28</td></tr>
<tr><td>11-58</td><td>焊接钢管刷银粉二度</td><td>10m²</td><td>0.24</td><td>5.65</td><td>9.10</td><td>0.00</td><td>2.37</td><td>1.13</td><td>1.36</td><td>2.18</td><td colspan="2">0.00</td><td>0.57</td><td>0.27</td></tr>
<tr><td colspan="2">人工单价</td><td colspan="7">小　计</td><td>83.93</td><td>69.17</td><td colspan="2">35.57</td><td>35.25</td><td>16.98</td></tr>
<tr><td colspan="2">28 元/工日</td><td colspan="7">未计价材料费</td><td colspan="6">157.90</td></tr>
<tr><td colspan="9">清单项目综合单价</td><td colspan="6">30.90</td></tr>
<tr><td rowspan="4">材料费明细</td><td colspan="4">主要材料名称、规格、型号</td><td colspan="2">单位</td><td colspan="2">数量</td><td>单价（元）</td><td>合价（元）</td><td colspan="2">暂估单价（元）</td><td colspan="2">暂估合价（元）</td></tr>
<tr><td colspan="4">焊接钢管 DN50</td><td colspan="2">m</td><td colspan="2">13.16</td><td></td><td></td><td colspan="2">12.00</td><td colspan="2">157.90</td></tr>
<tr><td colspan="8">其他材料费</td><td></td><td></td><td colspan="2"></td><td colspan="2">0.00</td></tr>
<tr><td colspan="8">材料费小计</td><td></td><td></td><td colspan="2"></td><td colspan="2">157.90</td></tr>
</table>

注　管理费按人工费 42%，利润按人工费 20%计。

表 2-6（A7） **工程量清单综合单价分析表**

工程名称：某住宅楼采暖工程 标段： 第 7 页 共 19 页

项目编码		030801002007		项目名称		焊接钢管螺纹连接 *DN*40				计量单位		m	
清单综合单价组成明细													
定额编号	定额名称	定额单位	数量	单价					合价				
				人工费	材料费	机械费	管理费	利润	人工费	材料费	机械费	管理费	利润
8-60	焊管焊接 *DN*40	10m	0.33	55.90	37.21	23.47	23.48	11.18	18.45	12.28	7.75	7.75	3.69
11-57	焊接钢管刷银粉一度	$10m^2$	0.05	5.85	9.98	0.00	2.46	1.17	0.29	0.50	0.00	0.12	0.06
11-58	焊接钢管刷银粉二度	$10m^2$	0.05	5.65	9.10	0.00	2.37	1.13	0.28	0.46	0.00	0.12	0.06
人工单价		小计							19.02	13.24	7.75	7.99	3.81
28 元/工日		未计价材料费							33.66				
清单项目综合单价									25.90				
材料费明细	主要材料名称、规格、型号				单位	数量			单价（元）	合价（元）	暂估单价（元）	暂估合价（元）	
	焊接钢管 *DN*40				m	3.37					10.00	33.66	
	其他材料费											0.00	
	材料费小计											33.66	

注 管理费按人工费 42%，利润按人工费 20%计。

表 2-6（A8）

工程量清单综合单价分析表

工程名称：某住宅楼采暖工程　　标段：　　第 8 页　共 19 页

项目编码	030801002008	项目名称	焊接钢管螺纹连接 DN40	计量单位	m

清单综合单价组成明细

定额编号	定额名称	定额单位	数量	单价					合价				
				人工费	材料费	机械费	管理费	利润	人工费	材料费	机械费	管理费	利润
8-51	焊管丝接 DN32	10m	2.35	52.36	42.78	3.64	21.99	10.47	123.05	100.53	8.55	51.68	24.61
11-57	焊接钢管刷银粉一度	$10m^2$	0.31	5.85	9.98	0.00	2.46	1.17	1.81	3.09	0.00	0.76	0.36
11-58	焊接钢管刷银粉二度	$10m^2$	0.31	5.65	9.10	0.00	2.37	1.13	1.75	2.82	0.00	0.74	0.35
人工单价		小计							126.61	106.44	8.55	53.18	25.32
28 元/工日		未计价材料费							191.76				
清单项目综合单价									21.78				

材料费明细	主要材料名称、规格、型号	单位	数量	单价（元）	合价（元）	暂估单价（元）	暂估合价（元）
	焊接钢管 DN32	m	23.97			8.00	191.76
	其他材料费						0.00
	材料费小计						191.76

注　管理费按人工费 42%，利润按人工费 20%计。

表 2-6（A9）

工程量清单综合单价分析表

工程名称：某住宅楼采暖工程 标段： 第 9 页 共 19 页

项目编码	030801002009	项目名称	焊接钢管螺纹连接 $DN25$	计量单位	m

清单综合单价组成明细

定额编号	定额名称	定额单位	数量	单价					合价				
				人工费	材料费	机械费	管理费	利润	人工费	材料费	机械费	管理费	利润
8-50	焊管丝接 $DN25$	10m	1.50	51.30	34.16	3.28	21.55	10.26	76.95	51.24	4.92	32.32	15.39
11-57	焊接钢管刷银粉一度	$10m^2$	0.16	5.85	9.98	0.00	2.46	1.17	0.94	1.60	0.00	0.39	0.19
11-58	焊接钢管刷银粉二度	$10m^2$	0.16	5.65	9.10	0.00	2.37	1.13	0.90	1.46	0.00	0.38	0.18
人工单价		小计							78.79	54.30	4.92	33.09	15.76
28 元/工日		未计价材料费							91.80				
清单项目综合单价									18.58				

材料费明细	主要材料名称、规格、型号	单位	数量	单价（元）	合价（元）	暂估单价（元）	暂估合价（元）
	焊接钢管 $DN25$	m	15.30			6.00	91.80
	其他材料费						0.00
	材料费小计						91.80

注 管理费按人工费 42%，利润按人工费 20%计。

表 2-6（A10）

工程量清单综合单价分析表

工程名称：某住宅楼采暖工程　　标段：　　第 10 页　共 19 页

项目编码	030801002010	项目名称	焊接钢管螺纹连接 DN20	计量单位	m

清单综合单价组成明细

定额编号	定额名称	定额单位	数量	单价					合价				
				人工费	材料费	机械费	管理费	利润	人工费	材料费	机械费	管理费	利润
8-49	焊管丝接 DN20	10m	6.91	41.71	23.23	0.00	17.52	8.34	288.22	160.52	0.00	121.06	57.63
11-57	焊接钢管刷银粉一度	10m²	0.58	5.85	9.98	0.00	2.46	1.17	3.39	5.79	0.00	1.43	0.68
11-58	焊接钢管刷银粉二度	10m²	0.58	5.65	9.10	0.00	2.37	1.13	3.28	5.28	0.00	1.37	0.66
人工单价		小计							294.89	171.59	0.00	123.86	58.96
28 元/工日		未计价材料费							352.40				
清单项目综合单价									14.50				

材料费明细	主要材料名称、规格、型号	单位	数量	单价（元）	合价（元）	暂估单价（元）	暂估合价（元）
	焊接钢管 DN20	m	70.48			5.00	352.40
	其他材料费						0.00
	材料费小计						352.40

注　管理费按人工费 42%，利润按人工费 20%计。

表 2-6（A11） **工程量清单综合单价分析表**

工程名称：某住宅楼采暖工程 标段： 第 11 页 共 19 页

<table>
<tr><td colspan="2">项 目 编 码</td><td colspan="2">030801002011</td><td colspan="2">项目名称</td><td colspan="5">焊接钢管螺纹连接 DN15</td><td colspan="2">计量单位</td><td>m</td></tr>
<tr><td colspan="14">清单综合单价组成明细</td></tr>
<tr><td rowspan="2">定额编号</td><td rowspan="2">定额名称</td><td rowspan="2">定额单位</td><td rowspan="2">数量</td><td colspan="5">单 价</td><td colspan="5">合 价</td></tr>
<tr><td>人工费</td><td>材料费</td><td>机械费</td><td>管理费</td><td>利润</td><td>人工费</td><td>材料费</td><td>机械费</td><td>管理费</td><td>利润</td></tr>
<tr><td>8-48</td><td>焊管丝接 DN15</td><td>10m</td><td>4.45</td><td>41.23</td><td>15.40</td><td>0.00</td><td>17.32</td><td>8.25</td><td>183.47</td><td>68.53</td><td>0.00</td><td>77.07</td><td>36.71</td></tr>
<tr><td>11-57</td><td>焊接钢管刷银粉一度</td><td>10m²</td><td>0.30</td><td>5.85</td><td>9.98</td><td>0.00</td><td>2.46</td><td>1.17</td><td>1.76</td><td>2.99</td><td>0.00</td><td>0.74</td><td>0.35</td></tr>
<tr><td>11-58</td><td>焊接钢管刷银粉二度</td><td>10m²</td><td>0.30</td><td>5.65</td><td>9.10</td><td>0.00</td><td>2.37</td><td>1.13</td><td>1.70</td><td>2.73</td><td>0.00</td><td>0.71</td><td>0.34</td></tr>
<tr><td colspan="2">人工单价</td><td colspan="7">小 计</td><td>186.92</td><td>74.25</td><td>0.00</td><td>78.52</td><td>37.40</td></tr>
<tr><td colspan="2">28 元/工日</td><td colspan="7">未计价材料费</td><td colspan="5">181.48</td></tr>
<tr><td colspan="9">清单项目综合单价</td><td colspan="5">12.56</td></tr>
<tr><td rowspan="4" colspan="2">材料费明细</td><td colspan="4">主要材料名称、规格、型号</td><td colspan="2">单位</td><td>数量</td><td>单价（元）</td><td>合价（元）</td><td>暂估单价（元）</td><td colspan="2">暂估合价（元）</td></tr>
<tr><td colspan="4">焊接钢管 DN50</td><td colspan="2">m</td><td>45.37</td><td></td><td></td><td>4.00</td><td colspan="2">181.48</td></tr>
<tr><td colspan="7">其他材料费</td><td></td><td></td><td colspan="2">0.00</td></tr>
<tr><td colspan="7">材料费小计</td><td></td><td></td><td colspan="2">181.48</td></tr>
</table>

注 管理费按人工费 42%，利润按人工费 20%计。

表 2-6（A12）

工程量清单综合单价分析表

工程名称：某住宅楼采暖工程　　标段：　　第 12 页　共 19 页

项目编码	030805001001	项目名称	铸铁散热器							计量单位	片	
清单综合单价组成明细												
定额编号	定额名称	定额单位	数量	单价					合价			
				人工费	材料费	机械费	管理费	利润	人工费	材料费	机械费	管理费	利润
8-76	铸铁 M132 散热器	10 片	32.60	6.82	4.17	0.00	2.86	1.36	222.33	135.94	0.00	93.38	44.47
11-641	手动放风阀 $\phi 8$	个	28.00	0.66	0.03	0.00	0.28	0.13	18.48	0.84	0.00	7.76	3.70
人工单价		小计							240.81	136.78	0.00	101.14	48.16
28 元/工日		未计价材料费							9934.36				
清单项目综合单价									32.09				
材料费明细	主要材料名称、规格、型号				单位		数量		单价（元）	合价（元）	暂估单价（元）	暂估合价（元）	
	铸铁 M132 散热器				片		329.26				30.00	9877.80	
	手动放风阀 $\phi 8$				个		28.28				2.00	56.56	
	其他材料费											0.00	
	材料费小计											9934.36	

注　管理费按人工费 42%，利润按人工费 20%计。

表 2-6（A13）

工程量清单综合单价分析表

工程名称：某住宅楼采暖工程　　标段：　　第 13 页　共 19 页

项目编码	030803003001	项目名称	焊接法兰阀 *DN*50							计量单位	个		
清单综合单价组成明细													
定额编号	定额名称	定额单位	数量	单价					合价				
				人工费	材料费	机械费	管理费	利润	人工费	材料费	机械费	管理费	利润
8-543	法兰阀 *DN*50	个	2.00	10.78	66.28	9.94	4.53	2.16	21.56	132.56	19.88	9.06	4.31
人工单价		小计							21.56	132.56	19.88	9.06	4.31
28 元/工日		未计价材料费							100.00				
清单项目综合单价									143.68				
材料费明细	主要材料名称、规格、型号				单位		数量		单价（元）	合价（元）	暂估单价（元）	暂估合价（元）	
	焊接法兰阀 *DN*50				个		2.00				50.00	100.00	
	其他材料费											0.00	
	材料费小计											100.00	

注　管理费按人工费 42%，利润按人工费 20%计。

表 2-6（A14）

工程量清单综合单价分析表

工程名称：某住宅楼采暖工程　　标段：　　第 14 页　共 19 页

项目编码	030803001001	项目名称	螺纹阀 *DN*32								计量单位	个	
清单综合单价组成明细													
定额编号	定额名称	定额单位	数量	单价					合价				
				人工费	材料费	机械费	管理费	利润	人工费	材料费	机械费	管理费	利润
8-529	螺纹阀 *DN*32	个	4.00	3.30	4.63	0.00	1.39	0.66	13.20	18.52	0.00	5.54	2.64
人工单价		小计							13.20	18.52	0.00	5.54	2.64
28 元/工日		未计价材料费							121.20				
清单项目综合单价									40.28				
材料费明细	主要材料名称、规格、型号			单位	数量				单价（元）	合价（元）	暂估单价（元）	暂估合价（元）	
	螺纹阀 *DN*32			组	4.04						30.00	121.20	
	其他材料费											0.00	
	材料费小计											121.20	

注　管理费按人工费 42%，利润按人工费 20%计。

表 2-6（A15）

工程量清单综合单价分析表

工程名称：某住宅楼采暖工程　　标段：　　第 15 页　共 19 页

项目编码	030803001002	项目名称	焊接法兰阀 *DN*50								计量单位	个	
清单综合单价组成明细													
定额编号	定额名称	定额单位	数量	单价					合价				
				人工费	材料费	机械费	管理费	利润	人工费	材料费	机械费	管理费	利润
8-527	螺纹阀 *DN*20	个	12.00	2.20	2.60	0.00	0.92	0.44	26.40	31.20	0.00	11.09	5.28
人工单价		小计							26.40	31.20	0.00	11.09	5.28
28 元/工日		未计价材料费							242.40				
清单项目综合单价									26.36				
材料费明细	主要材料名称、规格、型号			单位	数量				单价（元）	合价（元）	暂估单价（元）	暂估合价（元）	
	螺纹阀 *DN*20			个	12.12						20.00	242.40	
	其他材料费											0.00	
	材料费小计											242.40	

注　管理费按人工费 42%，利润按人工费 20%计。

表 2-6（A16）

工程量清单综合单价分析表

工程名称：某住宅楼采暖工程　　标段：　　第 16 页　共 19 页

项目编码		030803001003	项目名称	螺纹阀 *DN*15					计量单位		个
清单综合单价组成明细											
定额编号	定额名称	定额单位	数量	单价					合价				
				人工费	材料费	机械费	管理费	利润	人工费	材料费	机械费	管理费	利润
8-526	螺纹阀 *DN*15	个	56.00	2.20	2.01	0.00	0.92	0.44	123.20	112.56	0.00	51.74	24.64
人工单价		小计							123.20	112.56	0.00	51.74	24.64
28 元/工日		未计价材料费							565.60				
清单项目综合单价									15.67				
材料费明细	主要材料名称、规格、型号				单位	数量			单价（元）	合价（元）	暂估单价（元）	暂估合价（元）	
	螺纹阀 *DN*15				个	56.56					10.00	565.60	
	其他材料费											0.00	
	材料费小计											565.60	

注　管理费按人工费 42%，利润按人工费 20%计。

表 2-6（A17）

工程量清单综合单价分析表

工程名称：某住宅楼采暖工程　　标段：　　第 17 页　共 19 页

项目编码		030803005001	项目名称	自动排气阀 *DN*20					计量单位		个		
清单综合单价组成明细													
定额编号	定额名称	定额单位	数量	单价					合价				
				人工费	材料费	机械费	管理费	利润	人工费	材料费	机械费	管理费	利润
8-639	自动排气阀 *DN*20	个	1.00	5.15	6.11	0.00	2.16	1.03	5.15	6.11	0.00	2.16	1.03
人工单价		小计							5.15	6.11	0.00	2.16	1.03
28 元/工日		未计价材料费							50.00				
清单项目综合单价									64.45				
材料费明细	主要材料名称、规格、型号				单位	数量			单价（元）	合价（元）	暂估单价（元）	暂估合价（元）	
	自动排气阀 *DN*20				个	1.00					50.00	50.00	
	其他材料费											0.00	
	材料费小计											50.00	

注　管理费按人工费 42%，利润按人工费 20%计。

表 2-6（A18）

工程量清单综合单价分析表

工程名称：某住宅楼采暖工程　　　　标段：　　　　第 18 页　共 19 页

项目编码		030803009001		项目名称		法兰 DN50						计量单位		副
清单综合单价组成明细														
定额编号	定额名称	定额单位	数量	单价					合价					
				人工费	材料费	机械费	管理费	利润	人工费	材料费	机械费		管理费	利润
8-615	法兰焊接 DN50	副	2.00	6.38	8.19	10.71	2.68	1.28	12.76	16.38	21.42		5.36	2.55
人工单价		小计							12.76	16.38	21.42		5.36	2.55
28 元/工日		未计价材料费							50.00					
清单项目综合单价									54.24					
材料费明细	主要材料名称、规格、型号					单位	数量		单价（元）	合价（元）	暂估单价（元）		暂估合价（元）	
	法兰 DN50					副	2.00				25.00		50.00	
	其他材料费												0.00	
	材料费小计												50.00	

注　管理费按人工费 42%，利润按人工费 20%计。

表 2-6（A19）

工程量清单综合单价分析表

工程名称：某住宅楼采暖工程　　　　标段：　　　　第 19 页　共 19 页

项目编码		030807001001		项目名称		采暖工程系统调整费						计量单位		系统
清单综合单价组成明细														
定额编号	定额名称	定额单位	数量	单价					合价					
				人工费	材料费	机械费	管理费	利润	人工费	材料费	机械费		管理费	利润
	采暖工程系统调整费	系统	1.00	43.05	172.19	0.00	18.08	8.61	43.05	172.19	0.00		18.08	8.61
人工单价		小计							43.05	172.19	0.00		18.08	8.61
28 元/工日		未计价材料费							0.00					
清单项目综合单价									241.92					
材料费明细	主要材料名称、规格、型号					单位	数量		单价（元）	合价（元）	暂估单价（元）		暂估合价（元）	
						副							0.00	
	其他材料费												0.00	
	材料费小计												0.00	

注　计算基础为合计人工费，费率为 15%，其中人工费占 20%。管理费按人工费 42%，利润按人工费 20%计。

2. 分部分项工程量清单计价表［见表 2-7（A）］

表 2-7（A）

分部分项工程量清单计价表

工程名称：某住宅楼采暖工程　　标段：　　第 1 页　共 1 页

序号	项目编码	项目名称	项目特征描述	计量单位	工程量	金额（元）			
						综合单价	合价	其中：人工费	其中：暂估价
1	030801002001	钢管	*DN*50，焊接钢管，焊接，室内采暖工程，暗装，除轻锈，刷红丹防锈漆一度，岩棉管壳（$\delta=30$mm）保温，外缠玻璃丝布一道	m	5.10	45.17	230.37	37.16	129.56
2	030801002002	钢管	*DN*40，焊接钢管，焊接，室内采暖工程，暗装，除轻锈，刷红丹防锈漆一度，岩棉管壳（$\delta=30$mm）保温，外缠玻璃丝布一道	m	3.38	39.39	133.14	22.09	75.78
3	030801002003	钢管	*DN*32，焊接钢管，螺纹连接，室内采暖工程，暗装，除轻锈，刷红丹防锈漆一度，岩棉管壳（$\delta=30$mm）保温，外缠玻璃丝布一道	m	7.54	30.98	233.59	44.93	125.00
4	030801002004	钢管	*DN*25，焊接钢管，螺纹连接，室内采暖工程，暗装，除轻锈，刷红丹防锈漆一度，岩棉管壳（$\delta=30$mm）保温，外缠玻璃丝布一道	m	3.30	27.24	89.89	19.22	46.00
5	030801002005	钢管	*DN*20，焊接钢管，螺纹连接，室内采暖工程，暗装，除轻锈，刷红丹防锈漆一度，岩棉管壳（$\delta=30$mm）保温，外缠玻璃丝布一道	m	13.22	22.37	295.73	63.37	161.12
6	030801002006	钢管	*DN*50，焊接钢管，焊接，室内采暖工程，明装，除轻锈，刷红丹防锈漆一度，刷银粉二度	m	12.90	30.90	398.61	83.93	157.90
7	030801002007	钢管	*DN*40，焊接钢管，焊接，室内采暖工程，明装，除轻锈，刷红丹防锈漆一度，刷银粉二度	m	3.30	25.90	85.47	19.02	33.66

续表

序号	项目编码	项目名称	项目特征描述	计量单位	工程量	金额（元）			
						综合单价	合价	其中：人工费	其中：暂估价
8	030801002008	钢管	*DN*32，焊接钢管，螺纹连接，室内采暖工程，明装，除轻锈，刷红丹防锈漆一度，刷银粉二度	m	23.50	21.78	511.83	126.61	191.76
9	030801002009	钢管	*DN*25，焊接钢管，螺纹连接，室内采暖工程，明装，除轻锈，刷红丹防锈漆一度，刷银粉二度	m	15.00	18.58	278.70	78.79	91.80
10	030801002010	钢管	*DN*20，焊接钢管，螺纹连接，室内采暖工程，明装，除轻锈，刷红丹防锈漆一度，刷银粉二度	m	69.08	14.50	1001.66	294.89	352.40
11	030801002011	钢管	*DN*15，焊接钢管，螺纹连接，室内采暖工程，明装，除轻锈，刷红丹防锈漆一度，刷银粉二度	m	44.48	12.56	558.67	186.92	181.48
12	030805001001	铸铁散热器	M132 型，带漆散片供应，手动放风阀 $\phi 8$ 安装	片	326	37.97	12 378.22	781.65	9934.36
13	030803003001	焊接法兰阀门	钢制法兰阀，*DN*50，法兰连接	个	2	143.68	287.36	21.56	100.00
14	030803001001	螺纹阀门	铸铁螺纹阀，*DN*32，螺纹连接	个	4	40.28	161.12	13.2	121.20
15	030803001002	螺纹阀门	铸铁螺纹阀，*DN*20，螺纹连接	个	12	26.36	316.32	26.4	242.40
16	030803001003	螺纹阀门	铸铁螺纹阀，*DN*15，螺纹连接	个	56	15.67	877.52	123.2	565.60
17	030803005001	自动排气阀	钢制自动排气阀，*DN*20，螺纹连接	个	1	64.45	64.45	5.15	50.00
18	030803009001	法兰	钢制法兰，*DN*50，焊接	副	2	54.24	108.48	12.76	50.00
19	030807001001	采暖工程系统调整费	系统	系统	1	241.92	241.92	43.05	0.00
合计							18 253.05	2003.90	12 610.02

3. 措施项目清单与计价表［见表2-8（A）］

表2-8（A） **措施项目清单与计价表**

工程名称：某住宅楼采暖工程　　标段：　　第1页　共1页

序号	项目名称	计算基础	费率（%）	金额（元）
1	安全文明施工费	2003.90	4.50	90.18
2	夜间施工费	2003.90	2.50	50.10
3	二次搬运费	2003.90	2.10	42.08
4	冬雨季施工	2003.90	2.80	56.11
5	大型机械设备进出场及安拆费	2003.90	0.00	0.00
6	施工排水	2003.90	0.00	0.00
7	施工降水	2003.90	0.00	0.00
8	地上、地下设施、建筑物的临时保护设施	2003.90	12.00	240.47
9	已完工程及设备保护	2003.90	1.30	26.05
10	脚手架搭拆费	2003.90	5.00	100.20
合计				605.18

注　计算基础为人工费。

4. 规费、税金项目清单与计价表［见表 2-9（A）］

表 2-9（A） **规费、税金项目清单与计价表**

工程名称：某住宅楼采暖工程 标段： 第1页 共1页

序 号	项 目 名 称	计 算 基 础	费 率（%）	金 额（元）
1	规费			509.17
1.1	工程排污费			
1.2	社会保障费	18 253.05+605.18	2.60	490.31
(1)	养老保险费			
(2)	失业保险费			
(3)	医疗保险费			
1.3	住房公积金			
1.4	危险作业意外伤害保险			
1.5	工程定额测定费	18 253.05+605.18	0.10	18.86
2	税金	分部分项工程费+措施项目费+其他项目费+规费	3.44	666.24
合 计				1175.41

注 规费计算基础为分部分项工程费+措施项目费+其他项目费，其他项目费本例不计。

5. 单位工程招标控制价/投标报价汇总表［见表 2-10（A）］

表 2-10（A）

单位工程招标控制价/投标报价汇总表

工程名称：某住宅楼采暖工程　　标段：　　第1页　共1页

序号	汇总内容	金额（元）	其中：暂估价（元）	序号	汇总内容	金额（元）	其中：暂估价（元）
1	分部分项工程	18 253.05	12 610.02	2	措施项目	605.18	
1.1	钢管 DN50，焊接，暗装	230.37	129.58	2.1	安全文明施工费	90.18	
1.2	钢管 DN40，焊接，暗装	133.14	75.78	2.2	夜间施工费	50.10	
1.3	钢管 DN32，焊接，暗装	233.59	125.00	2.3	二次搬运费	42.08	
1.4	钢管 DN25，焊接，暗装	89.89	46.00	2.4	冬雨季施工	56.11	
1.5	钢管 DN20，焊接，暗装	295.73	161.12	2.5	大型机械设备进出场及安拆费	0.00	
1.6	钢管 DN50，焊接，明装	398.61	157.90	2.6	施工排水	0.00	
1.7	钢管 DN40，焊接，明装	85.47	33.66	2.7	施工降水	0.00	
1.8	钢管 DN32，焊接，明装	511.83	191.76	2.8	地上、地下设施、建筑物的临时保护设施	240.47	
1.9	钢管 DN25，焊接，明装	278.70	91.80				
1.10	钢管 DN20，焊接，明装	1001.66	352.40	2.9	已完工程及设备保护	26.05	
1.11	钢管 DN15，焊接，明装	558.67	181.48	2.10	脚手架搭拆费	100.20	
1.12	M132 型铸铁散热器	12 378.22	9934.36	3	其他项目	0.00	
1.13	焊接法兰阀门 DN50	287.36	100.00	3.1	暂列金额		
1.14	螺纹阀门 DN32	161.12	121.20	3.2	专业工程暂估价		
1.15	螺纹阀门 DN20	316.32	242.40	3.3	计日工		
1.16	螺纹阀门 DN15	877.52	565.60	3.4	总承包服务费		
1.17	自动排气阀 DN20	64.45	50.00	4	规费	509.17	
1.18	法兰 DN50	108.48	50.00	5	税金	666.24	
1.19	采暖工程系统调整费	241.92	0.00		招标控制价合计=1+2+3+4+5	20 033.64	12 610.02

【习题三】某生产装置内工艺管道定额计价与清单计价案例参考答案

一、定额计价模式确定工程造价

1. 工程量计算［见表3-2（A）］

表3-2（A） 工程量计算书

项目名称：某生产装置工艺管道工程

序号	项目名称	单位	计算公式	数量
1	无缝钢管焊接 ϕ133×4.5	m	(3.8−1.2+5.8+2.5)+(0.8+4.2−0.3+4+1.2)	20.8
2	无缝钢管焊接 ϕ108×4	m	(1.5+1+0.5+1+2.5)+(4.2−0.96+0.5)×2+2.5+4.5−4.2	16.78
3	无缝钢管焊接 ϕ57×3.5	m	2.5+(3.8−0.6+0.5)×2	9.9
4	弯头 *DN*125	个		5
5	弯头 *DN*100	个		6
6	弯头 *DN*50	个		3
7	三通 *DN*125×100	个		2
8	三通 *DN*125×50	个		1
9	变径 *DN*125×100	个		1
10	变径 *DN*125×50	个		1
11	阀门 *DN*125	个		2
12	阀门 *DN*100	个		3
13	阀门 *DN*50	个		2
14	安全阀 *DN*100	个		1
15	法兰 *DN*125	副		1.5
16	法兰 *DN*125	片		1
17	法兰 *DN*100	副		3
18	法兰 *DN*100	片		4
19	法兰 *DN*50	副		2
20	法兰 *DN*50	片		2
21	刚性防水套管 *DN*100	个		1
22	水压试验 *DN*200 以内	m	20.8+16.78+9.9	47.48
23	管道除锈	m^2	(20.8×41.78+16.78×33.91+9.9×17.9)/100	16.15
24	管道刷防锈漆	m^2	(20.8×41.78+16.78×33.91+9.9×17.9)/100	16.15
25	管道刷银粉	m^2	(20.8×41.78+16.78×33.91+9.9×17.9)/100	16.15

注 除锈、刷油数量计算参照第十一册附录。

2. 计算直接工程费［见表 3-3（A)］

表 3-3（A） **安装工程预（结）算书**

工程名称：某生产装置工艺管道工程 共1页 第1页 年 月 日

序号	定额编号	项 目 名 称	单位	数量	单 价			合 计		
					基 价	人工费	主材费	合 价	人工费	主材费
1	6-419	无缝管焊接 *DN*125	10m	2.08	113.12	33.18	564.60	235.29	69.01	1174.37
2	6-418	无缝管焊接 *DN*100	10m	1.68	93.01	32.89	478.50	156.26	55.26	803.88
3	6-415	无缝管焊接 *DN*50	10m	0.99	28.63	19.03	191.40	28.34	18.84	189.49
4	6-1053	弯头 *DN*125	10个	0.50	462.44	150.88	1000.00	231.22	75.44	500.00
5	6-1052	弯头 *DN*100	10个	0.60	384.36	116.84	800.00	230.62	70.10	480.00
6	6-1049	弯头 *DN*50	10个	0.30	171.85	65.87	500.00	51.56	19.76	150.00
7	6-1053	三通 *DN*125×100	10个	0.20	462.44	150.88		92.49	30.18	0.00
8	6-1049	三通 *DN*125×50	10个	0.10	171.85	65.87		17.19	6.59	0.00
9	6-1053	变径 *DN*125×100	10个	0.10	462.44	150.88		46.24	15.09	0.00
10	6-1053	变径 *DN*125×50	10个	0.10	462.44	150.88		46.24	15.09	0.00
11	6-1437	法兰阀 *DN*125	个	2.00	104.02	27.52	260.00	208.04	55.04	520.00
12	6-1436	法兰阀 *DN*100	个	3.00	78.92	21.80	250.00	236.76	65.40	750.00
13	6-1433	法兰阀 *DN*50	个	2.00	27.37	8.54	100.00	54.74	17.08	200.00
14	6-1490	安全阀 *DN*100	个	1.00	95.14	35.66	400.00	95.14	35.66	400.00
15	6-1782	法兰 *DN*125	副	1.50	111.00	12.31	80.00	166.50	18.47	120.00
16	6-1782×0.61	法兰 *DN*125	片	1.00	67.71	7.51	40.00	67.71	7.51	40.00
17	6-1781	法兰 *DN*100	副	3.00	87.56	10.05	60.00	262.68	30.15	180.00
18	6-1781×0.61	法兰 *DN*100	片	4.00	53.41	6.13	30.00	213.65	24.52	120.00
19	6-1778	法兰 *DN*50	副	2.00	27.89	7.04	30.00	55.78	14.08	60.00
20	6-1778×0.61	法兰 *DN*50	片	2.00	17.01	4.29	15.00	34.03	8.59	30.00
21	6-2491	管道水压试验 *DN*200 以内	100m	0.47	189.75	124.52	0.00	89.18	58.52	0.00
22	6-2995	刚性防水套管 *DN*100	个	1.00	145.00	39.03	0.00	145.00	39.03	0.00
23		6册小计						2828.40	764.69	5717.73
24	11-1	无缝管人工除轻锈	$10m^2$	1.62	10.50	7.26	0.00	17.01	11.76	0.00
25	11-52	无缝管刷红丹防锈漆一度	$10m^2$	1.62	31.97	5.65	0.00	51.79	9.15	0.00
26	11-57/58	无缝管刷银粉二度	$10m^2$	1.62	30.58	11.50	0.00	49.54	18.63	0.00
27		11册小计						118.34	39.54	0.00
28		脚手架搭拆费			6册脚手架搭拆费＋11册脚手架搭拆费			56.69	14.17	
29		其中：6册脚手架搭拆费			6册人工费×7%×25%			53.53	13.38	
30		11册脚手架搭拆费			11册人工费×8%×25%			3.16	0.79	
31		直接工程费			6册小计（合价＋主材费）＋11册小计（合价＋主材费）＋脚手架搭拆费合价			8721.17	818.41	

注 三通 *DN*125×50 根据定额规定，按 *DN*50 管件计算；异径管 *DN*125×50 根据定额规定，按 *DN*125 计算。

3. 计算安装工程费用（造价）［见表 3-4（A）］

表 3-4（A）　　定额计价的计算程序

项目名称：某生产装置工艺管道工程　　Ⅱ类工程

序　号	费用项目名称	计算方法	金　额
一	直接费	8721.17+316.72	9037.89
	（一）直接工程费	定额表	8721.17
	其中：人工费（R1）	定额表	818.41
	（二）措施费		316.72
	1. 环境保护费	R1×费率=818.41×2.7%	22.10
	2. 文明施工费	R1×费率=818.41×5.5%	45.01
	3. 临时设施费	R1×费率=818.41×15%	122.76
	4. 夜间施工增加费	R1×费率=818.41×3%	24.55
	5. 二次搬运费	R1×费率=818.41×2.6%	21.28
	6. 冬雨季施工增加费	R1×费率=818.41×3.3%	27.01
	7. 已完工程及设备保护费	R1×费率=818.41×1.6%	13.09
	8. 总承包服务费	R1×费率=818.41×5%	40.92
	其中：人工费（R2）	(22.10+45.01+122.76+13.09)×25%+24.55×50%+(21.28+27.01)×40%	82.33
二	企业管理费	(R1+R2)×费率=(818.41+82.33)×54%	486.40
三	利润	(R1+R2)×费率=(818.41+82.33)×30%	270.22
四	规费		264.45
	1. 工程排污费	—	
	2. 工程定额测定费	(9037.89+486.40+270.22)×0.1%	9.79
	3. 社会保障费	(9037.89+486.40+270.22)×2.6%	254.66
	4. 住房公积金	—	
	5. 危险作业意外伤害保险	—	
	6. 安全施工费	—	
五	税金	(9037.89+486.40+270.22+264.45)×3.44%	346.03
六	安装工程费用合计	9037.89+486.40+270.22+264.45+346.03	10 405.00

二、清单计价模式确定工程造价

(一) 工程量清单[见表 3-5 (A)]

工程量清单的编制内容与格式按照《计价规范》的要求。本例只列分部分项工程量清单，参考表 3-2 确定。

表 3-5 (A) **分部分项工程量清单表**

工程名称：某生产装置工艺管道工程 第 1 页 共 1 页

序号	项目编码	项目名称	项目特征描述	计量单位	工程量
1	030602002001	中压碳钢管	20＃无缝钢管 ϕ133×4.5，电弧焊连接，水压试验，人工除轻锈，刷防锈漆一度、银粉二度	m	20.8
2	030602002002	中压碳钢管	20＃无缝钢管 ϕ108×4，电弧焊连接，刚性防水套管，水压试验，人工除轻锈，刷防锈漆一度、银粉二度	m	16.78
3	030602002003	中压碳钢管	20＃无缝钢管 ϕ57×3.5，电弧焊连接，水压试验，人工除轻锈，刷防锈漆一度、银粉二度	m	9.9
4	030605001001	中压碳钢管件	压制弯头，*DN*125，电弧焊连接	个	5
5	030605001002	中压碳钢管件	压制弯头，*DN*100，电弧焊连接	个	6
6	030605001003	中压碳钢管件	压制弯头，*DN*50，电弧焊连接	个	3
7	030605001004	中压碳钢管件	现场挖眼三通，*DN*125×100	个	2
8	030605001005	中压碳钢管件	现场摔制异径管，*DN*125×100	个	1
9	030605001006	中压碳钢管件	现场摔制异径管，*DN*125×50	个	1
10	030608002001	中压法兰阀门	法兰阀门，*DN*125，法兰连接	个	2
11	030608002002	中压法兰阀门	法兰阀门，*DN*100，法兰连接	个	3
12	030608002003	中压法兰阀门	法兰阀门，*DN*50，法兰连接	个	2
13	030608004001	中压安全阀	安全阀，*DN*100，法兰连接	个	1
14	030611002001	中压碳钢法兰	对焊钢法兰，*DN*125，成副安装	副	1.5
15	030611002002	中压碳钢法兰	对焊钢法兰，*DN*100，成副安装	副	3
16	030611002003	中压碳钢法兰	对焊钢法兰，*DN*50，成副安装	副	2
17	030611002004	中压碳钢法兰	对焊钢法兰，*DN*125，单片安装	副	0.5
18	030611002005	中压碳钢法兰	对焊钢法兰，*DN*100，单片安装	副	2
19	030611002006	中压碳钢法兰	对焊钢法兰，*DN*50，单片安装	副	1

（二）工程量清单计价

工程量清单计价按照《计价规范》的要求、相关定额价目表以及表 3-1 的材料价格确定。

1. 工程量清单综合单价分析表［见表 3-6（A）］

表 3-6（A1）　　**工程量清单综合单价分析表**

工程名称：某生产装置工艺管道工程　　标段：　　第 1 页　共 19 页

项目编码	030602002001			项目名称		中压无缝钢管 ϕ133×4.5						计量单位	m
清单综合单价组成明细													
定额编号	定额名称	定额单位	数量	单价					合价				
				人工费	材料费	机械费	管理费	利润	人工费	材料费	机械费	管理费	利润
6-419	无缝钢管 ϕ133×4.5	10m	2.08	33.18	10.92	69.02	17.92	9.95	69.01	22.71	143.56	37.27	20.70
6-2491	管道水压试验 *DN*125	100m	0.21	124.52	44.94	20.29	67.24	37.36	26.15	9.44	4.26	14.12	7.84
11-1	管道人工除轻锈	10m²	0.87	7.26	3.24	0.00	3.92	2.18	6.32	2.82	0.00	3.41	1.89
11-52	管道刷红丹一度	10m²	0.87	5.65	26.32	0.00	3.05	1.70	4.92	22.90	0.00	2.65	1.47
11-57/58	管道刷银粉二度	10m²	0.87	11.5	19.08	0.00	6.21	3.45	10.01	16.60	0.00	5.40	3.00
人工单价		小计							116.40	74.47	147.82	62.86	34.92
28 元/工日		未计价材料费							1174.37				
清单项目综合单价									77.44				
材料费明细	主要材料名称、规格、型号				单位	数量			单价（元）	合价（元）	暂估单价（元）	暂估合价（元）	
	无缝钢管 ϕ133×4.5				m	19.57					60.00	1174.37	
	其他材料费											0.00	
	材料费小计											1174.37	

注　管理费按人工费 54%，利润按人工费 30%计。

表 3-6（A2）

工程量清单综合单价分析表

工程名称：某生产装置工艺管道工程　　标段：　　第 2 页　共 19 页

项目编码	030602002002	项目名称	中压无缝钢管 ϕ108×4	计量单位	m

清单综合单价组成明细

定额编号	定额名称	定额单位	数量	单价					合价				
				人工费	材料费	机械费	管理费	利润	人工费	材料费	机械费	管理费	利润
6-418	无缝钢管 ϕ108×4	10m	1.68	32.89	9.49	50.63	17.76	9.87	55.26	15.94	85.06	29.84	16.58
6-2490	管道水压试验 *DN*100	100m	0.17	101.86	19	14.02	55.00	30.56	17.32	3.23	2.38	9.35	5.19
11-1	管道人工除轻锈	10m²	0.57	7.26	3.24	0.00	3.92	2.18	4.14	1.85	0.00	2.23	1.24
11-52	管道刷红丹一度	10m²	0.57	5.65	26.32	0.00	3.05	1.70	3.22	15.00	0.00	1.74	0.97
11-57/58	管道刷银粉二度	10m²	0.57	11.5	19.08	0.00	6.21	3.45	6.56	10.88	0.00	3.54	1.97
人工单价		小计							86.49	46.90	87.44	46.70	25.95
28 元/工日		未计价材料费							803.88				
清单项目综合单价									65.32				

材料费明细	主要材料名称、规格、型号	单位	数量	单价（元）	合价（元）	暂估单价（元）	暂估合价（元）
	无缝钢管 ϕ108×4	m	16.08			50.00	803.88
	其他材料费						0.00
	材料费小计						803.88

表 3-6（A3）

工程量清单综合单价分析表

工程名称：某生产装置工艺管道工程　　标段：　　

项目编码	030602002003	项目名称	中压无缝钢管 ϕ57×3.5	计量单位	m

清单综合单价组成明细

定额编号	定额名称	定额单位	数量	单价					合价				
				人工费	材料费	机械费	管理费	利润	人工费	材料费	机械费	管理费	利润
6-415	无缝管焊接 ϕ57×3.5	10m	0.99	19.03	1.71	7.89	10.28	5.71	18.84	1.69	7.81	10.17	5.65
6-2490	管道水压试验 *DN*100	100m	0.10	101.86	19	14.02	55.00	30.56	10.19	1.90	1.40	5.50	3.06
11-1	管道人工除轻锈	10m²	0.18	7.26	3.24	0.00	3.92	2.18	1.31	0.58	0.00	0.71	0.39
11-52	管道刷红丹一度	10m²	0.18	5.65	26.32	0.00	3.05	1.70	1.02	4.74	0.00	0.55	0.31
11-57/58	管道刷银粉二度	10m²	0.18	11.5	19.08	0.00	6.21	3.45	2.07	3.43	0.00	1.12	0.62
人工单价		小计							33.42	12.35	9.21	18.05	10.03
28 元/工日		未计价材料费							189.49				
清单项目综合单价									27.53				

材料费明细	主要材料名称、规格、型号	单位	数量	单价（元）	合价（元）	暂估单价（元）	暂估合价（元）
	无缝钢管 ϕ57×3.5	m	9.47			20.00	189.49
	其他材料费						0.00
	材料费小计						189.49

注 管理费按人工费 54%，利润按人工费 30%计。

表 3-6（A4）

工程量清单综合单价分析表

工程名称：某生产装置工艺管道工程　　　　标段：　　　　第 4 页　共 19 页

项目编码		030605001001		项目名称		压制弯头 *DN*125					计量单位	个	
清单综合单价组成明细													
定额编号	定额名称	定额单位	数量	单价					合价				
				人工费	材料费	机械费	管理费	利润	人工费	材料费	机械费	管理费	利润
6-1053	压制弯头 *DN*125	10 个	0.50	150.88	101.11	210.45	81.48	45.26	75.44	50.56	105.23	40.74	22.63
人工单价		小计							75.44	50.56	105.23	40.74	22.63
28 元/工日		未计价材料费							500.00				
清单项目综合单价									158.92				
材料费明细	主要材料名称、规格、型号					单位	数量		单价（元）	合价（元）	暂估单价（元）	暂估合价（元）	
	压制弯头 *DN*125					个	5.00				100.00	500.00	
	其他材料费											0.00	
	材料费小计											500.00	

注　管理费按人工费 54%，利润按人工费 30%计。

表 3-6（A5）

工程量清单综合单价分析表

工程名称：某生产装置工艺管道工程　　　　标段：　　　　第 5 页　共 19 页

项目编码		030605001002		项目名称		压制弯头 *DN*100					计量单位	个	
清单综合单价组成明细													
定额编号	定额名称	定额单位	数量	单价					合价				
				人工费	材料费	机械费	管理费	利润	人工费	材料费	机械费	管理费	利润
6-1052	压制弯头 *DN*100	10 个	0.60	116.84	87.83	179.69	63.09	35.05	70.10	52.70	107.81	37.86	21.03
人工单价		小计							70.10	52.70	107.81	37.86	21.03
28 元/工日		未计价材料费							480.00				
清单项目综合单价									128.25				
材料费明细	主要材料名称、规格、型号					单位	数量		单价（元）	合价（元）	暂估单价（元）	暂估合价（元）	
	压制弯头 *DN*100					个	6.00				80.00	480.00	
	其他材料费											0.00	
	材料费小计											480.00	

注　管理费按人工费 54%，利润按人工费 30%计。

表 3-6（A6）　　**工程量清单综合单价分析表**

工程名称：某生产装置工艺管道工程　　标段：　　第 6 页　共 19 页

项目编码		030605001003		项目名称		压制弯头 DN50					计量单位	个	
清单综合单价组成明细													
定额编号	定额名称	定额单位	数量	单价					合价				
				人工费	材料费	机械费	管理费	利润	人工费	材料费	机械费	管理费	利润
6-1049	弯头 DN50	10 个	0.3	65.87	22.11	83.87	35.57	19.76	19.76	6.63	25.16	10.67	5.93
人工单价		小计							19.76	6.63	25.16	10.67	5.93
28 元/工日		未计价材料费							150.00				
清单项目综合单价									72.72				
材料费明细	主要材料名称、规格、型号					单位	数量		单价（元）	合价（元）	暂估单价（元）	暂估合价（元）	
	压制弯头 DN50					个	3.00				50.00	150.00	
	其他材料费											0.00	
	材料费小计											150.00	

注　管理费按人工费 54%，利润按人工费 30%计。

表 3-6（A7）　　**工程量清单综合单价分析表**

工程名称：某生产装置工艺管道工程　　标段：　　第 7 页　共 19 页

项目编码		030605001004		项目名称		挖眼三通 DN125×100					计量单位	个	
清单综合单价组成明细													
定额编号	定额名称	定额单位	数量	单价					合价				
				人工费	材料费	机械费	管理费	利润	人工费	材料费	机械费	管理费	利润
6-1053	三通 DN125×100	10 个	0.20	150.88	101.11	210.45	81.48	45.26	30.18	20.22	42.09	16.30	9.05
人工单价		小计							30.18	20.22	42.09	16.30	9.05
28 元/工日		未计价材料费							0.00				
清单项目综合单价									58.92				
材料费明细	主要材料名称、规格、型号					单位	数量		单价（元）	合价（元）	暂估单价（元）	暂估合价（元）	
	三通 DN125×100					个	2.00				0.00	0.00	
	其他材料费											0.00	
	材料费小计											0.00	

注　管理费按人工费 54%，利润按人工费 30%计。

表 3-6（A8）

工程量清单综合单价分析表

工程名称：某生产装置工艺管道工程　　标段：　　第 8 页　共 19 页

项目编码	030605001005	项目名称	异径管 DN125×100						计量单位	个				
清单综合单价组成明细														
定额编号	定额名称	定额单位	数量	单价					合价					
				人工费	材料费	机械费	管理费	利润	人工费	材料费	机械费	管理费	利润	
6-1053	异径管 DN125×100	10 个	0.10	150.88	101.11	210.45	81.48	45.26	15.09	10.11	21.05	8.15	4.53	
人工单价		小　计							15.09	10.11	21.05	8.15	4.53	
28 元/工日		未计价材料费							0.00					
清单项目综合单价									58.92					
材料费明细	主要材料名称、规格、型号			单位	数量				单价（元）	合价（元）	暂估单价（元）	暂估合价（元）		
	异径管 DN125×100			个	1.00						0.00	0.00		
	其他材料费											0.00		
	材料费小计											0.00		

注　管理费按人工费 54%，利润按人工费 30%计。

表 3-6（A9）

工程量清单综合单价分析表

工程名称：某生产装置工艺管道工程　　标段：　　第 9 页　共 19 页

项目编码	030605001006	项目名称	异径管 DN125×50						计量单位	个				
清单综合单价组成明细														
定额编号	定额名称	定额单位	数量	单价					合价					
				人工费	材料费	机械费	管理费	利润	人工费	材料费	机械费	管理费	利润	
6-1053	异径管 DN125×50	10 个	0.10	150.88	101.11	210.45	81.48	45.26	15.09	10.11	21.05	8.15	4.53	
人工单价		小　计							15.09	10.11	21.05	8.15	4.53	
28 元/工日		未计价材料费							0.00					
清单项目综合单价									58.92					
材料费明细	主要材料名称、规格、型号			单位	数量				单价（元）	合价（元）	暂估单价（元）	暂估合价（元）		
	异径管 DN125×100			个	1.00						0.00	0.00		
	其他材料费											0.00		
	材料费小计											0.00		

注　管理费按人工费 54%，利润按人工费 30%计。

表 3-6（A10）

工程量清单综合单价分析表

工程名称：某生产装置工艺管道工程 标段： 第 10 页 共 19 页

项目编码	030608002001	项目名称		中压法兰阀门 *DN*125							计量单位	个	
清单综合单价组成明细													
定额编号	定额名称	定额单位	数量	单价					合价				
				人工费	材料费	机械费	管理费	利润	人工费	材料费	机械费	管理费	利润
6-1437	法兰阀门 *DN*125	个	2.00	27.52	68.69	7.81	14.86	8.26	55.04	137.38	15.62	29.72	16.51
人工单价		小计							55.04	137.38	15.62	29.72	16.51
28 元/工日		未计价材料费							520.00				
清单项目综合单价									387.14				
材料费明细	主要材料名称、规格、型号					单位		数量	单价（元）	合价（元）	暂估单价（元）	暂估合价（元）	
	中压法兰阀门 *DN*125					个		2.00			260.00	520.00	
	其他材料费											0.00	
	材料费小计											520.00	

注 管理费按人工费 54%，利润按人工费 30%计。

表 3-6（A11）

工程量清单综合单价分析表

工程名称：某生产装置工艺管道工程 标段： 第 11 页 共 19 页

项目编码	030608002002	项目名称		中压法兰阀门 *DN*100							计量单位	个	
清单综合单价组成明细													
定额编号	定额名称	定额单位	数量	单价					合价				
				人工费	材料费	机械费	管理费	利润	人工费	材料费	机械费	管理费	利润
6-1436	法兰阀门 *DN*100	个	3.00	21.80	51.89	5.23	11.77	6.54	65.40	155.67	15.69	35.32	19.62
人工单价		小计							65.40	155.67	15.69	35.32	19.62
28 元/工日		未计价材料费							750.00				
清单项目综合单价									347.23				
材料费明细	主要材料名称、规格、型号					单位		数量	单价（元）	合价（元）	暂估单价（元）	暂估合价（元）	
	中压法兰阀门 *DN*100					个		3.00			250.00	750.00	
	其他材料费											0.00	
	材料费小计											750.00	

注 管理费按人工费 54%，利润按人工费 30%计。

表 3-6（A12） **工程量清单综合单价分析表**

工程名称：某生产装置工艺管道工程　　标段：　　第 12 页　共 19 页

项目编码		030608002003		项目名称		中压法兰阀门 *DN*50						计量单位		个
清单综合单价组成明细														
定额编号	定额名称	定额单位	数量	单价					合价					
				人工费	材料费	机械费	管理费	利润	人工费	材料费	机械费	管理费	利润	
6-1433	法兰阀门 *DN*50	个	2.00	8.54	14.59	4.24	4.61	2.56	17.08	29.18	8.48	9.22	5.12	
人工单价		小计							17.08	29.18	8.48	9.22	5.12	
28 元/工日		未计价材料费							200.00					
清单项目综合单价									134.54					
材料费明细	主要材料名称、规格、型号				单位	数量			单价（元）	合价（元）	暂估单价（元）	暂估合价（元）		
	中压法兰阀门 *DN*50				个	2.00					100.00	200.00		
	其他材料费											0.00		
	材料费小计											200.00		

注 管理费按人工费 54%，利润按人工费 30%计。

表 3-6（A13） **工程量清单综合单价分析表**

工程名称：某生产装置工艺管道工程　　标段：　　第 13 页　共 19 页

项目编码		030608004001		项目名称		中压法兰安全阀 *DN*100						计量单位		个
清单综合单价组成明细														
定额编号	定额名称	定额单位	数量	单价					合价					
				人工费	材料费	机械费	管理费	利润	人工费	材料费	机械费	管理费	利润	
6-1490	法兰安全阀 *DN*100	个	1.00	35.66	52.90	6.58	19.26	10.70	35.66	52.90	6.58	19.26	10.70	
人工单价		小计							35.66	52.90	6.58	19.26	10.70	
28 元/工日		未计价材料费							400.00					
清单项目综合单价									525.09					
材料费明细	主要材料名称、规格、型号				单位	数量			单价（元）	合价（元）	暂估单价（元）	暂估合价（元）		
	中压安全筏 *DN*100				个	1.00					400.00	400.00		
	其他材料费											0.00		
	材料费小计											400.00		

注 管理费按人工费 54%，利润按人工费 30%计。

表 3-6（A14）

工程量清单综合单价分析表

工程名称：某生产装置工艺管道工程　　　　标段：　　　　第 14 页　共 19 页

项目编码	030611002001	项目名称	中压法兰 *DN*125	计量单位	副

清单综合单价组成明细

定额编号	定额名称	定额单位	数量	单价					合价				
				人工费	材料费	机械费	管理费	利润	人工费	材料费	机械费	管理费	利润
6-1782	法兰 *DN*125	副	1.50	12.32	77.59	21.09	6.65	3.70	18.48	116.39	31.64	9.98	5.54
人工单价		小计							18.48	116.39	31.64	9.98	5.54
28 元/工日		未计价材料费							120.00				
清单项目综合单价									201.35				

材料费明细	主要材料名称、规格、型号	单位	数量	单价（元）	合价（元）	暂估单价（元）	暂估合价（元）
	中压法兰 *DN*125	副	1.50			80.00	120.00
	其他材料费						0.00
	材料费小计						120.00

注 管理费按人工费 54%，利润按人工费 30%计。

表 3-6（A15）

工程量清单综合单价分析表

工程名称：某生产装置工艺管道工程　　　　标段：　　　　第 15 页　共 19 页

项目编码	030611002002	项目名称	中压法兰 *DN*100	计量单位	副

清单综合单价组成明细

定额编号	定额名称	定额单位	数量	单价					合价				
				人工费	材料费	机械费	管理费	利润	人工费	材料费	机械费	管理费	利润
6-1781	法兰 *DN*100	副	3.00	10.05	59.51	18.00	5.43	3.02	30.15	178.53	54.00	16.28	9.05
人工单价		小计							30.15	178.53	54.00	16.28	9.05
28 元/工日		未计价材料费							180.00				
清单项目综合单价									156.00				

材料费明细	主要材料名称、规格、型号	单位	数量	单价（元）	合价（元）	暂估单价（元）	暂估合价（元）
	中压法兰 *DN*100	副	3.00			60.00	180.00
	其他材料费						0.00
	材料费小计						0.00

注 管理费按人工费 54%，利润按人工费 30%计。

表 3-6（A16）

工程量清单综合单价分析表

工程名称：某生产装置工艺管道工程　　标段：　　第 16 页　共 19 页

项目编码		030611002003		项目名称	中压法兰 *DN*50						计量单位	副	
清单综合单价组成明细													
定额编号	定额名称	定额单位	数量	单价					合价				
				人工费	材料费	机械费	管理费	利润	人工费	材料费	机械费	管理费	利润
6-1778	法兰 *DN*50	副	2.00	7.04	13.33	7.52	3.80	2.11	14.08	26.66	15.04	7.60	4.22
人工单价		小计							14.08	26.66	15.04	7.60	4.22
28 元/工日		未计价材料费							60.00				
清单项目综合单价									63.80				
材料费明细	主要材料名称、规格、型号				单位		数量		单价（元）	合价（元）	暂估单价（元）	暂估合价（元）	
	中压法兰 *DN*50				副		2.00				30.00	60.00	
	其他材料费											0.00	
	材料费小计											60.00	

注　管理费按人工费 54%，利润按人工费 30%计。

表 3-6（A17）

工程量清单综合单价分析表

工程名称：某生产装置工艺管道工程　　标段：　　第 17 页　共 19 页

项目编码		030611002004		项目名称	中压法兰 *DN*125						计量单位	片	
清单综合单价组成明细													
定额编号	定额名称	定额单位	数量	单价					合价				
				人工费	材料费	机械费	管理费	利润	人工费	材料费	机械费	管理费	利润
6-1782×0.61	法兰 *DN*125	片	1.00	7.52	47.33	12.86	4.06	2.25	7.52	47.33	12.86	4.06	2.25
人工单价		小计							7.52	47.33	12.86	4.06	2.25
28 元/工日		未计价材料费							40.00				
清单项目综合单价									114.02				
材料费明细	主要材料名称、规格、型号				单位		数量		单价（元）	合价（元）	暂估单价（元）	暂估合价（元）	
	中压法兰 *DN*125				片		1.00				40.00	40.00	
	其他材料费											0.00	
	材料费小计											40.00	

注　管理费按人工费 54%，利润按人工费 30%计。

表 3-6（A18）　　**工程量清单综合单价分析表**

工程名称：某生产装置工艺管道工程　　标段：　　第 18 页　共 19 页

<table>
<tr><td colspan="2">项　目　编　码</td><td colspan="2">030611002005</td><td colspan="2">项目名称</td><td colspan="5">中压法兰 DN100</td><td>计量单位</td><td colspan="2">片</td></tr>
<tr><td colspan="14">清单综合单价组成明细</td></tr>
<tr><td rowspan="2">定额编号</td><td rowspan="2">定额名称</td><td rowspan="2">定额单位</td><td rowspan="2">数量</td><td colspan="5">单　价</td><td colspan="5">合　价</td></tr>
<tr><td>人工费</td><td>材料费</td><td>机械费</td><td>管理费</td><td>利润</td><td>人工费</td><td>材料费</td><td>机械费</td><td>管理费</td><td>利润</td></tr>
<tr><td>6-1781×0.61</td><td>法兰 DN100</td><td>片</td><td>4.00</td><td>6.13</td><td>36.30</td><td>10.98</td><td>3.31</td><td>1.84</td><td>24.52</td><td>145.20</td><td>43.92</td><td>13.24</td><td>7.36</td></tr>
<tr><td colspan="2">人工单价</td><td colspan="7">小　计</td><td>24.52</td><td>145.20</td><td>43.92</td><td>13.24</td><td>7.36</td></tr>
<tr><td colspan="2">28 元/工日</td><td colspan="7">未计价材料费</td><td colspan="5">120.00</td></tr>
<tr><td colspan="9">清单项目综合单价</td><td colspan="5">88.56</td></tr>
<tr><td rowspan="4">材料费明细</td><td colspan="4">主要材料名称、规格、型号</td><td>单位</td><td colspan="3">数量</td><td>单价（元）</td><td>合价（元）</td><td>暂估单价（元）</td><td colspan="2">暂估合价（元）</td></tr>
<tr><td colspan="4">中压法兰 DN100</td><td>片</td><td colspan="3">4.00</td><td></td><td></td><td>30.00</td><td colspan="2">120.00</td></tr>
<tr><td colspan="8">其他材料费</td><td></td><td></td><td></td><td colspan="2">0.00</td></tr>
<tr><td colspan="8">材料费小计</td><td></td><td></td><td></td><td colspan="2">120.00</td></tr>
</table>

注　管理费按人工费 54%，利润按人工费 30%计。

表 3-6（A19）　　**工程量清单综合单价分析表**

工程名称：某生产装置工艺管道工程　　标段：　　第 19 页　共 19 页

<table>
<tr><td colspan="2">项　目　编　码</td><td colspan="2">030611002006</td><td colspan="2">项目名称</td><td colspan="5">中压法兰 DN50</td><td>计量单位</td><td colspan="2">片</td></tr>
<tr><td colspan="14">清单综合单价组成明细</td></tr>
<tr><td rowspan="2">定额编号</td><td rowspan="2">定额名称</td><td rowspan="2">定额单位</td><td rowspan="2">数量</td><td colspan="5">单　价</td><td colspan="5">合　价</td></tr>
<tr><td>人工费</td><td>材料费</td><td>机械费</td><td>管理费</td><td>利润</td><td>人工费</td><td>材料费</td><td>机械费</td><td>管理费</td><td>利润</td></tr>
<tr><td>6-1778×0.61</td><td>法兰 DN50</td><td>片</td><td>2.00</td><td>4.29</td><td>8.13</td><td>4.59</td><td>2.32</td><td>1.29</td><td>8.59</td><td>16.26</td><td>9.17</td><td>4.64</td><td>2.58</td></tr>
<tr><td colspan="2">人工单价</td><td colspan="7">小　计</td><td>8.59</td><td>16.26</td><td>9.17</td><td>4.64</td><td>2.58</td></tr>
<tr><td colspan="2">28 元/工日</td><td colspan="7">未计价材料费</td><td colspan="5">30.00</td></tr>
<tr><td colspan="9">清单项目综合单价</td><td colspan="5">35.62</td></tr>
<tr><td rowspan="4">材料费明细</td><td colspan="4">主要材料名称、规格、型号</td><td>单位</td><td colspan="3">数量</td><td>单价（元）</td><td>合价（元）</td><td>暂估单价（元）</td><td colspan="2">暂估合价（元）</td></tr>
<tr><td colspan="4">中压法兰 DN50</td><td>片</td><td colspan="3">2.00</td><td></td><td></td><td>15.00</td><td colspan="2">30.00</td></tr>
<tr><td colspan="8">其他材料费</td><td></td><td></td><td></td><td colspan="2">0.00</td></tr>
<tr><td colspan="8">材料费小计</td><td></td><td></td><td></td><td colspan="2">30.00</td></tr>
</table>

注　管理费按人工费 54%，利润按人工费 30%计。

2. 分部分项工程量清单计价表［见表3-7（A）］

表3-7（A） 分部分项工程量清单计价表

工程名称：某生产装置工艺管道工程　　标段：　　第1页　共1页

序号	项目编码	项目名称	项目特征描述	计量单位	工程量	金额（元）			
						综合单价	合价	其中：人工费	其中：暂估价
1	030602002001	中压碳钢管	20号无缝钢管 $\phi133\times4.5$，电弧焊连接，水压试验，人工除轻锈，刷防锈漆一度、银粉二度	m	20.80	77.44	1610.75	116.40	1174.37
2	030602002002	中压碳钢管	20号无缝钢管 $\phi108\times4$，电弧焊连接，刚性防水套管，水压试验，人工除轻锈，刷防锈漆一度、银粉二度	m	16.78	65.32	1096.07	86.49	803.88
3	030602002003	中压碳钢管	20号无缝钢管 $\phi57\times3.5$，电弧焊连接，水压试验，人工除轻锈，刷防锈漆一度、银粉二度	m	9.90	27.53	272.55	33.42	189.49
4	030605001001	中压碳钢管件	压制弯头，*DN*125，电弧焊连接	个	5.00	158.92	794.60	75.44	500.00
5	030605001002	中压碳钢管件	压制弯头，*DN*100，电弧焊连接	个	6.00	128.25	769.50	70.10	480.00
6	030605001003	中压碳钢管件	压制弯头，*DN*50，电弧焊连接	个	3.00	72.72	218.16	19.76	150.00
7	030605001004	中压碳钢管件	现场挖眼三通，*DN*125×100	个	2.00	58.92	117.84	30.18	0.00
8	030605001005	中压碳钢管件	现场摔制异径管，*DN*125×100	个	1.00	58.92	58.92	15.09	0.00
9	030605001006	中压碳钢管件	现场摔制异径管，*DN*125×50	个	1.00	58.92	58.92	15.09	0.00
10	030608002001	中压法兰阀门	法兰阀门，*DN*125，法兰连接	个	2.00	387.14	774.28	55.04	520.00
11	030608002002	中压法兰阀门	法兰阀门，*DN*100，法兰连接	个	3.00	347.23	1041.69	65.40	750.00
12	030608002003	中压法兰阀门	法兰阀门，*DN*50，法兰连接	个	2.00	134.54	269.08	17.08	200.00
13	030608004001	中压安全阀	安全阀，*DN*100，法兰连接	个	1.00	525.09	525.09	35.66	400.00
14	030611002001	中压碳钢法兰	对焊钢法兰，*DN*125，成副安装	副	1.50	201.35	302.03	18.48	120.00
15	030611002002	中压碳钢法兰	对焊钢法兰，*DN*100，成副安装	副	3.00	156.00	468.00	30.15	180.00
16	030611002003	中压碳钢法兰	对焊钢法兰，*DN*50，成副安装	副	2.00	63.80	127.60	14.08	60.00
17	030611002004	中压碳钢法兰	对焊钢法兰，*DN*125，单片安装	片	1.00	114.02	114.02	7.52	40.00
18	030611002005	中压碳钢法兰	对焊钢法兰，*DN*100，单片安装	片	4.00	88.56	354.24	24.52	120.00
19	030611002006	中压碳钢法兰	对焊钢法兰，*DN*50，单片安装	片	2.00	35.62	71.24	8.59	30.00
合计							9044.57	738.49	5717.74

3. 措施项目清单与计价表［见表 3-8（A）］

表 3-8（A） **措施项目清单与计价表**

工程名称：某生产装置工艺管道工程 标段： 第1页 共1页

序号	项目名称	计算基础	费率（%）	金额（元）
1	安全文明施工费	738.49	5.50	40.62
2	夜间施工费	738.49	3.00	22.15
3	二次搬运费	738.49	2.60	19.20
4	冬雨季施工	738.49	3.30	24.37
5	大型机械设备进出场及安拆费	738.49	0.00	0.00
6	施工排水	738.49	0.00	0.00
7	施工降水	738.49	0.00	0.00
8	地上、地下设施、建筑物的临时保护设施	738.49	15.00	110.77
9	已完工程及设备保护	738.49	1.60	11.82
10	脚手架搭拆费	738.49	7.00	51.69
合计				280.63

注 计算基础为人工费。

4. 规费、税金项目清单与计价表［见表3-9（A）］

表3-9（A） **规费、税金项目清单与计价表**

工程名称：某生产装置工艺管道工程　　标段：　　第　页　共　页

序　号	项　目　名　称	计　算　基　础	费　率（%）	金　额（元）
1	规费			251.42
1.1	工程排污费			
1.2	社会保障费	9031.15+280.63	2.60	242.11
(1)	养老保险费			
(2)	失业保险费			
(3)	医疗保险费			
1.3	住房公积金			
1.4	危险作业意外伤害保险			
1.5	工程定额测定费	9031.15+280.63	0.10	9.31
2	税金	分部分项工程费+措施项目费+其他项目费+规费	3.44	328.97
合　计				580.39

注　规费计算基础为分部分项工程费+措施项目费+其他项目费，其他项目费本例不计。

5. 单位工程招标控制价/投标报价汇总表［见表3-10（A）］

表3-10（A） **单位工程招标控制价/投标报价汇总表**

工程名称：某生产装置工艺管道工程 标段： 第1页 共1页

序号	汇总内容	金额（元）	其中：暂估价（元）	序号	汇总内容	金额（元）	其中：暂估价（元）
1	分部分项工程	9044.57	5717.74	2	措施项目	280.63	
1.1	无缝钢管 ϕ133×4.5	1610.75	1174.37	2.1	安全文明施工费	40.62	
1.2	无缝钢管 ϕ108×4	1096.07	803.88	2.2	夜间施工费	22.15	
1.3	无缝钢管 ϕ57×3.6	272.55	189.49	2.3	二次搬运费	19.2	
1.4	压制弯头 *DN*125	794.6	500.00	2.4	冬雨季施工	24.37	
1.5	压制弯头 *DN*100	769.5	480.00	2.5	大型机械设备进出场及安拆费	0.00	
1.6	压制弯头 *DN*50	218.16	150.00	2.6	施工排水	0.00	
1.7	三通 *DN*125×100	117.84	0.00	2.7	施工降水	0.00	
1.8	异径管 *DN*125×100	58.92	0.00	2.8	地上、地下设施、建筑物的临时保护设施	110.77	
1.9	异径管 *DN*125×50	58.92	0.00				
1.10	法兰阀门 *DN*125	774.28	520.00	2.9	已完工程及设备保护	11.82	
1.11	法兰阀门 *DN*100	1041.69	750.00	2.10	脚手架搭拆费	51.69	
1.12	法兰阀门 *DN*50	269.08	200.00	3	其他项目	0.00	
1.13	安全阀 *DN*100	525.09	400.00	3.1	暂列金额		
1.14	对焊钢法兰 *DN*125	302.03	120.00	3.2	专业工程暂估价		
1.15	对焊钢法兰 *DN*100	468	180.00	3.3	计日工		
1.16	对焊钢法兰 *DN*50	127.6	60.00	3.4	总承包服务费		
1.17	对焊钢法兰 *DN*125，单片安装	114.02	40.00	4	规费	251.78	
1.18	对焊钢法兰 *DN*100，单片安装	354.24	120.00	5	税金	329.45	
1.19	对焊钢法兰 *DN*50，单片安装	71.24	30.00		招标控制价合计=1+2+3+4+5	9906.43	5717.74

【习题四】某车间动力配电工程定额计价与清单计价案例参考答案

一、定额计价模式确定工程造价

1. 工程量计算［见表4-2（A）］

表4-2（A） 工程量计算书

项目名称：某车间动力配电工程

序号	项目名称	单位	计算公式	数量
1	落地配电柜 700mm×1700mm×400mm	台		1
2	基础槽钢 10#	m	(0.7+0.4)×2	2.2
3	配电箱 400mm×300mm×200mm	台		1
4	木制配电板安装 400mm×300mm×200mm	块		1
5	木制配电板安装制作	m^2	0.4×0.3	0.12
6	有端子外部接线 $6mm^2$	个		2
7	焊铜接线端子 $10mm^2$	个		6
8	干包电缆头 $10mm^2$	个		6
9	接地极 L=2500 DN25	根		3
10	接地母线－40×4mm	m	(5+5+3+0.3+0.7+0.5+0.1)×1.039	15.17
11	送配电系统调试	系统		1
12	进户钢管暗敷设 DN100	m	1.5+0.3+0.7+0.5+0.1	3.1
13	钢管明敷设 DN50	m	1.4	1.4
14	钢管暗敷设 DN50	m	(0.1+0.1+5)×3+6.7+4.3+3.5+0.1+(0.1+0.4)×2	31.2
15	钢管暗敷设 DN32	m	0.1+0.1+4+0.1+1.4	5.7
16	管内穿线 BV-$10mm^2$	m	[5.7+(0.7+1.7)+(0.3+0.4)]×3	26.40
17	管内穿线 BV-$6mm^2$	m	5.7+(0.7+1.7)+(0.3+0.4)	8.80
18	管内穿电缆 VV-3×$4mm^2$	m	(0.1+0.1+5+4.3+0.1+0.4+2+0.5)×1.025	12.81
19	管内穿电缆 VV-3×$10mm^2$	m	(0.1+0.1+5+3.5+0.1+0.4+2+0.5)×1.025	11.99
20	管内穿电缆 VV-3×4+1×$2.5mm^2$	m	(0.1+0.1+5+6.7+0.1+1.4+2+2)×1.025	17.84
21	电缆支架敷设 VV-3×$4mm^2$	m	(10.8×1.5)×1.025	12.61
22	电缆支架敷设 VV-3×$10mm^2$	m	(10.8×1.5)×1.025	12.61
23	电缆支架敷设 VV-3×4+1×$2.5mm^2$	m	(10.8×1.5)×1.025	12.61
24	电缆支架制作、安装∠50×5mm	kg	(0.4+0.15×2)×9×3.77	23.75
25	墙体踢槽 DN32	m	1.4	1.4

2. 计算直接工程费［见表 4-3（A）］

表 4-3（A） **安装工程预（结）算书**

工程名称：某车间动力配电工程 共 1 页 第 1 页 年 月 日

序号	定额编号	项目名称	单位	数量	单价			合计		
					基价	人工费	主材费	合价	人工费	主材费
1	2-262	落地式配电柜安装	台	1.00	154.75	75.88	2000.00	154.75	75.88	2000.00
2	2-264	配电箱半周长 1.0m 以内	台	1.00	60.77	37.62	500.00	60.77	37.62	500.00
3	2-335	端子板外部接线 6mm^2	10 个	0.20	14.63	4.60		2.93	0.92	0.00
4	2-336	焊铜接线端子 10mm^2	10 个	0.60	14.63	4.60		8.78	2.76	0.00
5	2-361	基础槽钢 10#	10m	0.22	88.18	43.27	1050.00	19.40	9.52	231.00
6	2-363	电缆支架制作∠50×5	100kg	0.24	458.41	225.72	3675.00	110.02	54.17	882.00
7	2-364	电缆支架安装	100kg	0.24	217.40	146.72		52.18	35.21	0.00
8	2-374	木配电板制作	m^2	0.12	139.77	24.57		16.77	2.95	0.00
9	2-378	木配电板安装	块	1.00	22.70	12.54		22.70	12.54	0.00
10	2-662	管内穿电缆 VV-3×10mm^2	100m	0.14	105.03	87.12	5050.00	14.70	12.20	707.00
11	2-662	管内穿电缆 VV-3×4mm^2	100m	0.13	105.03	87.12	2020.00	13.65	11.33	262.60
12	2-662	管内穿电缆 VV-3×4+1×2.5mm^2	100m	0.18	105.03	87.12	2525.00	18.91	15.68	454.50
13	2-677	电缆支架敷设 VV-3×10mm^2	100m	0.13	180.36	69.61	5050.00	23.45	9.05	656.50
14	2-677	电缆支架敷设 VV-3×4mm^2	100m	0.13	180.36	69.61	2020.00	23.45	9.05	262.60
15	2-677	电缆支架 VV-3×4+1×2.5mm^2	100m	0.13	180.36	69.61	2525.00	23.45	9.05	328.25
16	2-695	干包电缆终端头 10mm^2 以内	个	6.00	51.50	8.58		309.00	51.48	0.00
17	2-829	钢管接地极 L=2500 DN25	根	3.00	30.66	12.96	46.35	91.98	38.88	139.05
18	2-839	接地母线敷设－40×4	10m	1.52	67.53	63.76	157.50	102.65	96.92	239.40
19	2-1002	送配电调试	系统	1.00	276.49	176.00		276.49	176.00	0.00
20	2-1038	接地装置调试	组	1.00	144.39	70.40		144.39	70.40	0.00
21	2-1214	钢管明敷设 DN50	100m	0.01	913.90	418.42	1236.00	9.14	4.18	12.36
22	2-1228	钢管暗敷设 DN100	100m	0.03	1186.74	762.43	3090.00	35.60	22.87	92.70
23	2-1225	钢管暗敷设 DN50	100m	0.31	565.22	332.31	1236.00	175.22	103.02	383.16
24	2-1223	钢管暗敷设 DN32	100m	0.06	357.45	194.17	824.00	21.45	11.65	49.44
25	2-1395	管内穿线 BV-10mm^2	100m	0.26	32.12	20.70	2100.00	8.35	5.38	546.00
26	2-1394	管内穿线 BV-6mm^2	100m	0.09	24.21	16.72	1575.00	2.18	1.50	141.75
27	2-1554	墙体剔槽 32mm 内	10m	0.14	43.45	7.48		6.08	1.05	0.00
28		2 册小计						1748.43	881.25	7888.31
29		脚手架搭拆费		2 册人工费×4%×25%				35.25	8.81	
30		直接工程费		1748.43+35.25+7888.31				9671.99	890.06	

3. 计算安装工程费用（造价）[见表 4-4（A）]

表 4-4（A） **定额计价的计算程序**

项目名称：某车间动力配电工程 Ⅲ类工程

序　号	费用项目名称	计算方法	金　额
一	直接费	9671.99+270.58	10 562.06
	（一）直接工程费	定额表	9671.99
	其中：人工费（R1）	定额表	890.06
	（二）措施费		270.58
	1. 环境保护费	R1×费率=890.06×2.2%	19.58
	2. 文明施工费	R1×费率=890.06×4.5%	40.05
	3. 临时设施费	R1×费率=890.06×12%	106.81
	4. 夜间施工增加费	R1×费率=890.06×2.5%	22.25
	5. 二次搬运费	R1×费率=890.06×2.1%	18.69
	6. 冬雨季施工增加费	R1×费率=890.06×2.8%	24.92
	7. 已完工程及设备保护费	R1×费率=890.06×1.3%	11.57
	8. 总承包服务费	R1×费率=890.06×3%	26.70
	其中：人工费（R2）	(19.58+40.05+106.81+11.57)×25%+22.25×50%+(18.69+24.92)×40%	73.07
二	企业管理费	(R1+R2)×费率=(890.06+73.07)×42%	404.51
三	利润	(R1+R2)×费率=(890.06+73.07)×20%	192.63
四	规费		301.30
	1. 工程排污费	—	
	2. 工程定额测定费	(10 562.06+404.51+192.63)×0.1%	11.16
	3. 社会保障费	(10 562.06+404.51+192.63)×2.6%	290.14
	4. 住房公积金	—	
	5. 危险作业意外伤害保险	—	
	6. 安全施工费	—	
五	税金	(10 562.06+404.51+192.63+301.30)×3.44%	394.24
六	安装工程费用合计	10 562.06+404.51+192.63+301.30+394.24	11 854.74

二、清单计价模式确定工程造价

（一）工程量清单［见表4-5（A）］

工程量清单的编制内容与格式按照《计价规范》的要求。本例只列分部分项工程量清单，参考表4-2（A）确定。

表4-5（A）　　**分部分项工程量清单表**

工程名称：某车间动力配电工程　　第1页　共1页

序　号	项目编码	项目名称	项目特征描述	计量单位	工程量
1	030204018001	配电箱	落地配电柜，尺寸700×1700×400mm，10#基础槽钢安装，焊铜接线端子	台	1
2	030204018002	配电箱	配电箱，尺寸400×300×200mm，嵌入式1.4m，焊铜接线端子	台	1
3	030208001001	电力电缆	管内穿电缆，VV-3×4mm²，电缆头制作安装	m	12.81
4	030208001002	电力电缆	管内穿电缆，VV-3×10mm²，电缆头制作安装	m	11.99
5	030208001003	电力电缆	管内穿电缆，VV-3×4+1×2.5mm²，电缆头制作安装	m	17.84
6	030208001004	电力电缆	电缆支架敷设，VV-3×4mm²	m	12.61
7	030208001005	电力电缆	电缆支架敷设，VV-3×10mm²	m	12.61
8	030208001006	电力电缆	电缆支架敷设，VV-3×4+1×2.5mm²	m	12.61
9	030208005001	电缆支架	电缆支架制作、安装，∠50×5mm	t	0.02
10	030209001001	接地装置	接地极，*L*=2500mm *DN*25镀锌钢管；接地母线，镀锌扁钢，40×4mm	项	1
11	030211002001	送配电系统调试	220V，动力回路调试	系统	1
12	030211008001	接地装置调试	*DN*25镀锌钢管接地极三根/组，镀锌扁钢40×4mm接地母线调试	系统	1
13	030212001001	电气配管	钢管，埋地暗敷设，*DN*100	m	3.1
14	030212001002	电气配管	钢管，埋地暗敷设，*DN*50	m	31.2
15	030212001003	电气配管	钢管，沿墙暗敷设，*DN*32，墙体剔槽	m	5.7
16	030212001004	电气配管	钢管，沿墙明敷设，*DN*50	m	1.4
17	030212003001	电气配线	钢管内穿线，BV-10mm²	m	26.4
18	030212003002	电气配线	钢管内穿线，BV-6mm²	m	8.8
19	CB001	木制配电板	木制配电板制作、安装，400mm×300mm×200mm，1.4m明装	块	1

（二）工程量清单计价

工程量清单计价按照《计价规范》的要求、相关定额价目表以及表 4-1 的材料价格确定。

1. 工程量清单综合计价分析表［见表 4-6（A)］

表 4-6（A1） **工程量清单综合单价分析表**

工程名称：某车间动力配电工程　　标段：　　第 1 页　共 19 页

项目编码		030204018001		项目名称		配电箱					计量单位		台
清单综合单价组成明细													
定额编号	定额名称	定额单位	数量	单价					合价				
				人工费	材料费	机械费	管理费	利润	人工费	材料费	机械费	管理费	利润
2-262	落地配电柜	台	1.00	75.88	29.88	48.99	31.87	15.18	75.88	29.88	48.99	31.87	15.18
2-336	焊铜接线端子 $10mm^2$	10 个	0.30	6.27	33.83	0.00	2.63	1.25	1.88	10.15	0.00	0.79	0.38
2-335	端子板接线 $6mm^2$	10 个	0.10	9.42	24.11	0.00	3.96	1.88	0.94	2.41	0.00	0.40	0.19
人工单价		小计							78.70	42.44	48.99	33.06	15.74
28 元/工日		未计价材料费							2000.00				
清单项目综合单价									2218.93				
材料费明细	主要材料名称、规格、型号					单位	数量		单价（元）	合价（元）	暂估单价（元）	暂估合价（元）	
	落地配电柜					台	1.00				2000.00	2000.00	
	其他材料费											0.00	
	材料费小计											2000.00	

注　管理费按人工费 42%，利润按人工费 20%计。

表 4-6（A2） **工程量清单综合单价分析表**

工程名称：某车间动力配电工程 标段： 第 2 页 共 19 页

项目编码		030204018002		项目名称		配电箱					计量单位	台	
清单综合单价组成明细													
定额编号	定额名称	定额单位	数量	单价					合价				
				人工费	材料费	机械费	管理费	利润	人工费	材料费	机械费	管理费	利润
2-264	配电箱	台	1.00	37.62	23.15	0.00	15.80	7.52	37.62	23.15	0.00	15.80	7.52
2-336	焊铜接线端子 $10mm^2$	10 个	0.30	6.27	33.83	0.00	2.63	1.25	1.88	10.15	0.00	0.79	0.38
2-335	端子板接线 $6mm^2$	10 个	0.10	9.42	24.11	0.00	3.96	1.88	0.94	2.41	0.00	0.40	0.19
人工单价		小计							40.44	35.71	0.00	16.99	8.09
28 元/工日		未计价材料费							500.00				
清单项目综合单价									601.23				
材料费明细	主要材料名称、规格、型号					单位	数量		单价（元）	合价（元）	暂估单价（元）	暂估合价（元）	
	配电箱					台	1.00				500.00	500.00	
	其他材料费											0.00	
	材料费小计											500.00	

注 管理费按人工费 42%，利润按人工费 20%计。

表 4-6（A3） 工程量清单综合单价分析表

工程名称：某车间动力配电工程 标段： 第 3 页 共 19 页

项目编码	030208001001	项目名称	管内穿电缆 VV-3×4mm²	计量单位	m

清单综合单价组成明细													
定额编号	定额名称	定额单位	数量	单价					合价				
				人工费	材料费	机械费	管理费	利润	人工费	材料费	机械费	管理费	利润
2-662	管内穿电缆 VV－3×4mm²	100m	0.13	87.12	12.42	5.49	36.59	17.42	11.33	1.61	0.71	4.76	2.27
2-695	干包电缆终端头 10mm² 以内	个	2	8.58	42.92	0.00	3.60	1.72	17.16	85.84	0.00	7.21	3.43
人工单价		小计							28.49	87.45	0.71	11.96	5.70
28 元/工日		未计价材料费							262.60				
清单项目综合单价									30.98				

材料费明细	主要材料名称、规格、型号	单位	数量	单价（元）	合价（元）	暂估单价（元）	暂估合价（元）
	电缆 VV-3×4mm²	m	13.13			20.00	262.60
	其他材料费						0.00
	材料费小计						262.60

注 管理费按人工费 42%，利润按人工费 20%计。

表 4-6（A4）

工程量清单综合单价分析表

工程名称：某车间动力配电工程　　标段：　　

项目编码	030208001002	项目名称	管内穿电缆 VV-3×10mm²	计量单位	m

清单综合单价组成明细

定额编号	定额名称	定额单位	数量	单价					合价				
				人工费	材料费	机械费	管理费	利润	人工费	材料费	机械费	管理费	利润
2-662	管内穿电缆 VV-3×10mm²	100m	0.12	87.12	12.42	5.49	36.59	17.42	10.45	1.49	0.66	4.39	2.09
2-695	干包电缆终端头 10mm² 以内	个	2	8.58	42.92	0.00	3.60	1.72	17.16	85.84	0.00	7.21	3.43
人工单价		小计							27.61	87.33	0.66	11.60	5.52
28 元/工日		未计价材料费							606.00				
清单项目综合单价									61.61				

材料费明细	主要材料名称、规格、型号	单位	数量	单价（元）	合价（元）	暂估单价（元）	暂估合价（元）
	电缆 VV-3×10mm²	m	12.12			50.00	606.00
	其他材料费						0.00
	材料费小计						606.00

注　管理费按人工费 42%，利润按人工费 20%计。

表 4-6（A5） **工程量清单综合单价分析表**

工程名称：某车间动力配电工程　　标段：　　第 5 页　共 19 页

项目编码	030208001003	项目名称	管内穿电缆 VV-3×4+1×2.5mm²	计量单位	m

清单综合单价组成明细													
定额编号	定额名称	定额单位	数量	单价					合价				
				人工费	材料费	机械费	管理费	利润	人工费	材料费	机械费	管理费	利润
2-662	管内穿电缆 VV-3×4+1×2.5mm²	100m	0.18	87.12	12.42	5.49	36.59	17.42	15.33	2.19	0.97	6.44	3.07
2-695	干包电缆终端头 10mm² 以内	个	2	8.58	42.92	0.00	3.60	1.72	17.16	85.84	0.00	7.21	3.43
人工单价		小计							32.49	88.03	0.97	13.65	6.50
28 元/工日		未计价材料费							454.50				
清单项目综合单价									33.42				

材料费明细	主要材料名称、规格、型号	单位	数量	单价（元）	合价（元）	暂估单价（元）	暂估合价（元）
	电缆 VV-3×4+1×2.5mm²	m	18.18			25.00	454.50
	其他材料费						0.00
	材料费小计						454.50

注　管理费按人工费 42%，利润按人工费 20%计。

表 4-6（A6） 工程量清单综合单价分析表

工程名称：某车间动力配电工程 标段： 第 6 页 共 19 页

项目编码		030208001004		项目名称		电缆支架敷设 VV-3×4mm^2				计量单位		m	
清单综合单价组成明细													
定额编号	定额名称	定额单位	数量	单价					合价				
				人工费	材料费	机械费	管理费	利润	人工费	材料费	机械费	管理费	利润
2-677	电缆支架敷设 VV-3×4mm^2	100m	0.13	69.61	103.63	7.12	29.24	13.92	9.04	13.47	0.93	3.80	1.81
人工单价		小计							9.04	13.47	0.93	3.80	1.81
28 元/工日		未计价材料费							262.60				
清单项目综合单价									23.13				
材料费明细	主要材料名称、规格、型号					单位	数量		单价（元）	合价（元）	暂估单价（元）	暂估合价（元）	
	电缆 VV-3×4mm^2					m	13.13				20.00	262.60	
	其他材料费											0.00	
	材料费小计											262.60	

注 管理费按人工费 42%，利润按人工费 20%计。

表 4-6（A7） 工程量清单综合单价分析表

工程名称：某车间动力配电工程 标段： 第 7 页 共 19 页

项目编码		030208001005		项目名称		电缆支架敷设 VV-3×10mm^2				计量单位		m	
清单综合单价组成明细													
定额编号	定额名称	定额单位	数量	单价					合价				
				人工费	材料费	机械费	管理费	利润	人工费	材料费	机械费	管理费	利润
2-677	电缆支架敷设 VV-3×10mm^2	100m	0.13	69.61	103.63	7.12	29.24	13.92	9.04	13.47	0.93	3.80	1.81
人工单价		小计							9.04	13.47	0.93	3.80	1.81
28 元/工日		未计价材料费							656.50				
清单项目综合单价									54.37				
材料费明细	主要材料名称、规格、型号					单位	数量		单价（元）	合价（元）	暂估单价（元）	暂估合价（元）	
	电缆 VV-3×10mm^2					m	13.13				50.00	656.50	
	其他材料费											0.00	
	材料费小计											656.50	

注 管理费按人工费 42%，利润按人工费 20%计。

表 4-6（A8） **工程量清单综合单价分析表**

工程名称：某车间动力配电工程 标段： 第 8 页 共 19 页

项目编码	030208001006			项目名称		电缆支架敷设 VV-3×4+1×2.5mm²					计量单位		m
清单综合单价组成明细													
定额编号	定额名称	定额单位	数量	单价					合价				
				人工费	材料费	机械费	管理费	利润	人工费	材料费	机械费	管理费	利润
2-677	电缆支架敷设 VV-3×4+1×2.5mm²	100m	0.13	69.61	103.63	7.12	29.24	13.92	9.04	13.47	0.93	3.80	1.81
人工单价		小计							9.04	13.47	0.93	3.80	1.81
28 元/工日		未计价材料费							328.25				
清单项目综合单价									28.33				
材料费明细	主要材料名称、规格、型号				单位		数量		单价（元）	合价（元）	暂估单价（元）	暂估合价（元）	
	电缆 VV-3×4+1×2.5mm²				m		13.13				25.00	328.25	
	其他材料费											0.00	
	材料费小计											328.25	

注 管理费按人工费 42%，利润按人工费 20%计。

表 4-6（A9） **工程量清单综合单价分析表**

工程名称：某车间动力配电工程 标段： 第 9 页 共 19 页

项目编码	030208005001			项目名称		电缆支架制作安装					计量单位		t
清单综合单价组成明细													
定额编号	定额名称	定额单位	数量	单价					合价				
				人工费	材料费	机械费	管理费	利润	人工费	材料费	机械费	管理费	利润
2-363	电缆支架制作∠50×5	100kg	0.24	225.72	174.95	57.74	94.80	45.14	54.17	41.99	13.86	22.75	10.83
2-364	电缆支架安装	100kg	0.24	146.72	32.79	37.89	61.62	29.34	35.21	7.87	9.09	14.79	7.04
人工单价		小计							89.39	49.86	22.95	37.54	17.86
28 元/工日		未计价材料费							882.00				
清单项目综合单价									45 817.23				
材料费明细	主要材料名称、规格、型号				单位		数量		单价（元）	合价（元）	暂估单价（元）	暂估合价（元）	
	型钢∠50×5				kg		25.20				35.00	882.00	
	其他材料费											0.00	
	材料费小计											882.00	

注 管理费按人工费 42%，利润按人工费 20%计。

表 4-6（A10）

工程量清单综合单价分析表

工程名称：某车间动力配电工程　　标段：　　第 10 页　共 19 页

项目编码	030209001001	项目名称		接地装置					计量单位		项
清单综合单价组成明细											
定额编号	定额名称	定额单位	数量	单价					合价		
				人工费	材料费	机械费	管理费	利润	人工费	材料费	机械费	管理费	利润
2-829	钢管接地极 $L=2500$ $DN25$	根	3	43.05	35.12	0.00	18.08	8.61	129.15	105.36	0.00	54.24	25.83
2-839	接地母线敷设-40×4	10m	1.52	9.42	13.98	0.00	3.96	1.88	14.32	21.25	0.00	6.01	2.86
人工单价		小计							143.47	126.61	0.00	60.26	28.69
28 元/工日		未计价材料费							378.45				
清单项目综合单价									737.48				
材料费明细	主要材料名称、规格、型号			单位	数量				单价（元）	合价（元）	暂估单价（元）	暂估合价（元）	
	镀锌钢管 $DN25$			根	3.09						45.00	139.05	
	镀锌扁钢－40×4			m	15.96						15.00	239.40	
	其他材料费											0.00	
	材料费小计											378.45	

注 管理费按人工费 42%，利润按人工费 20%计。

表 4-6（A11）

工程量清单综合单价分析表

工程名称：某车间动力配电工程　　标段：　　第 11 页　共 19 页

项目编码	030211002001	项目名称		送配电装置系统调试					计量单位		系统
清单综合单价组成明细											
定额编号	定额名称	定额单位	数量	单价					合价		
				人工费	材料费	机械费	管理费	利润	人工费	材料费	机械费	管理费	利润
2-1002	送配电装置系统调试	系统	1.00	176.00	3.52	96.97	73.92	35.20	176.00	3.52	96.97	73.92	35.20
人工单价		小计							176.00	3.52	96.97	73.92	35.20
28 元/工日		未计价材料费							0.00				
清单项目综合单价									385.61				
材料费明细	主要材料名称、规格、型号			单位	数量				单价（元）	合价（元）	暂估单价（元）	暂估合价（元）	
												0.00	
	其他材料费											0.00	
	材料费小计											0.00	

注 管理费按人工费 42%，利润按人工费 20%计。

表 4-6（A12） 工程量清单综合单价分析表

工程名称：某车间动力配电工程　　标段：　　第 12 页　共 19 页

项目编码		030211008001		项目名称		接地装置系统调试				计量单位		系统
清单综合单价组成明细												
定额编号	定额名称	定额单位	数量	单价					合价			
				人工费	材料费	机械费	管理费	利润	人工费	材料费	机械费	管理费	利润
2-1038	接地装置调试	组	1	70.40	1.41	72.58	29.57	14.08	70.40	1.41	72.58	29.57	14.08
人工单价		小计							70.40	1.41	72.58	29.57	14.08
28 元/工日		未计价材料费							0.00				
清单项目综合单价									188.04				
材料费明细	主要材料名称、规格、型号				单位	数量			单价（元）	合价（元）	暂估单价（元）	暂估合价（元）	
												0.00	
	其他材料费											0.00	
	材料费小计											0.00	

注　管理费按人工费 42%，利润按人工费 20%计。

表 4-6（A13） 工程量清单综合单价分析表

工程名称：某车间动力配电工程　　标段：　　第 13 页　共 19 页

项目编码		030212001001		项目名称		电气配管				计量单位		m
清单综合单价组成明细												
定额编号	定额名称	定额单位	数量	单价					合价			
				人工费	材料费	机械费	管理费	利润	人工费	材料费	机械费	管理费	利润
2-1228	钢管暗敷设 *DN*100	100m	0.03	762.43	371.19	53.12	320.22	152.49	22.87	11.14	1.59	9.61	4.57
人工单价		小计							22.87	11.14	1.59	9.61	4.57
28 元/工日		未计价材料费							92.70				
清单项目综合单价									47.49				
材料费明细	主要材料名称、规格、型号				单位	数量			单价（元）	合价（元）	暂估单价（元）	暂估合价（元）	
	钢管 *DN*100				m	3.00					30.00	92.70	
	其他材料费											0.00	
	材料费小计											92.70	

注　管理费按人工费 42%，利润按人工费 20%计。

表 4-6（A14） **工程量清单综合单价分析表**

工程名称：某车间动力配电工程 标段： 第 14 页 共 19 页

项目编码		030212001002		项目名称	电气配管							计量单位	m	
清单综合单价组成明细														
定额编号	定额名称	定额单位	数量	单价					合价					
				人工费	材料费	机械费	管理费	利润	人工费	材料费	机械费		管理费	利润
2-1225	钢管暗敷设 *DN*50	100m	0.31	332.31	200.50	32.41	139.57	66.46	103.02	62.16	10.05		43.27	20.60
人工单价		小计							103.02	62.16	10.05		43.27	20.60
28 元/工日		未计价材料费							383.16					
清单项目综合单价									20.07					
材料费明细	主要材料名称、规格、型号					单位	数量		单价（元）	合价（元）	暂估单价（元）		暂估合价（元）	
	钢管 *DN*50					m	31.93				12.00		383.16	
	其他材料费												0.00	
	材料费小计												383.16	

注 管理费按人工费 42%，利润按人工费 20%计。

表 4-6（A15） **工程量清单综合单价分析表**

工程名称：某车间动力配电工程 标段： 第 15 页 共 19 页

项目编码		030212001003		项目名称	电气配管							计量单位	m	
清单综合单价组成明细														
定额编号	定额名称	定额单位	数量	单价					合价					
				人工费	材料费	机械费	管理费	利润	人工费	材料费	机械费		管理费	利润
2-1223	钢管暗敷设 *DN*32	100m	0.06	194.17	140.81	22.47	81.55	38.83	11.65	8.45	1.35		4.89	2.33
2-1554	墙体剔槽 32mm	10m	0.14	7.48	26.62	9.35	3.14	1.50	1.05	3.73	1.31		0.44	0.21
人工单价		小计							12.70	12.18	2.66		5.33	2.54
28 元/工日		未计价材料费							49.44					
清单项目综合单价									14.14					
材料费明细	主要材料名称、规格、型号					单位	数量		单价（元）	合价（元）	暂估单价（元）		暂估合价（元）	
	钢管 *DN*32					m	6.18				8.00		49.44	
	其他材料费												0.00	
	材料费小计												49.44	

注 管理费按人工费 42%，利润按人工费 20%计。

表 4-6（A16） **工程量清单综合单价分析表**

工程名称：某车间动力配电工程　　标段：　　第 16 页　共 19 页

项目编码	030212001004		项目名称		电气配管				计量单位		m		
清单综合单价组成明细													
定额编号	定额名称	定额单位	数量	单价					合价				
				人工费	材料费	机械费	管理费	利润	人工费	材料费	机械费	管理费	利润
2-1214	钢管明敷设 *DN*50	100m	0.01	418.42	447.54	57.94	175.74	83.68	4.18	4.48	0.48	1.76	0.84
人工单价		小计							4.18	4.48	0.48	1.76	0.84
28 元/工日		未计价材料费							12.36				
清单项目综合单价									24.09				
材料费明细	主要材料名称、规格、型号			单位	数量		单价（元）		合价（元）		暂估单价（元）	暂估合价（元）	
	钢管 *DN*50			m	1.03						12.00	12.36	
	其他材料费											0.00	
	材料费小计											12.36	

注　管理费按人工费 42%，利润按人工费 20%计。

表 4-6（A17） **工程量清单综合单价分析表**

工程名称：某车间动力配电工程　　标段：　　第 17 页　共 19 页

项目编码	030212003001		项目名称		电气配线				计量单位		m		
清单综合单价组成明细													
定额编号	定额名称	定额单位	数量	单价					合价				
				人工费	材料费	机械费	管理费	利润	人工费	材料费	机械费	管理费	利润
2-1395	钢管内穿线 BV-10mm²	100m	0.26	20.70	11.42	0.00	8.69	4.14	5.38	2.97	0.00	2.26	1.08
人工单价		小计							5.38	2.97	0.00	2.26	1.08
28 元/工日		未计价材料费							546.00				
清单项目综合单价									21.12				
材料费明细	主要材料名称、规格、型号			单位	数量		单价（元）		合价（元）		暂估单价（元）	暂估合价（元）	
	BV-10mm²			m	27.30						20.00	546.00	
	其他材料费											0.00	
	材料费小计											546.00	

注　管理费按人工费 42%，利润按人工费 20%计。

表 4-6（A18）

工程量清单综合单价分析表

工程名称：某车间动力配电工程 标段： 第 18 页 共 19 页

项目编码		030212003002		项目名称	电气配线					计量单位		m	
清单综合单价组成明细													
定额编号	定额名称	定额单位	数量	单价					合价				
				人工费	材料费	机械费	管理费	利润	人工费	材料费	机械费	管理费	利润
2-1394	钢管内穿线 BV-6mm²	100m	0.09	16.72	7.49	0.00	7.02	3.34	1.50	0.67	0.00	0.63	0.30
人工单价		小计							1.50	0.67	0.00	0.63	0.30
28 元/工日		未计价材料费							141.75				
清单项目综合单价									16.46				
材料费明细	主要材料名称、规格、型号				单位	数量			单价（元）	合价（元）	暂估单价（元）	暂估合价（元）	
	BV-6mm²				m	9.45					15.00	141.75	
	其他材料费											0.00	
	材料费小计											141.75	

注 管理费按人工费 42%，利润按人工费 20%计。

表 4-6（A19）

工程量清单综合单价分析表

工程名称：某车间动力配电工程 标段： 第 19 页 共 19 页

项目编码		CB001		项目名称	木制配电板制作安装					计量单位		块	
清单综合单价组成明细													
定额编号	定额名称	定额单位	数量	单价					合价				
				人工费	材料费	机械费	管理费	利润	人工费	材料费	机械费	管理费	利润
2-378	木配电板安装	块	1	12.54	7.45	2.71	5.27	2.51	12.54	7.45	2.71	5.27	2.51
2-374	木配电板制作	m²	0.12	24.57	105.60	9.60	10.32	4.91	2.95	12.67	1.15	1.24	0.59
人工单价		小计							15.49	20.12	3.86	6.51	3.10
28 元/工日		未计价材料费							0.00				
清单项目综合单价									49.08				
材料费明细	主要材料名称、规格、型号				单位	数量			单价（元）	合价（元）	暂估单价（元）	暂估合价（元）	
												0.00	
	其他材料费											0.00	
	材料费小计											0.00	

注 管理费按人工费 42%，利润按人工费 20%计。

2. 分部分项工程量清单计价表［见表 4-7（A)］

表 4-7（A）

分部分项工程量清单计价表

工程名称：某车间动力配电工程　　标段：　　第 1 页　共 1 页

序号	项目编码	项目名称	项目特征描述	计量单位	工程量	金额（元）			
						综合单价	合价	其中：人工费	其中：暂估价
1	030204018001	配电箱	落地配电柜，尺寸 700mm×1700mm×400mm，10＃基础槽钢安装，焊铜接线端子	台	1.00	2218.93	2218.93	78.70	2000.00
2	030204018002	配电箱	配电箱，尺寸 400mm×300mm×200mm，嵌入式 1.4m，焊铜接线端子	台	1.00	601.23	601.23	40.44	500.00
3	030208001001	电力电缆	管内穿电缆，VV-3×4mm^2，电缆头制作安装	m	12.81	30.98	396.85	28.49	262.60
4	030208001002	电力电缆	管内穿电缆，VV-3×10mm^2，电缆头制作安装	m	11.99	61.61	738.70	27.61	606.00
5	030208001003	电力电缆	管内穿电缆，VV-3×4+1×2.5mm^2，电缆头制作安装	m	17.84	33.42	596.21	32.49	454.50
6	030208001004	电力电缆	电缆支架敷设，VV-3×4mm^2	m	12.61	23.13	291.67	9.04	262.60
7	030208001005	电力电缆	电缆支架敷设，VV-3×10mm^2	m	12.61	54.37	685.61	9.04	656.50
8	030208001006	电力电缆	电缆支架敷设，VV-3×4+1×2.5mm^2	m	12.61	28.33	357.24	9.04	328.25
9	030208005001	电缆支架	电缆支架制作、安装，∠50×5mm	t	0.02	45 817.23	916.34	89.39	882.00
10	030209001001	接地装置	接地极，L=2500mm *DN*25 镀锌钢管；接地母线，镀锌扁钢，40×4mm	项	1.00	737.48	737.48	143.47	378.45
11	030211002001	送配电系统调试	220V，动力回路调试	系统	1.00	385.61	385.61	176.00	0.00
12	030211008001	接地装置调试	*DN*25 镀锌钢管接地极三根/组，镀锌扁钢 40×4mm 接地母线调试	系统	1.00	188.04	188.04	70.40	0.00
13	030212001001	电气配管	钢管，埋地暗敷设，*DN*100	m	3.10	47.49	147.22	22.87	92.70
14	030212001002	电气配管	钢管，埋地暗敷设，*DN*50	m	31.20	20.07	626.18	103.02	383.16
15	030212001003	电气配管	钢管，沿墙暗敷设，*DN*32，墙体剔槽	m	5.70	14.14	80.60	12.70	49.44
16	030212001004	电气配管	钢管，沿墙明敷设，*DN*50	m	1.40	24.09	33.73	4.18	12.36
17	030212003001	电气配线	钢管内穿线，BV-10mm^2	m	26.40	21.12	557.57	5.38	546.00
18	030212003002	电气配线	钢管内穿线，BV-6mm^2	m	8.80	16.46	144.85	1.50	141.75
19	CB001	木制配电板	木制配电板制作、安装，400mm×300mm×200mm，1.4m 明装	块	1.00	49.08	49.08	15.49	0.00
		合　计					9753.14	879.25	7556.31

3. 措施项目清单与计价表［见表4-8（A)］

表4-8（A) **措施项目清单与计价表**

工程名称：某车间动力配电工程 标段： 第1页 共1页

序号	项目名称	计算基础	费率(%)	金额(元)
1	安全文明施工费	879.25	4.50	39.57
2	夜间施工费	879.25	2.50	21.98
3	二次搬运费	879.25	2.10	18.46
4	冬雨季施工	879.25	2.80	24.62
5	大型机械设备进出场及安拆费	879.25	0.00	0.00
6	施工排水	879.25	0.00	0.00
7	施工降水	879.25	0.00	0.00
8	地上、地下设施、建筑物的临时保护设施	879.25	12.00	105.51
9	已完工程及设备保护	879.25	1.30	11.43
10	脚手架搭拆费	879.25	4.00	35.17
合计				256.74

注 计算基础为人工费。

4. 规费、税金项目清单与计价表［见表 4-9（A)］

表 4-9（A） 规费、税金项目清单与计价表

工程名称：某车间动力配电工程 标段： 第1页 共1页

序号	项目名称	计算基础	费率（%）	金额（元）
1	规费			270.27
1.1	工程排污费			
1.2	社会保障费	9753.14+256.74	2.60%	260.26
(1)	养老保险费			
(2)	失业保险费			
(3)	医疗保险费			
1.3	住房公积金			
1.4	危险作业意外伤害保险			
1.5	工程定额测定费	9753.14+256.74	0.10%	10.01
2	税金	分部分项工程费+措施项目费+其他项目费+规费	3.44%	353.64
合计				623.90

注 规费计算基础为分部分项工程费+措施项目费+其他项目费，其他项目费本例不计。

5. 单位工程招标控制价/投标报价汇总表［见表4-10（A）］

表4-10（A） **单位工程招标控制价/投标报价汇总表**

工程名称：某车间动力配电工程 标段： 第1页 共1页

序号	汇总内容	金额（元）	其中：暂估价（元）	序号	汇总内容	金额（元）	其中：暂估价（元）
1	分部分项工程	9753.14	7556.31	2	措施项目	256.74	
1.1	落地配电柜	2218.93	2000.00	2.1	安全文明施工费	39.57	
1.2	配电箱	601.23	500.00	2.2	夜间施工费	21.98	
1.3	管内穿电缆 VV-3×4mm²	396.85	262.60	2.3	二次搬运费	18.46	
1.4	管内穿电缆 VV-3×10mm²	738.70	606.00	2.4	冬雨季施工	24.62	
1.5	管内穿电缆 VV-3×4+1×2.5mm²	596.21	454.50	2.5	大型机械设备进出场及安拆费	0.00	
1.6	电缆支架敷设 VV-3×4mm²	291.67	262.60	2.6	施工排水	0.00	
1.7	电缆支架敷设 VV-3×10mm²	685.61	656.50	2.7	施工降水	0.00	
1.8	电缆支架敷设 VV-3×4+1×2.5mm²	357.24	328.25	2.8	地上、地下设施、建筑物的临时保护设施	105.51	
1.9	电缆支架制作、安装∠50×5mm	916.34	882.00				
1.10	接地装置	737.48	378.45	2.9	已完工程及设备保护	11.43	
1.11	送配电系统调试	385.61	0.00	2.10	脚手架搭拆费	35.17	
1.12	接地装置调试	188.04	0.00	3	其他项目	0.00	
1.13	钢管埋地暗敷设 DN100	147.22	92.70	3.1	暂列金额		
1.14	钢管埋地暗敷设 DN50	626.18	383.16	3.2	专业工程暂估价		
1.15	钢管沿墙暗敷设 DN32	80.60	49.44	3.3	计日工		
1.16	钢管沿墙明敷设 DN50	33.73	12.36	3.4	总承包服务费		
1.17	钢管内穿线 BV-10mm²	557.57	546.00	4	规费	270.27	
1.18	钢管内穿线 BV-6mm²	144.85	141.75	5	税金	353.64	
1.19	木制配电板制作、安装	49.08	0.00		招标控制价合计=1+2+3+4+5	10 633.79	7556.31

【习题五】某办公楼电气照明工程定额计价及清单计价案例参考答案

一、定额计价模式确定工程造价

1. 工程量计算［见表5-2（A）］

表5-2（A）　工程量计算书

项目名称：某办公楼电气照明工程　　第1页　共1页

序号	项目名称	单位	计算公式	数量
1	配电箱800mm×500mm×120mm	台		1.00
2	分层配电箱500mm×300mm×120mm	台		1.00
3	有端子外部接线2.5mm²	个	5×2+4+2+2	18.00
4	送配电系统调试	系统		1.00
5	塑料管暗敷设PVC25	m	(3−1.4)×2+3	6.20
6	塑料管暗敷设PVC20	m	回路③2.7×3+3×2+1.6+1.7	17.40
7	塑料管暗敷设PVC15	m	三线：1.5+1.6=3.1 二线：回路①1.6+2+1.85+3×2+2.7×2+2.3×5+1.5+3.5+3.5+0.5+1.6×7+1.7×8=62.15 回路②1.6×14+1+1+3.5+2+1.3+1+2.7×3+3×2+2.5×6+3+0.5+0.6+1.7×12=85.80	151.05
8	管内穿线BV-2.5mm²	m	(6.2×5+17.4×4+3.1×3+147.95×2)×1.025	415.95
9	三相插座15A	个		1.00
10	单联开关	个		16.00
11	五孔插座	个		9.00
12	防水吸顶灯	个		2.00
13	单管吊链日光灯	个		12.00
14	方形吸顶灯	个		3.00
15	接线盒暗装	个	1+9+2+12+3	27.00
16	开关盒暗装	个		16.00
17	墙体剔槽*DN*20以内	m	1.6+1.7+1.6+1.6+1.6×7+1.7×8+1.6+1.6×13+1.7×12	74.10
18	墙体剔槽*DN*32以内	m	1.6×2	3.20

注　计算式中带下划线的为墙体剔槽的数量。

2. 计算直接工程费

根据以上工程量，套用《全国统一安装工程预算定额山东省价目表》第二册，列表计算此单位工程直接工程费，见表5-3（A）。

表5-3（A） **安装工程预（结）算书**

工程名称：某办公楼电气照明工程 共1页 第1页

序号	定额编号	项目名称	单位	数量	单价			合计		
					基价	人工费	主材费	合价	人工费	主材费
1	2-265	配电箱安装800×500×120	台	1.00	73.39	48.07	1000.00	73.39	48.07	1000.00
2	2-264	配电箱安装500×300×120	台	1.00	60.77	37.62	500.00	60.77	37.62	500.00
3	2-334	端子板外部接线6mm²	10个	1.80	28.65	6.91	0.00	51.57	12.44	0.00
4	2-1002	送配电调试	系统	1.00	276.49	176.00	0.00	276.49	176.00	0.00
5	2-1343	PVC15管暗敷设	100m	1.51	162.41	139.61	318.00	245.24	210.81	480.18
6	2-1344	PVC20管暗敷设	100m	0.17	187.02	161.77	530.00	31.79	27.50	90.10
7	2-1345	PVC25管暗敷设	100m	0.06	357.45	194.17	848.00	21.45	11.65	50.88
8	2-1390	管内穿线BV-2.5mm²	100m	4.16	30.75	20.90	464.00	127.92	86.94	1930.24
9	2-1553	墙体剔槽20mm内	10m	7.41	40.89	6.82		320.99	50.54	0.00
10	2-1554	墙体剔槽32mm内	10m	0.32	43.45	7.48		13.90	2.39	0.00
11	2-1563	接线盒暗装	10个	2.70	23.40	9.42	20.40	63.18	25.43	55.08
12	2-1564	开关盒暗装	10个	1.60	16.50	10.03	20.40	26.40	16.05	32.64
13	2-1573	方形吸顶灯	10套	0.30	177.08	45.14	1515.00	53.12	13.54	454.50
14	2-1568	防水吸顶灯	10套	0.20	176.31	45.14	1010.00	35.26	9.03	202.00
15	2-1776	单管吊链日光灯	10套	1.20	134.49	45.36	1212.00	161.39	54.43	1454.40
16	2-1865	单联开关	10套	1.60	20.58	17.78	102.00	32.93	28.45	163.20
17	2-1908	三相插座15A	10套	0.10	30.02	22.57	816.00	3.00	2.26	81.60
18	2-1898	五孔插座	10套	0.90	31.76	22.99	122.40	28.58	20.69	110.16
19		2册小计						1609.38	833.84	6604.98
20		脚手架搭拆费	2册人工费×4%×25%					33.35	8.34	
21		直接工程费	1609.38+6604.98+33.35					8247.71	842.18	

3. 计算安装工程费用（造价）

按工程类别及计费标准，计算工程造价，详见表 5-4（A）。

表 5-4（A） **定额计价的计算程序**

项目名称：某办公楼电气照明工程 Ⅲ类工程

序　号	费用项目名称	计算方法	金　额
一	直接费	8247.71+256.02	8503.73
	（一）直接工程费	定额表	8247.71
	其中：人工费（R1）	定额表	842.18
	（二）措施费		256.02
	1. 环境保护费	R1×费率=842.18×2.2%	18.53
	2. 文明施工费	R1×费率=842.18×4.5%	37.90
	3. 临时设施费	R1×费率=842.18×12%	101.06
	4. 夜间施工增加费	R1×费率=842.18×2.5%	21.05
	5. 二次搬运费	R1×费率=842.18×2.1%	17.69
	6. 冬雨季施工增加费	R1×费率=842.18×2.8%	23.58
	7. 已完工程及设备保护费	R1×费率=842.18×1.3%	10.95
	8. 总承包服务费	R1×费率=842.18×3%	25.27
	其中：人工费（R2）	(18.53+37.90+101.06+10.95)×25%+21.05×50%+（17.69+23.58)×40%	69.14
二	企业管理费	(R1+R2)×费率=(842.18+69.14)×42%	382.75
三	利润	(R1+R2)×费率=(842.18+69.14)×20%	182.26
四	规费		244.86
	1. 工程排污费	—	
	2. 工程定额测定费	(8503.73+382.75+182.26）×0.1%	9.07
	3. 社会保障费	(8503.73+382.75+182.26）×2.6%	235.79
	4. 住房公积金	—	
	5. 危险作业意外伤害保险	—	
	6. 安全施工费	—	
五	税金	(8503.73+382.75+182.26+244.86)×3.44%	320.39
六	安装工程费用合计	8503.73+382.75+182.26+244.86+320.39	9633.99

二、清单计价模式确定工程造价

(一)工程量清单[见表5-5(A)]

工程量清单的编制内容与格式按照《计价规范》的要求。本例只列分部分项工程量清单,参考表5-2(A)确定。

表5-5(A) **分部分项工程量清单表**

工程名称:某办公楼电气照明工程 第1页 共1页

序号	项目编码	项目名称	项目特征描述	计量单位	工程量
1	030204018001	配电箱	配电箱,尺寸800mm×500mm×120mm,嵌入式1.4m,端子板外部接线2.5mm^2	台	1.00
2	030204018002	配电箱	配电箱,尺寸500mm×300mm×120mm,嵌入式1.4m,端子板外部接线2.5mm^2	台	1.00
3	030204031001	小电器	单联开关,嵌入式1.4m,86型	个	16.00
4	030204031002	小电器	五孔插座,嵌入式1.3m,86型	个	9.00
5	030204031003	小电器	三相插座,嵌入式1.3m,86型	个	1.00
6	030211002001	送配电系统调试	220V,照明回路调试	系统	1.00
7	030212001001	电气配管	塑料管,暗敷设,PVC15,墙体剔槽	m	151.05
8	030212001002	电气配管	塑料管,暗敷设,PVC20,墙体剔槽	m	17.40
9	030212001003	电气配管	塑料管,暗敷设,PVC25,墙体剔槽	m	6.20
10	030212003001	电气配线	塑料管内穿线,BV-2.5mm^2	m	415.95
11	030213001001	普通吸顶灯	方形吸顶灯,吸顶式安装	套	3.00
12	030213001002	普通吸顶灯	防水圆形吸顶灯,吸顶式安装	套	2.00
13	030213004001	荧光灯	单管日光灯,吊链式安装	套	12.00

（二）工程量清单计价

工程量清单计价按照《计价规范》的要求、相关定额价目表以及表5-1的材料价格确定。

1. 工程量清单综合单价分析表［见表5-6（A)］

表5-6（A1） 工程量清单综合单价分析表

工程名称：某办公楼电气照明工程 标段： 第1页 第13页

项目编码	030204018001	项目名称	配电箱	计量单位	台

清单综合单价组成明细													
定额编号	定额名称	定额单位	数量	单价					合价				
				人工费	材料费	机械费	管理费	利润	人工费	材料费	机械费	管理费	利润
2-265	照明配电箱	台	1.00	48.07	25.32	0.00	20.19	9.61	48.07	25.32	0.00	20.19	9.61
2-334	端子板接线	10个	0.50	6.91	21.74	0.00	2.90	1.38	3.46	10.87	0.00	1.45	0.69
人工单价		小计							51.53	36.19	0.00	21.64	10.31
28元/工日		未计价材料费							1000.00				
清单项目综合单价									1119.66				

材料费明细	主要材料名称、规格、型号	单位	数量	单价（元）	合价（元）	暂估单价（元）	暂估合价（元）
	照明配电箱	台	1.00			1000.00	1000.00
	其他材料费						0.00
	材料费小计						1000.00

注 管理费按人工费42%，利润按人工费20%计。

表 5-6（A2）

工程量清单综合单价分析表

工程名称：某办公楼电气照明工程　　　　标段：　　　　第 2 页　共 13 页

项目编码		030204018002		项目名称		配电箱					计量单位	台	
清单综合单价组成明细													
定额编号	定额名称	定额单位	数量	单价					合价				
				人工费	材料费	机械费	管理费	利润	人工费	材料费	机械费	管理费	利润
2-264	照明配电箱	台	1.00	37.62	23.15	0.00	15.80	7.52	37.62	23.15	0.00	15.80	7.52
2-334	端子板接线	10 个	0.50	6.91	21.74	0.00	2.90	1.38	3.46	10.87	0.00	1.45	0.69
人工单价		小计							41.08	34.02	0.00	17.25	8.22
28 元/工日		未计价材料费							500.00				
清单项目综合单价									600.56				
材料费明细	主要材料名称、规格、型号					单位	数量		单价（元）	合价（元）	暂估单价（元）	暂估合价（元）	
	照明配电箱					台	1.00				500.00	500.00	
	其他材料费											0.00	
	材料费小计											500.00	

注　管理费按人工费 42%，利润按人工费 20%计。

表 5-6（A3）

工程量清单综合单价分析表

工程名称：某办公楼电气照明工程　　　　标段：　　　　第 3 页　共 13 页

项目编码		030204031001		项目名称		小电器					计量单位	套	
清单综合单价组成明细													
定额编号	定额名称	定额单位	数量	单价					合价				
				人工费	材料费	机械费	管理费	利润	人工费	材料费	机械费	管理费	利润
2-1865	单联开关	10 套	1.60	17.78	2.8	0	7.47	3.56	28.45	4.48	0.00	11.95	5.69
2-1564	开关盒暗装	10 个	1.60	10.03	6.47	0	4.21	2.01	16.05	10.35	0.00	6.74	3.21
人工单价		小计							44.50	14.83	0.00	18.69	8.90
28 元/工日		未计价材料费							195.84				
清单项目综合单价									17.67				
材料费明细	主要材料名称、规格、型号					单位	数量		单价（元）	合价（元）	暂估单价（元）	暂估合价（元）	
	单联开关					套	16.32				10.00	163.20	
	开关盒					个	16.32				2.00	32.64	
	其他材料费											0.00	
	材料费小计											195.84	

注　管理费按人工费 42%，利润按人工费 20%计。

表 5-6（A4） **工程量清单综合单价分析表**

工程名称：某办公楼电气照明工程　　标段：　　第 4 页　共 13 页

项目编码		030204031002		项目名称		小电器						计量单位	套
清单综合单价组成明细													
定额编号	定额名称	定额单位	数量	单价					合价				
				人工费	材料费	机械费	管理费	利润	人工费	材料费	机械费	管理费	利润
2-1898	五孔插座	10 套	0.90	22.99	8.77	0	9.66	4.60	20.69	7.89	0.00	8.69	4.14
2-1563	接线盒暗装	10 个	0.90	9.42	13.98	0	3.96	1.88	8.48	12.58	0.00	3.56	1.70
人工单价		小计							29.17	20.48	0.00	12.25	5.83
28 元/工日		未计价材料费							156.06				
清单项目综合单价									24.87				
材料费明细	主要材料名称、规格、型号					单位	数量		单价（元）	合价（元）	暂估单价（元）	暂估合价（元）	
	五孔插座					套	9.18				15.00	137.70	
	接线盒					个	9.18				2.00	18.36	
	其他材料费											0.00	
	材料费小计											156.06	

注　管理费按人工费 42%，利润按人工费 20%计。

表 5-6（A5） **工程量清单综合单价分析表**

工程名称：某办公楼电气照明工程　　标段：　　第 5 页　共 13 页

项目编码		030204031003		项目名称		小电器						计量单位	套
清单综合单价组成明细													
定额编号	定额名称	定额单位	数量	单价					合价				
				人工费	材料费	机械费	管理费	利润	人工费	材料费	机械费	管理费	利润
2-1908	三相插座 15A	10 套	0.1	22.57	7.45	0	9.48	4.51	2.26	0.75	0.00	0.95	0.45
2-1563	接线盒暗装	10 个	0.10	9.42	13.98	0	3.96	1.88	0.94	1.40	0.00	0.40	0.19
人工单价		小计							3.20	2.14	0.00	1.34	0.64
28 元/工日		未计价材料费							83.64				
清单项目综合单价									90.97				
材料费明细	主要材料名称、规格、型号					单位	数量		单价（元）	合价（元）	暂估单价（元）	暂估合价（元）	
	三相插座 15A					套	1.02				80.00	81.60	
	接线盒					个	1.02				2.00	2.04	
	其他材料费											0.00	
	材料费小计											83.64	

注　管理费按人工费 42%，利润按人工费 20%计。

表 5-6（A6） **工程量清单综合单价分析表**

工程名称：某办公楼电气照明工程 标段： 第 6 页 共 13 页

项目编码		030204018002		项目名称		送配电装置系统调试					计量单位	m	
清单综合单价组成明细													
定额编号	定额名称	定额单位	数量	单价					合价				
				人工费	材料费	机械费	管理费	利润	人工费	材料费	机械费	管理费	利润
2-1002	送配电装置系统调试	系统	1.00	176.00	3.52	96.97	73.92	35.20	176.00	3.52	96.97	73.92	35.20
人工单价		小计							176.00	3.52	96.97	73.92	35.20
28 元/工日		未计价材料费							0.00				
清单项目综合单价									385.61				
材料费明细	主要材料名称、规格、型号					单位	数量		单价（元）	合价（元）	暂估单价（元）	暂估合价（元）	
												0.00	
	其他材料费											0.00	
	材料费小计											0.00	

注 管理费按人工费 42%，利润按人工费 20%计。

表 5-6（A7） **工程量清单综合单价分析表**

工程名称：某办公楼电气照明工程 标段： 第 7 页 共 13 页

项目编码		030212001001		项目名称		电气配管					计量单位	m	
清单综合单价组成明细													
定额编号	定额名称	定额单位	数量	单价					合价				
				人工费	材料费	机械费	管理费	利润	人工费	材料费	机械费	管理费	利润
2-1343	PVC15 管暗敷设	100m	1.51	139.61	22.80	0.00	58.64	27.92	210.81	34.43	0.00	88.55	42.16
2-1553	墙体剔槽 20mm	10m	7.08	6.82	25.82	8.25	2.86	1.36	48.29	182.81	58.41	20.25	9.63
人工单价		小计							259.10	217.23	58.41	108.80	51.79
28 元/工日		未计价材料费							480.18				
清单项目综合单价									7.78				
材料费明细	主要材料名称、规格、型号					单位	数量		单价（元）	合价（元）	暂估单价（元）	暂估合价（元）	
	PVC15					m	160.06				3.00	480.18	
	其他材料费											0.00	
	材料费小计											480.18	

注 管理费按人工费 42%，利润按人工费 20%计。

表 5-6（A8）

工程量清单综合单价分析表

工程名称：某办公楼电气照明工程　　标段：　　第 8 页　共 13 页

项目编码	030212001002			项目名称		电　气　配　管				计量单位		m	
清单综合单价组成明细													
定额编号	定额名称	定额单位	数量	单价					合价				
				人工费	材料费	机械费	管理费	利润	人工费	材料费	机械费	管理费	利润
2-1344	PVC20 管暗敷设	100m	0.17	161.77	25.25	0.00	67.94	32.35	27.50	4.29	0.00	11.55	5.50
2-1553	墙体剔槽 20mm	10m	0.33	6.82	25.82	8.25	2.86	1.36	2.25	8.52	2.72	0.94	0.45
人工单价		小　计							29.75	12.81	2.72	12.49	5.95
28 元/工日		未计价材料费							90.10				
清单项目综合单价									8.84				
材料费明细	主要材料名称、规格、型号					单位	数量		单价（元）	合价（元）	暂估单价（元）	暂估合价（元）	
	PVC20 管暗敷设					m	18.02				5.00	90.10	
	其他材料费											0.00	
	材料费小计											90.10	

注　管理费按人工费 42%，利润按人工费 20%计。

表 5-6（A9）

工程量清单综合单价分析表

工程名称：某办公楼电气照明工程　　标段：　　第 9 页　共 13 页

项目编码	030212001003			项目名称		电　气　配　管				计量单位		m	
清单综合单价组成明细													
定额编号	定额名称	定额单位	数量	单价					合价				
				人工费	材料费	机械费	管理费	利润	人工费	材料费	机械费	管理费	利润
2-1345	PVC25 管暗敷设	100m	0.06	206.49	51.24	0.00	86.73	41.30	12.39	3.07	0.00	5.20	2.48
2-1554	墙体剔槽 25mm	10m	0.32	7.48	26.62	9.35	3.14	1.50	2.39	8.52	2.99	1.00	0.48
人工单价		小　计							14.78	11.59	2.99	6.20	2.96
28 元/工日		未计价材料费							50.88				
清单项目综合单价									14.42				
材料费明细	主要材料名称、规格、型号					单位	数量		单价（元）	合价（元）	暂估单价（元）	暂估合价（元）	
	PVC25 管暗敷设					m	6.36				8.00	50.88	
	其他材料费											0.00	
	材料费小计											50.88	

注　管理费按人工费 42%，利润按人工费 20%计。

表 5-6（A10） **工程量清单综合单价分析表**

工程名称：某办公楼电气照明工程 标段： 第10页 共13页

项目编码		030212003001		项目名称		电气配线			计量单位	m	
清单综合单价组成明细											
定额编号	定额名称	定额单位	数量	单价					合价		
				人工费	材料费	机械费	管理费	利润	人工费	材料费	机械费	管理费	利润
2-1390	钢管内穿线 BV-2.5	100m	4.16	20.90	9.85	0.00	8.78	4.18	86.94	40.98	0.00	36.52	17.39
人工单价		小计							86.94	40.98	0.00	36.52	17.39
28元/工日		未计价材料费							1930.24				
清单项目综合单价									5.08				
材料费明细	主要材料名称、规格、型号			单位	数量				单价（元）	合价（元）	暂估单价（元）	暂估合价（元）	
	BV-2.5mm²			m	482.56						4.00	1930.24	
	其他材料费											0.00	
	材料费小计											1930.24	

注 管理费按人工费42%，利润按人工费20%计。

表 5-6（A11） **工程量清单综合单价分析表**

工程名称：某办公楼电气照明工程 标段： 第11页 共13页

项目编码		030212001003		项目名称		普通吸顶灯及其他灯具				计量单位		套	
清单综合单价组成明细													
定额编号	定额名称	定额单位	数量	单价					合价				
				人工费	材料费	机械费	管理费	利润	人工费	材料费	机械费	管理费	利润
2-1573	方形吸顶灯	10套	0.30	45.14	128.87	3.07	18.96	9.03	13.54	38.66	0.92	5.69	2.71
2-1563	接线盒暗装	10个	0.30	9.42	13.98	0.00	3.96	1.88	2.83	4.19	0.00	1.19	0.57
人工单价		小计							16.37	42.86	0.92	6.87	3.27
28元/工日		未计价材料费							460.62				
清单项目综合单价									176.97				
材料费明细	主要材料名称、规格、型号					单位	数量		单价（元）	合价（元）	暂估单价（元）	暂估合价（元）	
	方形吸顶灯					套	3.03				150.00	454.50	
	接线盒					个	3.06				2.00	6.12	
	其他材料费											0.00	
	材料费小计											460.62	

注 管理费按人工费42%，利润按人工费20%计。

表 5-6（A12）　　**工程量清单综合单价分析表**

工程名称：某办公楼电气照明工程　　标段：　　第 12 页　共 13 页

项目编码		030213001002		项目名称	普通吸顶灯及其他灯具					计量单位		套	
清单综合单价组成明细													
定额编号	定额名称	定额单位	数量	单价					合价				
				人工费	材料费	机械费	管理费	利润	人工费	材料费	机械费	管理费	利润
2-1568	防水吸顶灯	10 套	0.20	45.14	53.41	0.00	18.96	9.03	9.03	10.68	0.00	3.79	1.81
2-1563	接线盒暗装	10 个	0.20	9.42	13.98	0.00	3.96	1.88	1.88	2.80	0.00	0.79	0.38
人工单价		小计							10.91	13.48	0.00	4.58	2.18
28 元/工日		未计价材料费							206.08				
清单项目综合单价									118.62				
材料费明细	主要材料名称、规格、型号						单位	数量	单价（元）	合价（元）	暂估单价（元）	暂估合价（元）	
	防水吸顶灯						套	2.02			100.00	202.00	
	接线盒						个	2.04			2.00	4.08	
	其他材料费											0.00	
	材料费小计											206.08	

注　管理费按人工费 42%，利润按人工费 20%计。

表 5-6（A13）　　**工程量清单综合单价分析表**

工程名称：某办公楼电气照明工程　　标段：　　第 13 页　共 13 页

项目编码		030213004001		项目名称	荧光灯					计量单位		套	
清单综合单价组成明细													
定额编号	定额名称	定额单位	数量	单价					合价				
				人工费	材料费	机械费	管理费	利润	人工费	材料费	机械费	管理费	利润
2-1776	单管吊链日光灯	10 套	1.20	74.82	53.83	2.26	31.42	14.96	89.78	64.60	2.71	37.71	17.96
2-1563	接线盒暗装	10 个	1.20	9.42	13.98	0	3.96	1.88	11.30	16.78	0.00	4.75	2.26
人工单价		小计							101.09	81.37	2.71	42.46	20.22
28 元/工日		未计价材料费							1478.88				
清单项目综合单价		143.89											
材料费明细	主要材料名称、规格、型号						单位	数量	单价（元）	合价（元）	暂估单价（元）	暂估合价（元）	
	单管吊链日光灯						套	12.12			120.00	1454.40	
	接线盒						个	12.24			2.00	24.48	
	其他材料费											0.00	
	材料费小计											1478.88	

注　管理费按人工费 42%，利润按人工费 20%计。

2. 分部分项工程量清单计价表［见表5-7（A）］

表5-7（A）　　分部分项工程量清单计价表

工程名称：某办公楼电气照明工程　　第1页　共1页

序号	项目编码	项目名称	项目特征描述	计量单位	工程量	金额（元）			
						综合单价	合　价	其中：人工费	其中：暂估价
1	030204018001	配电箱	配电箱，尺寸 800mm × 500mm × 120mm，嵌入式 1.4m，端子板外部接线 2.5mm²	台	1.00	1119.66	1119.66	51.53	1000.00
2	030204018002	配电箱	配电箱，尺寸 500mm × 300mm × 120mm，嵌入式 1.4m，端子板外部接线 2.5mm²	台	1.00	600.56	600.56	41.08	500.00
3	030204031001	小电器	单联开关，嵌入式 1.4m，86 型	个	16.00	17.67	282.72	44.50	195.84
4	030204031002	小电器	五孔插座，嵌入式 1.3m，86 型	个	9.00	24.87	223.83	291.69	156.06
5	030204031003	小电器	三相插座，嵌入式 1.3m，86 型	个	1.00	90.97	90.97	3.20	83.64
6	030211002001	送配电系统调试	220V，照明回路调试	系统	1.00	385.61	385.61	176.00	0.00
7	030212001001	电气配管	塑料管，暗敷设，PVC15，墙体剔槽	m	151.05	7.78	1175.17	259.10	480.18
8	030212001002	电气配管	塑料管，暗敷设，PVC20，墙体剔槽	m	17.40	8.84	153.82	29.75	90.10
9	030212001003	电气配管	塑料管，暗敷设，PVC25，墙体剔槽	m	6.20	14.42	89.40	14.78	50.88
10	030212003001	电气配线	塑料管内穿线，BV-2.5mm²	m	415.95	5.08	2113.03	86.94	1930.24
11	030213001001	普通吸顶灯	方形吸顶灯，吸顶式安装	套	3.00	176.97	530.91	16.37	460.62
12	030213001002	普通吸顶灯	防水圆形吸顶灯，吸顶式安装	套	2.00	118.62	237.24	10.91	206.08
13	030213004001	荧光灯	单管日光灯，吊链式安装	套	12.00	143.89	1726.68	101.09	1478.88
合　计							8729.60	1126.94	6632.52

3. 措施项目清单与计价表［见表5-8（A）］

表5-8（A） **措施项目清单与计价表**

工程名称：某办公楼电气照明工程 标段： 第1页 共1页

序号	项目名称	计算基础	费率（%）	金额（元）
1	安全文明施工费	1126.94	4.50	50.71
2	夜间施工费	1126.94	2.50	28.17
3	二次搬运费	1126.94	2.10	23.67
4	冬雨季施工	1126.94	2.80	31.55
5	大型机械设备进出场及安拆费	1126.94	0.00	0.00
6	施工排水	1126.94	0.00	0.00
7	施工降水	1126.94	0.00	0.00
8	地上、地下设施、建筑物的临时保护设施	1126.94	12.00	135.23
9	已完工程及设备保护	1126.94	1.30	14.65
10	脚手架搭拆费	1126.94	4.00	45.08
合计				329.07

注 计算基础为人工费。

4. 规费、税金项目清单与计价表［见表5-9（A）］

表5-9（A） **规费、税金项目清单与计价表**

工程名称：某办公楼电气照明工程 标段： 第1页 共1页

序号	项目名称	计算基础	费率（%）	金额（元）
1	规费			244.58
1.1	工程排污费			
1.2	社会保障费	8729.60+329.07	2.60	235.53
(1)	养老保险费			
(2)	失业保险费			
(3)	医疗保险费			
1.3	住房公积金			
1.4	危险作业意外伤害保险			
1.5	工程定额测定费	8729.60+329.07	0.10	9.06
2	税金	8729.60+329.07+244.58	3.44	320.03
合计				564.62

注 1. 规费计算基础为分部分项工程费+措施项目费+其他项目费，其他项目费本例不计。

2. 税金计算基础为分部分项工程费+措施项目费+其他项目费+规费，其他项目费本例不计。

5. 单位工程招标控制价/投标报价汇总表［见表 5-10（A）］

表 5-10（A）　　**单位工程招标控制价/投标报价汇总表**

工程名称：某办公楼电气照明工程　　标段：　　第 1 页　共 1 页

序　号	汇　总　内　容	金额（元）	其中：暂估价（元）	序　号	汇　总　内　容	金额（元）	其中：暂估价（元）
1	分部分项工程	8729.60	6632.52	2.3	二次搬运费	23.67	
1.1	配电箱 800mm×500mm×120mm	1119.66	1000.00	2.4	冬雨季施工	31.55	
1.2	配电箱 500mm×300mm×120mm	600.56	500.00	2.5	大型机械设备进出场及安拆费	0.00	
1.3	单联开关	282.72	195.84	2.6	施工排水	0.00	
1.4	五孔插座	223.83	156.06	2.7	施工降水	0.00	
1.5	三相插座	90.97	83.64	2.8	地上、地下设施、建筑物的临时保护设施	135.23	
1.6	送配电系统调试	385.61	0.00	2.9	已完工程及设备保护	14.65	
1.7	PVC15 暗敷设	1175.17	480.18	2.10	脚手架搭拆费	45.08	
1.8	PVC20 暗敷设	153.82	90.10	3	其他项目	0.00	
1.9	PVC25 暗敷设	89.40	50.88	3.1	暂列金额		
1.10	塑料管内穿线 BV-2.5mm^2	2113.03	1930.24	3.2	专业工程暂估价		
1.11	方形吸顶灯	530.91	460.62	3.3	计日工		
1.12	防水圆形吸顶灯	237.24	206.08	3.4	总承包服务费		
1.13	单管吊链日光灯	1726.68	1478.88	4	规费	244.58	
2	措施项目	329.07		5	税金	320.03	
2.1	安全文明施工费	50.71			招标控制价合计=1+2+3+4+5	9623.23	6632.52
2.2	夜间施工费	28.17					

【习题六】某商场消防报警工程定额计价及清单计价案例参考答案

一、定额计价模式确定工程造价

1. 工程量计算［见表 6-2（A)］

表 6-2（A) 工程量计算书

项目名称：某商场消防报警工程 第1页 共1页

序号	项目名称	单位	计算公式	数量
1	报警控制器 400mm×300mm×200mm(壁挂式)	台		1
2	总线隔离器	只		1
3	感烟探头	只		12
4	手动报警按钮	只		1
5	控制模块	只		1
6	输入模块	只		2
7	电铃	只		1
8	自动报警调试	系统		1
9	钢管 *DN*20 暗敷（信号线、电源线）	m	<u>(3−1.5)×3</u>+2+7+5+5+4+7+1.5+<u>0.2</u>	36.20
10	钢管 *DN*20 暗敷（信号线）	m	7+4×2+6+5+2+6+5+2+1+0.5×2+<u>(3−1.3) +0.3</u>	45.00
11	管内穿 RVS−2×1.5mm^2	m	36.2+45+0.4+0.3	81.90
12	管内穿 BV−2.5mm^2	m	(36.2+0.4+0.3) ×2	73.80
13	墙体剔槽 20 以内	m	(3−1.5) ×3+0.2+ (3−1.3) +0.3	6.70

注 计算式中带下划线的为墙体剔槽的数量。

2. 计算直接工程费

根据以上工程量，套用《全国统一安装工程预算定额山东省价目表》第七、第二册，列表计算此单位工程直接工程费，见表6-3（A）。

表6-3（A） **安装工程预（结）算书**

工程名称：某商场消防报警工程 共1页 第1页 年 月 日

序号	定额编号	项目名称	单位	数量	单价			合价		
					基价	人工费	主材费	合价	人工费	主材费
1	7-11	报警控制器	台	1.00	389.69	213.18		389.69	213.18	0.00
2	7-1	感烟探头	只	12.00	13.90	9.02	102.04	166.80	108.24	1224.48
3	7-7	手动报警按钮	只	1.00	19.91	12.34	42.04	19.91	12.34	42.04
4	7-8	总线隔离器	只	1.00	30.82	24.02	2.04	30.82	24.02	2.04
5	7-8	控制模块	只	1.00	30.82	24.02	2.04	30.82	24.02	2.04
6	7-8	输入模块	只	2.00	30.82	24.02	2.04	61.64	48.04	4.08
7	7-37	电铃	只	1.00	11.17	8.32	2.04	11.17	8.32	2.04
8	7-365	自动报警调试	系统	1.00	1835.17	1175.24		1835.17	1175.24	0.00
9		7册小计						2546.02	1613.40	1276.72
10	2-1194	钢管暗配 *DN*20	100m	0.81	186.18	123.31	412.00	150.81	99.88	333.72
11	2-808	管内穿线 RV-2×1.5	100m	0.84	85.48	77.88	203.00	71.80	65.42	170.52
12	2-1416	管内穿线 BV-2.5	100m	0.76	24.72	14.63	265.00	18.79	11.12	201.40
13	2-1553	墙体剔槽20以内	10m	0.67	40.89	6.82	0.00	27.40	4.57	0.00
14		2册小计						268.79	180.99	705.64
15		2册7册合计						2814.81	1794.39	1982.36
16		脚手架搭拆费						87.91	21.98	
17		其中，2册		2册人工费×4%×25%				7.24	1.81	
18		其中，7册		7册人工费×5%×25%				80.67	20.17	
19		直接工程费						4885.08	1816.37	

3. 计算安装工程费用（造价）

按工程类别及计费标准，计算工程造价，详见表 6-4（A）。

表 6-4（A） **定额计价的计算程序**

项目名称：某商场消防报警工程 Ⅱ类工程

序　号	费用项目名称	计算方法	金　额
一	直接费	4885.08＋702.94	5588.02
	（一）直接工程费	定额表	4885.08
	其中：人工费（R1）	定额表	1816.37
	（二）措施费		702.94
	1. 环境保护费	R1×费率＝1816.37×2.7％	49.04
	2. 文明施工费	R1×费率＝1816.37×5.5％	99.90
	3. 临时设施费	R1×费率＝1816.37×15％	272.46
	4. 夜间施工增加费	R1×费率＝1816.37×3％	54.49
	5. 二次搬运费	R1×费率＝1816.37×2.6％	47.23
	6. 冬雨季施工增加费	R1×费率＝1816.37×3.3％	59.94
	7. 已完工程及设备保护费	R1×费率＝1816.37×1.6％	29.06
	8. 总承包服务费	R1×费率＝1816.37×5％	90.82
	其中：人工费（R2）	(49.04＋99.90＋272.46＋29.06)×25％＋54.49×50％＋(47.23＋59.94)×40％	182.73
二	企业管理费	(1816.37＋182.73)×54％	1079.51
三	利润	(1816.37＋182.73)×30％	599.73
四	规费		196.22
	1. 工程排污费	—	
	2. 工程定额测定费	(5588.02＋1079.51＋599.73)×0.1％	7.27
	3. 社会保障费	(5588.02＋1079.51＋599.73)×2.6％	188.95
	4. 住房公积金	—	
	5. 危险作业意外伤害保险	—	
	6. 安全施工费	—	
五	税金	(5588.02＋1079.51＋599.73＋196.22) ×3.44％	256.74
六	安装工程费用合计	5588.02＋1079.51＋599.73＋196.22＋256.74	7720.22

二、清单计价模式确定工程造价

(一) 工程量清单 [见表 6-5 (A)]

工程量清单的编制内容与格式按照《计价规范》的要求。本例只列分部分项工程量清单，参考表 6-2 (A) 确定。

表 6-5 (A) **分部分项工程量清单表**

工程名称：某商场消防报警工程 第1页 共1页

序号	项目编码	项目名称	项目特征描述	计量单位	工程量
1	030705005001	报警控制器	总线制，壁挂式，200 点以下	台	1
2	030705001001	点型探测器	感烟探头，总线制，吸顶安装	只	12
3	030705003001	按钮	手动报警按钮，1.3m 壁装	只	1
4	030705004001	模块	控制模块，距顶 0.2m	只	1
5	030705004002	模块	输入模块，吸顶安装	只	2
6	030705004003	模块	总线隔离器，1.5m 壁装	只	1
7	030705009001	报警装置	电铃，2.5m 壁装	只	1
8	030706001001	自动报警调试	200 点以下	系统	1
9	030212001001	电气配管	钢管，*DN*20，沿墙及顶棚暗装	m	81.2
10	030212003001	电气配线	钢管内穿线 RV-2×1.5	m	81.9
11	030212003002	电气配线	钢管内穿线 BV-2.5	m	73.8

（二）工程量清单计价

工程量清单计价按照《计价规范》的要求、相关定额价目表以及表6-1的材料价格确定。

1. 工程量清单综合单价分析表［见表6-6（A）］

表6-6（A1） **工程量清单综合单价分析表**

工程名称：某商场消防报警工程 标段： 第1页 共11页

项目编码	030705005001	项目名称	报警控制器	计量单位	台

清单综合单价组成明细													
定额编号	定额名称	定额单位	数量	单价					合价				
				人工费	材料费	机械费	管理费	利润	人工费	材料费	机械费	管理费	利润
7-11	报警控制器	台	1.00	213.18	30.46	155.05	115.12	63.95	213.18	30.46	155.05	115.12	63.95
人工单价		小计							213.18	30.46	155.05	115.12	63.95
28元/工日		未计价材料费							0.00				
清单项目综合单价									577.76				

材料费明细	主要材料名称、规格、型号	单位	数量	单价(元)	合价(元)	暂估单价(元)	暂估合价(元)
							0.00
	其他材料费						0.00
	材料费小计						0.00

注 管理费按人工费54%，利润按人工费30%计。

表 6-6（A2） **工程量清单综合单价分析表**

工程名称：某商场消防报警工程 标段： 第 2 页 共 11 页

项目编码		030705001001		项目名称	点型探测器				计量单位		只		
清单综合单价组成明细													
定额编号	定额名称	定额单位	数量	单价					合价				
				人工费	材料费	机械费	管理费	利润	人工费	材料费	机械费	管理费	利润
7-1	感烟探头	只	12.00	9.02	4.01	0.87	4.87	2.71	108.24	48.12	10.44	58.45	32.47
人工单价		小计							108.24	48.12	10.44	58.45	32.47
28 元/工日		未计价材料费							1224.48				
清单项目综合单价									123.52				
材料费明细	主要材料名称、规格、型号				单位	数量			单价（元）	合价（元）	暂估单价（元）	暂估合价（元）	
	感烟探头				只	12.00					100.00	1200.00	
	接线盒				个	12.24					2.00	24.48	
	其他材料费											0.00	
	材料费小计											1224.48	

注 管理费按人工费 54%，利润按人工费 30%计。

表 6-6（A3） **工程量清单综合单价分析表**

工程名称：某商场消防报警工程 标段： 第 3 页 共 11 页

项目编码		030705003001		项目名称	按钮				计量单位		只		
清单综合单价组成明细													
定额编号	定额名称	定额单位	数量	单价					合价				
				人工费	材料费	机械费	管理费	利润	人工费	材料费	机械费	管理费	利润
7-7	手动报警按钮	只	1.00	12.34	6.25	1.32	6.66	3.70	12.34	6.25	1.32	6.66	3.70
人工单价		小计							12.34	6.25	1.32	6.66	3.70
28 元/工日		未计价材料费							42.04				
清单项目综合单价									72.32				
材料费明细	主要材料名称、规格、型号				单位	数量			单价（元）	合价（元）	暂估单价（元）	暂估合价（元）	
	手动报警按钮				套	1.00					40.00	40.00	
	接线盒				个	1.02					2.00	2.04	
	其他材料费											0.00	
	材料费小计											42.04	

注 管理费按人工费 54%，利润按人工费 30%计。

表 6-6（A4）

工程量清单综合单价分析表

工程名称：某商场消防报警工程　　标段：　　第 4 页　共 11 页

项目编码		030705004001		项目名称		模块					计量单位		只
清单综合单价组成明细													
定额编号	定额名称	定额单位	数量	单价					合价				
				人工费	材料费	机械费	管理费	利润	人工费	材料费	机械费	管理费	利润
7-8	控制模块	只	1.00	24.02	4.78	2.02	12.97	7.21	24.02	4.78	2.02	12.97	7.21
人工单价		小计							24.02	4.78	2.02	12.97	7.21
28 元/工日		未计价材料费							2.04				
清单项目综合单价									53.04				
材料费明细	主要材料名称、规格、型号					单位	数量		单价（元）	合价（元）	暂估单价（元）	暂估合价（元）	
	接线盒					个	1.02				2.00	2.04	
												0.00	
	其他材料费											0.00	
	材料费小计											2.04	

注　管理费按人工费 54%，利润按人工费 30%计。

表 6-6（A5）

工程量清单综合单价分析表

工程名称：某商场消防报警工程　　标段：　　第 5 页　共 11 页

项目编码		030705004002		项目名称		模块					计量单位		只
清单综合单价组成明细													
定额编号	定额名称	定额单位	数量	单价					合价				
				人工费	材料费	机械费	管理费	利润	人工费	材料费	机械费	管理费	利润
7-8	输入模块	只	2.00	24.02	4.78	2.02	12.97	7.21	48.04	9.56	4.04	25.94	14.41
人工单价		小计							48.04	9.56	4.04	25.94	14.41
28 元/工日		未计价材料费							4.08				
清单项目综合单价									53.04				
材料费明细	主要材料名称、规格、型号					单位	数量		单价（元）	合价（元）	暂估单价（元）	暂估合价（元）	
	接线盒					个	2.04				2.00	4.08	
												0.00	
	其他材料费											0.00	
	材料费小计											4.08	

注　管理费按人工费 54%，利润按人工费 30%计。

表 6-6（A6）

工程量清单综合单价分析表

工程名称：某商场消防报警工程　　标段：　　第 6 页　共 11 页

项目编码		030705004003	项目名称		模　块				计量单位		只
清单综合单价组成明细											
定额编号	定额名称	定额单位	数量	单　价					合　价				
				人工费	材料费	机械费	管理费	利润	人工费	材料费	机械费	管理费	利润
7-8	总线隔离器	只	1.00	24.02	4.78	2.02	12.97	7.21	24.02	4.78	2.02	12.97	7.21
人工单价		小　计							24.02	4.78	2.02	12.97	7.21
28 元/工日		未计价材料费							2.04				
清单项目综合单价									53.04				
材料费明细	主要材料名称、规格、型号				单位	数量			单价（元）	合价（元）	暂估单价（元）	暂估合价（元）	
	接线盒				个	1.02					2.00	2.04	
												0.00	
	其他材料费											0.00	
	材料费小计											2.04	

注　管理费按人工费 54%，利润按人工费 30%计。

表 6-6（A7）

工程量清单综合单价分析表

工程名称：某商场消防报警工程　　标段：　　第 7 页　共 11 页

项目编码		030705009001	项目名称		报警装置				计量单位		只
清单综合单价组成明细											
定额编号	定额名称	定额单位	数量	单　价					合　价				
				人工费	材料费	机械费	管理费	利润	人工费	材料费	机械费	管理费	利润
7-37	电铃	只	1.00	8.32	2.39	0.76	4.49	2.50	8.32	2.39	0.76	4.49	2.50
人工单价		小　计							8.32	2.39	0.76	4.49	2.50
28 元/工日		未计价材料费							2.04				
清单项目综合单价									20.50				
材料费明细	主要材料名称、规格、型号				单位	数量			单价（元）	合价（元）	暂估单价（元）	暂估合价（元）	
	接线盒				个	1.02					2.00	2.04	
												0.00	
	其他材料费											0.00	
	材料费小计											2.04	

注　管理费按人工费 54%，利润按人工费 30%计。

表 6-6（A8）

工程量清单综合单价分析表

工程名称：某商场消防报警工程　　　　标段：　　　　第 8 页　共 11 页

项目编码		030706001001		项目名称		自动报警调试					计量单位		系统	
清单综合单价组成明细														
定额编号	定额名称	定额单位	数量	单价					合价					
				人工费	材料费	机械费	管理费	利润	人工费	材料费	机械费	管理费	利润	
7-365	自动报警调试	系统	1.00	1175.24	98.85	561.08	634.63	352.57	1175.24	98.85	561.08	634.63	352.57	
人工单价		小计							1175.24	98.85	561.08	634.63	352.57	
28 元/工日		未计价材料费							0.00					
清单项目综合单价									2822.37					
材料费明细	主要材料名称、规格、型号			单位		数量			单价（元）	合价（元）	暂估单价（元）	暂估合价（元）		
	其他材料费											0.00		
	材料费小计											0.00		

注　管理费按人工费 54%，利润按人工费 30%计。

表 6-6（A9）

工程量清单综合单价分析表

工程名称：某商场消防报警工程　　　　标段：　　　　第 9 页　共 11 页

项目编码		030212001002		项目名称		电气配管 *DN*20 暗配					计量单位		m	
清单综合单价组成明细														
定额编号	定额名称	定额单位	数量	单价					合价					
				人工费	材料费	机械费	管理费	利润	人工费	材料费	机械费	管理费	利润	
2-1209	电气配管 *DN*20 暗配	100m	0.81	247.46	306.68	31.35	133.63	74.24	200.44	248.41	25.39	108.24	60.13	
2-1553	墙体剔槽 *DN*15	0.67	0.64	6.82	25.82	8.25	3.68	2.05	4.36	16.52	5.28	2.36	1.31	
人工单价		小计							200.44	248.41	25.39	108.24	60.13	
28 元/工日		未计价材料费							333.72					
清单项目综合单价									12.05					
材料费明细	主要材料名称、规格、型号			单位		数量			单价（元）	合价（元）	暂估单价（元）	暂估合价（元）		
	钢管 *DN*20			m		83.43					4.00	333.72		
	其他材料费											0.00		
	材料费小计											333.72		

注　管理费按人工费 54%，利润按人工费 30%计。

表 6-6（A10） **工程量清单综合单价分析表**

工程名称：某商场消防报警工程　　标段：　　第 10 页　共 11 页

项目编码		030212003001		项目名称		电气配线 RV-2×1.5					计量单位	m	
清单综合单价组成明细													
定额编号	定额名称	定额单位	数量	单价					合价				
				人工费	材料费	机械费	管理费	利润	人工费	材料费	机械费	管理费	利润
2-808	管内穿线 RV-2×1.5	100m	0.82	77.88	7.6	0	42.06	23.36	63.86	6.23	0.00	34.49	19.16
人工单价		小计							63.86	6.23	0.00	34.49	19.16
28 元/工日		未计价材料费							166.46				
清单项目综合单价									3.54				
材料费明细	主要材料名称、规格、型号					单位	数量		单价（元）	合价（元）	暂估单价（元）	暂估合价（元）	
	RV-2×1.5mm²					m	83.23				2.00	166.46	
	其他材料费											0.00	
	材料费小计											166.46	

注 管理费按人工费 54%，利润按人工费 30%计。

表 6-6（A11） **工程量清单综合单价分析表**

工程名称：某商场消防报警工程　　标段：　　第 11 页　共 11 页

项目编码		030212003002		项目名称		电气配线 BV-2×1.5					计量单位	m	
清单综合单价组成明细													
定额编号	定额名称	定额单位	数量	单价					合价				
				人工费	材料费	机械费	管理费	利润	人工费	材料费	机械费	管理费	利润
2-1416	管内穿线 BV-2.5	100m	0.76	14.63	10.09	0	7.90	4.39	11.12	7.67	0.00	6.00	3.34
人工单价		小计							11.12	7.67	0.00	6.00	3.34
28 元/工日		未计价材料费							199.50				
清单项目综合单价									3.00				
材料费明细	主要材料名称、规格、型号					单位	数量		单价（元）	合价（元）	暂估单价（元）	暂估合价（元）	
	BV-2.5mm²					m	79.80				2.50	199.50	
	其他材料费											0.00	
	材料费小计											199.50	

注 管理费按人工费 54%，利润按人工费 30%计。

2. 分部分项工程量清单计价表［见表 6-7（A）］

表 6-7（A） **分部分项工程量清单计价表**

工程名称：某商场消防报警工程 第1页 共1页

序号	项目编码	项目名称	项目特征描述	计量单位	工程量	金额（元）			
						综合单价	合价	其中：人工费	其中：暂估价
1	030705005001	报警控制器	总线制，壁挂式，200点以下	台	1	577.76	577.76	213.18	0.00
2	030705001001	点型探测器	感烟探头，总线制，吸顶安装	只	12	123.52	1482.24	108.24	1224.48
3	030705003001	按钮	手动报警按钮，1.3m壁装	只	1	72.32	72.32	12.34	42.04
4	030705004001	模块	控制模块，距顶0.2m	只	1	53.04	53.04	24.02	2.04
5	030705004002	模块	输入模块，吸顶安装	只	2	53.04	106.08	48.04	4.08
6	030705004003	模块	总线隔离器，1.5m壁装	只	1	53.04	53.04	24.02	2.04
7	030705009001	报警装置	电铃，2.5m壁装	只	1	20.5	20.50	8.32	2.04
8	030706001001	自动报警调试	200点以下	系统	1	2822.37	2822.37	1175.24	0.00
9	030212001001	电气配管	钢管，*DN*20，沿墙及顶棚暗装	m	81.2	12.05	978.46	200.44	333.72
10	030612003001	电气配线	钢管内穿线RV-2×1.5	m	81.9	3.54	289.93	63.86	166.46
11	030612003002	电气配线	钢管内穿线BV-2.5	m	73.8	3.00	221.40	11.12	199.50
合计							6677.14	1888.82	1976.40

3. 措施项目清单与计价表［见表6-8（A）］

表6-8（A） 措施项目清单与计价表

工程名称：某商场消防报警工程 标段： 第1页 共1页

序号	项目名称	计算基础	费率（%）	金额（元）
1	安全文明施工费	1888.82	5.50	103.89
2	夜间施工费	1888.82	3.00	56.66
3	二次搬运费	1888.82	2.60	49.11
4	冬雨季施工	1888.82	3.30	62.33
5	大型机械设备进出场及安拆费	1888.82	0.00	0.00
6	施工排水	1888.82	0.00	0.00
7	施工降水	1888.82	0.00	0.00
8	地上、地下设施、建筑物的临时保护设施	1888.82	15.00	283.32
9	已完工程及设备保护	1888.82	1.60	30.22
10	脚手架搭拆费	1888.82	5.00	94.44
合计				679.98

注 计算基础为人工费。

4. 规费、税金项目清单与计价表［见表6-9（A）］

表6-9（A） 规费、税金项目清单与计价表

工程名称：某商场消防报警工程 标段： 第1页 共1页

序号	项目名称	计算基础	费率（%）	金额（元）
1	规费			198.64
1.1	工程排污费			
1.2	社会保障费	6677.14+679.98	2.60	191.29
(1)	养老保险费			
(2)	失业保险费			
(3)	医疗保险费			
1.3	住房公积金			
1.4	危险作业意外伤害保险			
1.5	工程定额测定费	6677.14+679.98	0.10	7.36
2	税金	6677.14+679.98+198.64	3.44	259.92
合计				458.56

注 1. 规费计算基础为分部分项工程费+措施项目费+其他项目费，其他项目费本例不计。
2. 税金计算基础为分部分项工程费+措施项目费+其他项目费+规费，其他项目费本例不计。

5. 单位工程招标控制价/投标报价汇总表［见表 6-10（A）］

表 6-10（A） **单位工程招标控制价/投标报价汇总表**

工程名称：某商场消防报警工程　　标段：　　第 1 页　共 1 页

序　号	汇　总　内　容	金额（元）	其中：暂估价（元）	序　号	汇　总　内　容	金额（元）	其中：暂估价（元）
1	分部分项工程	6677.14	1976.4	2.4	冬雨季施工	62.33	
1.1	报警控制器	577.76	0.00	2.5	大型机械设备进出场及安拆费	0	
1.2	感烟探头	1482.24	1224.48	2.6	施工排水	0	
1.3	手动报警按钮	72.32	42.04	2.7	施工降水	0	
1.4	控制模块	53.04	2.04	2.8	地上、地下设施、建筑物的临时保护设施	283.32	
1.5	输入模块	106.08	4.08	2.9	已完工程及设备保护	30.22	
1.6	总线隔离器	53.04	2.04	2.10	脚手架搭拆费	94.44	
1.7	电铃	20.5	2.04	3	其他项目	0.00	
1.8	自动报警调试	2822.37	0.00	3.1	暂列金额		
1.9	钢管 *DN*20 暗敷	978.46	333.72	3.2	专业工程暂估价		
1.10	钢管内穿线 RV－2×1.5	289.93	166.46	3.3	计日工		
1.11	钢管内穿线 BV－2.5	221.4	199.50	3.4	总承包服务费		
2	措施项目	679.98		4	规费	198.64	
2.1	安全文明施工费	103.89		5	税金	259.92	
2.2	夜间施工费	56.66			招标控制价合计＝1＋2＋3＋4＋5	7815.68	1976.4
2.3	二次搬运费	49.11					

【习题七】某车间通风系统工程定额计价及清单计价案例参考答案

一、定额计价模式确定工程造价

1. 工程量计算［见表 7-2（A）］

表 7-2（A） **工程量计算书**

工程名称：某车间通风系统工程 共1页 第1页

序号	分部分项工程名称	单位	计算公式	工程量
1	镀锌钢板 320mm×250mm（咬口）δ=0.75mm	m^2	L=6+(5.8+0.32/2−1−0.35−0.4−0.15)×5+(1.75−0.8/2−0.25)+(1.75−0.63/2−0.25)+(1.75−0.5/2−0.25)+(1.75−0.4/2−0.25)+(1.75−0.25/2−0.25)=32.51 S=(0.32+0.25)×2×32.51=37.06	37.06
2	镀锌钢板 320mm×400mm(咬口)δ=1.0mm	m^2	L=6 S=(0.32+0.4)×2×6=8.64	8.64
3	镀锌钢板 320mm×500mm(咬口)δ=1.0mm	m^2	L=6 S= (0.32+0.5)×2×6=9.84	9.84
4	镀锌钢板 320mm×630mm(咬口)δ=1.0mm	m^2	L=6 S=(0.32+0.63)×2×6=11.40	11.40
5	镀锌钢板 320mm×800mm(咬口)δ=1.0mm	m^2	L=5.5+0.32/2−(1.8+1.6+0.15+0.4−0.5)+5.4+1=8.61 S=(0.32+0.8)×2×8.61=19.29	19.29
6	镀锌钢板 320mm×250mm/500mm×250mm(咬口)δ=1.0mm	m^2	L=0.4×5=2 S=(0.25+0.5)×2×2=3.0	3.00
7	镀锌钢板 560mm×540mm/ϕ545mm（咬口）δ=1.0mm	m^2	L=0.6 S=(0.56+0.54)×2×0.6=1.32	1.32
8	镀锌钢板 ϕ545mm/320mm×800mm（咬口）δ=1.0mm	m^2	L=0.5 S=(0.32+0.8)×2×0.5=1.12	1.12
9	轴流风机 20#	台		1
10	高效过滤器安装	台		1
11	风机启动阀安装 ϕ545mm L=400mm	个		1
12	调节蝶阀安装 320mm×250mm L=150mm	个		5
13	防雨百页回风口（带过滤网）安装 1000mm×500mm	个		1
14	空气分布器安装（风量 $50m^3/h$）	个		1
15	帆布软管接口	m^2	ϕ545mm L=150mm S=3.14×0.545×0.15=0.26 1000mm×1000mm×/ϕ800mm L=800mm S=(1.0+1.0)×2×0.8=3.2	3.46

注 L 为风管长度，m；S 为风管面积，m^2。

2. 计算直接工程费

根据以上工程量，套用《全国统一安装工程预算定额山东省价目表》第九册，列表计算此单位工程直接工程费，见表 7-3（A)。

表 7-3 (A) 安装工程预（结）算书

工程名称：某车间通风系统工程 共1页 第1页 年 月 日

序号	定额编号	项目名称	单位	数量	单价			合计		
					基价	人工费	主材费	合价	人工费	主材费
1	9-6	镀锌钢板矩形风管 δ=0.75mm	10m²	3.71	349.01	149.84	796.60	1294.83	555.91	2955.39
2	9-7	镀锌钢板矩形风管 δ=1.0mm	10m²	5.46	277.85	115.06	910.40	1517.06	628.23	4970.78
3	9-26	帆布软管接口	m²	3.46	156.80	50.82	0.00	542.53	175.84	0.00
4	9-124	风机启动阀安装 ϕ545mm	个	1.00	16.29	6.60	400.00	16.29	6.60	400.00
5	9-124	风量调节阀安装 320mm×250mm	个	5.00	16.29	6.60	200.00	81.45	33.00	1000.00
6	9-237	防雨百页风口安装 3200mm 以下	个	1.00	32.43	20.11	500.00	32.43	20.11	500.00
7	9-399	轴流风机 20#	台	1.00	506.76	502.44	0.00	506.76	502.44	0.00
8	9-408	空气分布器 50m³/h	台	5.00	25.18	8.05	0.00	125.90	40.25	0.00
9	9-512	高效过滤器安装	台	1.00	35.70	11.00	0.00	35.70	11.00	0.00
10		小计						4152.95	1973.37	9826.17
11		脚手架搭拆费	定额人工费×3%×25%					59.20	14.80	
12		系统调整费	系统人工费×13%×25%					258.46	64.62	
13		直接工程费						14 296.78	2052.79	

3. 计算安装工程费用（造价）

按工程类别及计费标准，计算工程造价，详见表 7-4（A）。

表 7-4（A） **定额计价的计算程序**

项目名称：某车间通风管道工程 Ⅱ类工程

序号	费用项目名称	计算方法	金额
一	直接费	14296.78+794.43	15 091.21
	(一) 直接工程费	定额表	14 296.78
	其中：人工费（R1）	定额表	2052.79
	(二) 措施费		794.43
	1. 环境保护费	R1×费率=2052.79×2.7%	55.43
	2. 文明施工费	R1×费率=2052.79×5.5%	112.90
	3. 临时设施费	R1×费率=2052.79×15%	307.92
	4. 夜间施工增加费	R1×费率=2052.79×3%	61.58
	5. 二次搬运费	R1×费率=2052.79×2.6%	53.37
	6. 冬雨季施工增加费	R1×费率=2052.79×3.3%	67.74
	7. 已完工程及设备保护费	R1×费率=2052.79×1.6%	32.84
	8. 总承包服务费	R1×费率=2052.79×5%	102.64
	其中：人工费(R2)	(55.43+112.90+307.92+32.84)×25%+61.58×50%+(53.37+67.74)×40%	206.51
二	企业管理费	(2052.79+206.51)×54%	1220.02
三	利润	(2052.79+206.51)×30%	677.79
四	规费		458.70
	1. 工程排污费	—	
	2. 工程定额测定费	(15 091.21+1220.02+677.79)×0.1%	16.99
	3. 社会保障费	(15 091.21+1220.02+677.79)×2.6%	441.71
	4. 住房公积金	—	
	5. 危险作业意外伤害保险	—	
	6. 安全施工费	—	
五	税金	(15091.21+1220.02+677.79+458.70)×3.44%	600.20
六	安装工程费用合计	15091.21+1220.02+677.79+458.70+600.20	18 047.93

二、清单计价模式确定工程造价

(一) 工程量清单［见表 7-5 (A)］

工程量清单的编制内容与格式按照《计价规范》的要求。本例只列分部分项工程量清单，参考表 7-2 (A) 确定。

表 7-5 (A) 分部分项工程量清单表

工程名称：某车间通风管道工程 第 1 页 共 1 页

序号	项目编码	项目名称	项目特征描述	计量单位	工程量
1	030902001001	碳钢通风管道制作安装	镀锌钢板，矩形风管，320mm×250mm，咬口，δ=0.75mm	m^2	37.06
2	030902001002	碳钢通风管道制作安装	镀锌钢板，矩形风管，320mm×400mm，咬口，δ=1.0mm	m^2	8.64
3	030902001003	碳钢通风管道制作安装	镀锌钢板，矩形风管，320mm×500mm，咬口，δ=1.0mm	m^2	9.84
4	030902001004	碳钢通风管道制作安装	镀锌钢板，矩形风管，320mm×630mm，咬口，δ=1.0mm	m^2	11.40
5	030902001005	碳钢通风管道制作安装	镀锌钢板，矩形风管，320mm×800mm，咬口，δ=1.0mm	m^2	19.29
6	030902001006	碳钢通风管道制作安装	镀锌钢板，矩形风管，320mm×250mm/500mm×250mm，咬口，δ=1.0mm	m^2	3.00
7	030902001007	碳钢通风管道制作安装	镀锌钢板，矩形风管，560mm×540mm/ϕ545mm，咬口，δ=1.0mm	m^2	1.32
8	030902001008	碳钢通风管道制作安装	镀锌钢板，矩形风管，ϕ545mm/320mm×800mm，咬口，δ=1.0mm	m^2	1.12
9	030903019001	柔性接口制作安装	帆布软管接口，ϕ545mm，L=150mm	m^2	0.26
10	030903019002	柔性接口制作安装	帆布软管接口，1000mm×1000mm/ϕ800mm，L=800mm	m^2	3.20
11	030903001001	碳钢调节阀制作安装	风机启动阀，7#，ϕ545mm，L=400mm，成品	个	1.00
12	030903001002	碳钢调节阀制作安装	风量调节蝶阀，320mm×250mm，L=150mm，成品	个	5.00
13	030903011001	铝合金风口制作安装	防雨百页回风口（带过滤网），1000mm×500mm，成品	个	1.00
14	030901002001	通风机	轴流风机，20#	台	1.00
15	030901002002	通风机	空气分布器，风量 30m^3/h，3#	台	5.00
16	030901010001	过滤器	高效过滤器	台	1.00
17	030904001001	通风工程检测调试	系统	系统	1.00

（二）工程量清单计价

工程量清单计价按照《计价规范》的要求、相关定额价目表以及表 7-1 的材料价格确定。

1. 工程量清单综合单价分析表［见表 7-6（A）］

表 7-6（A1）　　**工程量清单综合单价分析表**

工程名称：某车间通风管道工程　　标段：　　第 1 页　共 17 页

项目编码	030902001001	项目名称	碳钢通风管道制作安装				计量单位					m²
清单综合单价组成明细												
定额编号	定额名称	定额单位	数量	单价					合价			
				人工费	材料费	机械费	管理费	利润	人工费	材料费	机械费	管理费	利润
9-6	镀锌钢板风管 320mm×250mm δ=0.75mm	10m²	3.71	149.84	177.88	21.29	80.91	44.95	555.91	659.93	78.99	300.19	166.77
人工单价		小计							555.91	659.93	78.99	300.19	166.77
28 元/工日		未计价材料费							2955.39				
清单项目综合单价									127.15				
材料费明细	主要材料名称、规格、型号			单位		数量			单价（元）	合价（元）	暂估单价（元）	暂估合价（元）	
	镀锌钢板 δ=0.75mm			10m²		42.22					70.00	2955.39	
	其他材料费											0.00	
	材料费小计											2955.39	

注　管理费按人工费 54%，利润按人工费 30%计。

表 7-6（A2） **工程量清单综合单价分析表**

工程名称：某车间通风管道工程　　标段：　　第 2 页　共 17 页

<table>
<tr><td colspan="2">项 目 编 码</td><td colspan="2">030902001002</td><td>项目名称</td><td colspan="5">碳钢通风管道制作安装</td><td colspan="2">计量单位</td><td colspan="2">m²</td></tr>
<tr><td colspan="14">清单综合单价组成明细</td></tr>
<tr><td rowspan="2">定额编号</td><td rowspan="2">定额名称</td><td rowspan="2">定额单位</td><td rowspan="2">数量</td><td colspan="5">单　　价</td><td colspan="5">合　　价</td></tr>
<tr><td>人工费</td><td>材料费</td><td>机械费</td><td>管理费</td><td>利润</td><td>人工费</td><td>材料费</td><td>机械费</td><td>管理费</td><td>利润</td></tr>
<tr><td>9-7</td><td>镀锌钢板风管 320mm ×400mm δ=1.0mm</td><td>10m²</td><td>0.86</td><td>115.06</td><td>150.85</td><td>11.94</td><td>62.13</td><td>34.52</td><td>98.95</td><td>129.73</td><td>10.27</td><td>53.43</td><td>29.69</td></tr>
<tr><td colspan="2">人工单价</td><td colspan="7">小　　计</td><td>98.95</td><td>129.73</td><td>10.27</td><td>53.43</td><td>29.69</td></tr>
<tr><td colspan="2">28 元/工日</td><td colspan="7">未计价材料费</td><td colspan="5">782.94</td></tr>
<tr><td colspan="9">清单项目综合单价</td><td colspan="5">128.49</td></tr>
<tr><td rowspan="4">材料费明细</td><td colspan="4">主要材料名称、规格、型号</td><td>单位</td><td colspan="3">数量</td><td>单价（元）</td><td>合价（元）</td><td>暂估单价（元）</td><td colspan="2">暂估合价（元）</td></tr>
<tr><td colspan="4">镀锌钢板 δ=1.0mm</td><td>10m²</td><td colspan="3">9.79</td><td></td><td></td><td>80.00</td><td colspan="2">782.94</td></tr>
<tr><td colspan="8">其他材料费</td><td></td><td></td><td></td><td colspan="2">0.00</td></tr>
<tr><td colspan="8">材料费小计</td><td></td><td></td><td></td><td colspan="2">782.94</td></tr>
</table>

注　管理费按人工费 54%，利润按人工费 30%计。

表 7-6（A3） **工程量清单综合单价分析表**

工程名称：某车间通风管道工程　　标段：　　第 3 页　共 17 页

<table>
<tr><td colspan="2">项 目 编 码</td><td colspan="2">030902001003</td><td>项目名称</td><td colspan="5">碳钢通风管道制作安装</td><td colspan="2">计量单位</td><td colspan="2">m²</td></tr>
<tr><td colspan="14">清单综合单价组成明细</td></tr>
<tr><td rowspan="2">定额编号</td><td rowspan="2">定额名称</td><td rowspan="2">定额单位</td><td rowspan="2">数量</td><td colspan="5">单　　价</td><td colspan="5">合　　价</td></tr>
<tr><td>人工费</td><td>材料费</td><td>机械费</td><td>管理费</td><td>利润</td><td>人工费</td><td>材料费</td><td>机械费</td><td>管理费</td><td>利润</td></tr>
<tr><td>9-7</td><td>镀锌钢板风管 320mm ×500mm δ=1.0mm</td><td>10m²</td><td>0.98</td><td>115.06</td><td>150.85</td><td>11.94</td><td>62.13</td><td>34.52</td><td>112.76</td><td>147.83</td><td>11.70</td><td>60.89</td><td>33.83</td></tr>
<tr><td colspan="2">人工单价</td><td colspan="7">小　　计</td><td>112.76</td><td>147.83</td><td>11.70</td><td>60.89</td><td>33.83</td></tr>
<tr><td colspan="2">28 元/工日</td><td colspan="7">未计价材料费</td><td colspan="5">892.19</td></tr>
<tr><td colspan="9">清单项目综合单价</td><td colspan="5">128.49</td></tr>
<tr><td rowspan="4">材料费明细</td><td colspan="4">主要材料名称、规格、型号</td><td>单位</td><td colspan="3">数量</td><td>单价（元）</td><td>合价（元）</td><td>暂估单价（元）</td><td colspan="2">暂估合价（元）</td></tr>
<tr><td colspan="4">镀锌钢板 δ=1.0mm</td><td>10m²</td><td colspan="3">11.15</td><td></td><td></td><td>80.00</td><td colspan="2">892.19</td></tr>
<tr><td colspan="8">其他材料费</td><td></td><td></td><td></td><td colspan="2">0.00</td></tr>
<tr><td colspan="8">材料费小计</td><td></td><td></td><td></td><td colspan="2">892.19</td></tr>
</table>

注　管理费按人工费 54%，利润按人工费 30%计。

表 7-6（A4）

工程量清单综合单价分析表

工程名称：某车间通风管道工程　　标段：　　第 4 页　共 17 页

项　目　编　码		030902001004		项目名称		碳钢通风管道制作安装					计量单位	m^2	
清单综合单价组成明细													
定额编号	定额名称	定额单位	数量	单　价					合　价				
				人工费	材料费	机械费	管理费	利润	人工费	材料费	机械费	管理费	利润
9-7	镀锌钢板风管 320mm×630mm δ=1.0mm	$10m^2$	1.14	115.06	150.85	11.94	62.13	34.52	131.17	171.97	13.61	70.83	39.35
人工单价		小　计							131.17	171.97	13.61	70.83	39.35
28 元/工日		未计价材料费							1037.86				
清单项目综合单价									128.49				
材料费明细	主要材料名称、规格、型号					单位	数量		单价（元）	合价（元）	暂估单价（元）	暂估合价（元）	
	镀锌钢板 δ=1.0mm					$10m^2$	12.97				80.00	1037.86	
	其他材料费											0.00	
	材料费小计											1037.86	

注　管理费按人工费 54%，利润按人工费 30%计。

表 7-6（A5）

工程量清单综合单价分析表

工程名称：某车间通风管道工程　　标段：　　第 5 页　共 17 页

项　目　编　码		030902001005		项目名称		碳钢通风管道制作安装					计量单位	m^2	
清单综合单价组成明细													
定额编号	定额名称	定额单位	数量	单　价					合　价				
				人工费	材料费	机械费	管理费	利润	人工费	材料费	机械费	管理费	利润
9-7	镀锌钢板风管 320mm×800mm δ=1.0mm	$10m^2$	1.93	115.06	150.85	11.94	62.13	34.52	222.07	291.14	23.04	119.92	66.62
人工单价		小　计							222.07	291.14	23.04	119.92	66.62
28 元/工日		未计价材料费							1757.07				
清单项目综合单价									128.49				
材料费明细	主要材料名称、规格、型号					单位	数量		单价（元）	合价（元）	暂估单价（元）	暂估合价（元）	
	镀锌钢板 δ=1.0mm					$10m^2$	21.96				80.00	1757.07	
	其他材料费											0.00	
	材料费小计											1757.07	

注　管理费按人工费 54%，利润按人工费 30%计。

表 7-6（A6）

工程量清单综合单价分析表

工程名称：某车间通风管道工程　　　　标段：　　　　第 6 页　共 17 页

项目编码		030902001006		项目名称		碳钢通风管道制作安装				计量单位		m^2	
清单综合单价组成明细													
定额编号	定额名称	定额单位	数量	单价					合价				
				人工费	材料费	机械费	管理费	利润	人工费	材料费	机械费	管理费	利润
9-7	镀锌钢板风管 320mm×250mm/500mm×250mmδ=1.0mm	$10m^2$	0.3	115.06	150.85	11.94	62.13	34.52	34.52	45.26	3.58	18.64	10.36
人工单价		小计							34.52	45.26	3.58	18.64	10.36
28 元/工日		未计价材料费							273.12				
清单项目综合单价									128.49				
材料费明细	主要材料名称、规格、型号			单位	数量				单价（元）	合价（元）	暂估单价（元）	暂估合价（元）	
	镀锌钢板 δ=1.0mm			$10m^2$	3.41						80.00	273.12	
	其他材料费											0.00	
	材料费小计											273.12	

注　管理费按人工费 54%，利润按人工费 30%计。

表 7-6（A7）

工程量清单综合单价分析表

工程名称：某车间通风管道工程　　　　标段：　　　　第 7 页　共 17 页

项目编码		030902001007		项目名称		碳钢通风管道制作安装				计量单位		m^2	
清单综合单价组成明细													
定额编号	定额名称	定额单位	数量	单价					合价				
				人工费	材料费	机械费	管理费	利润	人工费	材料费	机械费	管理费	利润
9-7	镀锌钢板风管 560mm×540mm/ϕ545mmδ=1.0mm	$10m^2$	0.13	115.06	150.85	11.94	62.13	34.52	14.96	19.61	1.55	8.08	4.49
人工单价		小计							14.96	19.61	1.55	8.08	4.49
28 元/工日		未计价材料费							118.35				
清单项目综合单价									128.49				
材料费明细	主要材料名称、规格、型号			单位	数量				单价（元）	合价（元）	暂估单价（元）	暂估合价（元）	
	镀锌钢板 δ=1.0mm			$10m^2$	1.48						80.00	118.35	
	其他材料费											0.00	
	材料费小计											118.35	

注　管理费按人工费 54%，利润按人工费 30%计。

表 7-6（A8）

工程量清单综合单价分析表

工程名称：某车间通风管道工程 标段： 第 8 页 共 17 页

项目编码	030902001008	项目名称	碳钢通风管道制作安装						计量单位	m²			
清单综合单价组成明细													
定额编号	定额名称	定额单位	数量	单价					合价				
				人工费	材料费	机械费	管理费	利润	人工费	材料费	机械费	管理费	利润
9-7	镀锌钢板风管 φ545mm/320mm×800mmδ=1.0mm	10m²	0.11	115.06	150.85	11.94	62.13	34.52	12.66	16.59	1.31	6.83	3.80
人工单价		小计							12.66	16.59	1.31	6.83	3.80
28 元/工日		未计价材料费							100.14				
清单项目综合单价									128.49				
材料费明细	主要材料名称、规格、型号				单位		数量		单价（元）	合价（元）	暂估单价（元）	暂估合价（元）	
	镀锌钢板 δ=1.0mm				10m²		1.25				80.00	100.14	
	其他材料费											0.00	
	材料费小计											100.14	

注 管理费按人工费 54%，利润按人工费 30%计。

表 7-6（A9）

工程量清单综合单价分析表

工程名称：某车间通风管道工程 标段： 第 9 页 共 17 页

项目编码	030903019001	项目名称	柔性接口制作安装						计量单位	m²			
清单综合单价组成明细													
定额编号	定额名称	定额单位	数量	单价					合价				
				人工费	材料费	机械费	管理费	利润	人工费	材料费	机械费	管理费	利润
9-26	帆布软管接口 φ545mm，L=150	m²	0.26	50.82	103.75	2.23	27.44	15.25	13.21	26.98	0.58	7.14	3.96
人工单价		小计							13.21	26.98	0.58	7.14	3.96
28 元/工日		未计价材料费							0.00				
清单项目综合单价									199.49				
材料费明细	主要材料名称、规格、型号				单位		数量		单价（元）	合价（元）	暂估单价（元）	暂估合价（元）	
												0.00	
	其他材料费											0.00	
	材料费小计											0.00	

注 管理费按人工费 54%，利润按人工费 30%计。

表 7-6（A10）

工程量清单综合单价分析表

工程名称：某车间通风管道工程　　标段：　　第 10 页　共 17 页

项目编码		030903019002		项目名称		柔性接口制作安装					计量单位	m²	
清单综合单价组成明细													
定额编号	定额名称	定额单位	数量	单价					合价				
				人工费	材料费	机械费	管理费	利润	人工费	材料费	机械费	管理费	利润
9-26	帆布软管接口 1000mm×1000mm/ϕ800mm$L$=800mm	m²	3.2	50.82	103.75	2.23	27.44	15.25	162.62	332.00	7.14	87.82	48.79
人工单价		小计							162.62	332.00	7.14	87.82	48.79
28 元/工日		未计价材料费							0.00				
清单项目综合单价									199.49				
材料费明细	主要材料名称、规格、型号			单位		数量			单价（元）	合价（元）	暂估单价（元）	暂估合价（元）	
												0.00	
	其他材料费											0.00	
	材料费小计											0.00	

注　管理费按人工费 54%，利润按人工费 30%计。

表 7-6（A11）

工程量清单综合单价分析表

工程名称：某车间通风管道工程　　标段：　　第 11 页　共 17 页

项目编码		030903001001		项目名称		碳钢调节阀制作安装					计量单位	个	
清单综合单价组成明细													
定额编号	定额名称	定额单位	数量	单价					合价				
				人工费	材料费	机械费	管理费	利润	人工费	材料费	机械费	管理费	利润
9-124	风机启动阀安装 ϕ545mm	个	1	6.6	5.85	3.84	3.56	1.98	6.60	5.85	3.84	3.56	1.98
人工单价		小计							6.60	5.85	3.84	3.56	1.98
28 元/工日		未计价材料费							400.00				
清单项目综合单价									421.83				
材料费明细	主要材料名称、规格、型号			单位		数量			单价（元）	合价（元）	暂估单价（元）	暂估合价（元）	
	风机启动阀 ϕ545mm			个		1.00					400.00	400.00	
	其他材料费											0.00	
	材料费小计											400.00	

注　管理费按人工费 54%，利润按人工费 30%计。

表 7-6（A12） 工程量清单综合单价分析表

工程名称：某车间通风管道工程　　标段：　　第 12 页　共 17 页

项目编码	030903001002	项目名称	碳钢调节阀制作安装							计量单位	个		
清单综合单价组成明细													
定额编号	定额名称	定额单位	数量	单价					合价				
				人工费	材料费	机械费	管理费	利润	人工费	材料费	机械费	管理费	利润
9-124	风量调节阀安装 320mm×250mm	个	5	6.6	5.85	3.84	3.56	1.98	33.00	29.25	19.20	17.82	9.90
人工单价		小计							33.00	29.25	19.20	17.82	9.90
28 元/工日		未计价材料费							1000.00				
清单项目综合单价									221.83				

材料费明细	主要材料名称、规格、型号	单位	数量	单价（元）	合价（元）	暂估单价（元）	暂估合价（元）
	风量调节阀 320mm×250mm	个	5.00			200.00	1000.00
	其他材料费						0.00
	材料费小计						1000.00

注 管理费按人工费 54%，利润按人工费 30%计。

表 7-6（A13） 工程量清单综合单价分析表

工程名称：某车间通风管道工程　　标段：　　第 13 页　共 17 页

项目编码	03090301101	项目名称	铝合金风口制作安装							计量单位	个		
清单综合单价组成明细													
定额编号	定额名称	定额单位	数量	单价					合价				
				人工费	材料费	机械费	管理费	利润	人工费	材料费	机械费	管理费	利润
9-237	防雨百页风口安装 1000mm×500mm	个	1	20.11	12.1	0.22	10.86	6.03	20.11	12.10	0.22	10.86	6.03
人工单价		小计							20.11	12.10	0.22	10.86	6.03
28 元/工日		未计价材料费							500.00				
清单项目综合单价									549.32				

材料费明细	主要材料名称、规格、型号	单位	数量	单价（元）	合价（元）	暂估单价（元）	暂估合价（元）
	防雨铝合金百叶风口（带过滤网）1000mm×500mm	个	1.00			500.00	500.00
	其他材料费						0.00
	材料费小计						500.00

注 管理费按人工费 54%，利润按人工费 30%计。

表 7-6（A14） 工程量清单综合单价分析表

工程名称：某车间通风管道工程 标段： 第 14 页 共 17 页

项目编码	030901002001		项目名称		通风机					计量单位		台
清单综合单价组成明细												
定额编号	定额名称	定额单位	数量	单价					合价			
				人工费	材料费	机械费	管理费	利润	人工费	材料费	机械费	管理费	利润
9-399	轴流风机 20#	台	1	502.44	4.32	0.00	271.32	150.73	502.44	4.32	0.00	271.32	150.73
人工单价		小计							502.44	4.32	0.00	271.32	150.73
28 元/工日		未计价材料费							0.00				
清单项目综合单价									928.81				
材料费明细	主要材料名称、规格、型号				单位	数量			单价（元）	合价（元）	暂估单价（元）	暂估合价（元）	
												0.00	
	其他材料费											0.00	
	材料费小计											0.00	

注 管理费按人工费 54%，利润按人工费 30%计。

表 7-6（A15） 工程量清单综合单价分析表

工程名称：某车间通风管道工程 标段： 第 15 页 共 17 页

项目编码	030901002002		项目名称		通风机					计量单位		台
清单综合单价组成明细												
定额编号	定额名称	定额单位	数量	单价					合价			
				人工费	材料费	机械费	管理费	利润	人工费	材料费	机械费	管理费	利润
9-408	空气分布器 50m³/h	台	5	8.05	16.35	0.78	4.35	2.42	40.25	81.75	3.90	21.74	12.08
人工单价		小计							40.25	81.75	3.90	21.74	12.08
28 元/工日		未计价材料费							0.00				
清单项目综合单价									31.94				
材料费明细	主要材料名称、规格、型号				单位	数量			单价（元）	合价（元）	暂估单价（元）	暂估合价（元）	
												0.00	
	其他材料费											0.00	
	材料费小计											0.00	

注 管理费按人工费 54%，利润按人工费 30%计。

表 7-6（A16）

工程量清单综合单价分析表

工程名称：某车间通风管道工程　　标段：　　第 16 页　共 17 页

项目编码		030901010001		项目名称		过滤器					计量单位	台	
清单综合单价组成明细													
定额编号	定额名称	定额单位	数量	单价					合价				
				人工费	材料费	机械费	管理费	利润	人工费	材料费	机械费	管理费	利润
9-512	高效过滤器安装	台	1	11	24.7	0.00	5.94	3.30	11.00	24.70	0.00	5.94	3.30
人工单价				小计					11.00	24.70	0.00	5.94	3.30
28元/工日				未计价材料费					0.00				
清单项目综合单价									44.94				
材料费明细	主要材料名称、规格、型号					单位	数量		单价（元）	合价（元）	暂估单价（元）	暂估合价（元）	
												0.00	
	其他材料费											0.00	
	材料费小计											0.00	

注　管理费按人工费 54%，利润按人工费 30%计。

表 7-6（A17）

工程量清单综合单价分析表

工程名称：某车间通风管道工程　　标段：　　第 17 页　共 17 页

项目编码		030904001001		项目名称		通风工程检测调试					计量单位	系统	
清单综合单价组成明细													
定额编号	定额名称	定额单位	数量	单价					合价				
				人工费	材料费	机械费	管理费	利润	人工费	材料费	机械费	管理费	利润
	通风工程检测调试	系统	1	83.82	0.00	251.46	45.26	25.15	83.82	0.00	251.46	45.26	25.15
人工单价				小计					83.82	0.00	251.46	45.26	25.15
28元/工日				未计价材料费					0.00				
清单项目综合单价									405.69				
材料费明细	主要材料名称、规格、型号					单位	数量		单价（元）	合价（元）	暂估单价（元）	暂估合价（元）	
												0.00	
	其他材料费											0.00	
	材料费小计											0.00	

注　1. 计算基础为系统人工费，费率 17%，其中人工占 25%。

2. 管理费按人工费 54%，利润按人工费 30%计。

2. 分部分项工程量清单计价表［见表 7-7（A）］

表 7-7（A） 分部分项工程量清单计价表

工程名称：某车间通风管道工程 第 1 页 共 1 页

序号	项目编码	项目名称	项目特征描述	计量单位	工程量	金额（元）			
						综合单价	合价	其中：人工费	其中：暂估价
1	030902001001	碳钢通风管道制作安装	镀锌钢板，矩形风管，320mm×250mm，咬口，δ=0.75mm	m^2	37.06	127.15	4712.18	555.91	2955.39
2	030902001002	碳钢通风管道制作安装	镀锌钢板，矩形风管，320mm×400mm，咬口，δ=1.0mm	m^2	8.64	128.49	1110.15	98.95	782.94
3	030902001003	碳钢通风管道制作安装	镀锌钢板，矩形风管，320mm×500mm，咬口，δ=1.0mm	m^2	9.84	128.49	1264.34	112.76	892.19
4	030902001004	碳钢通风管道制作安装	镀锌钢板，矩形风管，320mm×630mm，咬口，δ=1.0mm	m^2	11.40	128.49	1464.79	131.17	1037.86
5	030902001005	碳钢通风管道制作安装	镀锌钢板，矩形风管，320mm×800mm，咬口，δ=1.0mm	m^2	19.29	128.49	2478.57	222.07	1757.07
6	030902001006	碳钢通风管道制作安装	镀锌钢板，矩形风管，320mm×250mm/500mm×250mm，咬口，δ=1.0mm	m^2	3.00	128.49	385.47	34.52	273.12
7	030902001007	碳钢通风管道制作安装	镀锌钢板，矩形风管，560mm×540mm/ϕ545，咬口，δ=1.0mm	m^2	1.32	128.49	169.61	14.96	118.35
8	030902001008	碳钢通风管道制作安装	镀锌钢板，矩形风管，ϕ545/320mm×800mm，咬口，δ=1.0mm	m^2	1.12	128.49	143.91	12.66	100.14
9	030903019001	柔性接口制作安装	帆布软管接口，ϕ545，L=150mm	m^2	0.26	199.49	51.87	13.21	0.00
10	030903019002	柔性接口制作安装	帆布软管接口，1000mm×1000mm×/ϕ800mm，L=800mm	m^2	3.20	199.49	638.37	162.62	0.00
11	030903001001	碳钢调节阀制作安装	风机启动阀，7#，ϕ545，L=400mm，成品	个	1.00	421.83	421.83	6.60	400.00
12	030903001002	碳钢调节阀制作安装	风量调节蝶阀，320mm×250mm，L=150mm，成品	个	5.00	221.83	1109.15	33.00	1000.00
13	030903011001	铝合金风口制作安装	防雨百页回风口（带过滤网），1000mm×500mm，成品	个	1.00	549.32	549.32	20.11	500.00
14	030901002001	通风机	轴流风机，20#	台	1.00	928.81	928.81	502.44	0.00
15	030901002002	通风机	空气分布器，风量 $30m^3/h$，3#	台	5.00	31.94	159.70	40.25	0.00
16	030901010001	过滤器	高效过滤器	台	1.00	44.94	44.94	11.00	0.00
17	030904001001	通风工程检测调试	系统	系统	1.00	405.69	405.69	83.82	0.00
合计							16 038.69	2056.05	9817.06

3. 措施项目清单与计价表［见表7-8（A)］

表7-8（A) **措施项目清单与计价表**

工程名称：某车间通风管道工程 标段： 第1页 共1页

序 号	项 目 名 称	计算基础	费 率（%）	金 额（元）
1	安全文明施工费	2056.05	5.50	113.08
2	夜间施工费	2056.05	3.00	61.68
3	二次搬运费	2056.05	2.60	53.46
4	冬雨季施工	2056.05	3.30	67.85
5	大型机械设备进出场及安拆费	2056.05	0.00	0.00
6	施工排水	2056.05	0.00	0.00
7	施工降水	2056.05	0.00	0.00
8	地上、地下设施、建筑物的临时保护设施	2056.05	15.00	308.41
9	已完工程及设备保护	2056.05	1.60	32.90
10	脚手架搭拆费	2056.05	3.00	61.68
合 计				699.06

注 计算基础为人工费。

4. 规费、税金项目清单与计价表［见表7-9（A)］

表7-9（A) **规费、税金项目清单与计价表**

工程名称：某车间通风管道工程 标段： 第1页 共1页

序 号	项 目 名 称	计算基础	费 率（%）	金 额（元）
1	规费			451.92
1.1	工程排污费			
1.2	社会保障费	16 038.69+699.06	2.60	435.18
(1)	养老保险费			
(2)	失业保险费			
(3)	医疗保险费			
1.3	住房公积金			
1.4	危险作业意外伤害保险			
1.5	工程定额测定费	16 038.69+699.06	0.10	16.74
2	税金	16 038.69+699.06+451.92	3.44	591.32
合 计				1043.24

注 1. 规费计算基础为分部分项工程费+措施项目费+其他项目费，其他项目费本例不计。

2. 税金计算基础为分部分项工程费+措施项目费+其他项目费+规费，其他项目费本例不计。

5. 单位工程招标控制价/投标报价汇总表［表 7-10（A）］

表 7-10（A）　　**单位工程招标控制价/投标报价汇总表**

工程名称：某车间通风管道工程　　标段：　　第　页　共　页

序号	汇总内容	金额（元）	其中：暂估价（元）	序号	汇总内容	金额（元）	其中：暂估价（元）
1	分部分项工程	16 038.69	9817.06	2.1	安全文明施工费	113.08	
1.1	镀锌钢板风管制安 320mm×250mm，δ=0.75mm	4712.18	2955.39	2.2	夜间施工费	61.68	
1.2	镀锌钢板风管制安 320mm×400mm，δ=1.0mm	1110.15	782.94	2.3	二次搬运费	53.46	
1.3	镀锌钢板风管制安 320mm×500mm，δ=1.0mm	1264.34	892.19	2.4	冬雨季施工	67.85	
1.4	镀锌钢板风管制安 320mm×630mm，δ=1.0mm	1464.79	1037.86	2.5	大型机械设备进出场及安拆费	0.00	
1.5	镀锌钢板风管制安 320mm×800mm，δ=1.0mm	2478.57	1757.07	2.6	施工排水	0.00	
1.6	镀锌钢板风管制安 320mm×250mm/500mm×250mm，δ=1.0mm	385.47	273.12	2.7	施工降水	0.00	
1.7	镀锌钢板风管制安 560mm×540mm/ϕ545mm，δ=1.0mm	169.61	118.35	2.8	地上、地下设施、建筑物的临时保护设施	308.41	
1.8	镀锌钢板风管制安 ϕ545mm/320mm×800mm，δ=1.0mm	143.91	100.14	2.9	已完工程及设备保护	32.90	
1.9	帆布软管接口 ϕ545mm，L=150mm	51.87	0.00	2.10	脚手架搭拆费	61.68	
1.10	帆布软管接口 1000mm×1000mm×/ϕ800mm，L=800mm	638.37	0.00	3	其他项目	0.00	
1.11	风机启动阀 ϕ545mm，L=400mm	421.83	400.00	3.1	暂列金额		
1.12	风量调节蝶阀 320mm×250mm，L=150mm	1109.15	1000.00	3.2	专业工程暂估价		
1.13	防雨百页回风口（带过滤网）安装1000mm×2500mm	549.32	500.00	3.3	计日工		
1.14	轴流风机，20#	928.81	0.00	3.4	总承包服务费		
1.15	空气分布器，风量 30m³/h	159.7	0.00	4	规费	451.92	
1.16	高效过滤器	44.94	0.00	5	税金	591.32	
1.17	通风工程检测调试	405.69	0.00		招标控制价合计=1+2+3+4+5	17 780.99	9817.06
2	措施项目	699.06					

参 考 文 献

[1] 杨光臣．建筑电气工程识图·工艺·预算．北京：中国建筑工业出版社，2006.
[2] 余宁．通风与空调系统安装．北京：中国建筑工业出版社，2006.